全国高职高专机电类专业创新型规划教材

机械制造技术

主　编　张兴福　赵　黎
副主编　陆　荣　陈传艳　黄淑芳
主　审　陈伟珍

黄河水利出版社
·郑　州·

内 容 提 要

本书是全国高职高专机电类专业创新型规划教材,是根据教育部对高职高专教育的教学基本要求及中国水利教育协会职业技术教育分会高等职业教育教学研究会组织制定的机械制造技术课程标准编写完成的。本书共分八个项目,主要介绍了零件铸造成型技术、锻压与焊接成型技术、金属切削加工技术(包括切削原理及刀具、机床与夹具和各种切削方法)、机械加工工艺、典型零件加工工艺、零件的表面精度及质量、机械装配工艺及先进制造技术的相关内容。

本书可以作为高职高专院校机电一体化专业及相关专业理论教学用书,也可作为相关专业技术人员培训用书和自学用书。

图书在版编目(CIP)数据

机械制造技术/ 张兴福,赵黎主编. —郑州:黄河水利出版社,2019.1
全国高职高专机电类专业创新型规划教材
ISBN 978 - 7 - 5509 - 2251 - 8

Ⅰ.①机… Ⅱ.①张… ②赵… Ⅲ.①机械制造工艺 - 高等职业教育 - 教材 Ⅳ.①TH16

中国版本图书馆 CIP 数据核字(2019)第 018112 号

组稿编辑:王路平 电话:0371 - 66022212 E-mail:hhslwlp@ 163. com
简 群 66026749 931945687@ qq. com

出 版 社:黄河水利出版社
地址:河南省郑州市顺河路黄委会综合楼 14 层
发行单位:黄河水利出版社
发行部电话:0371 - 66026940、66020550、66028024、66022620(传真)
E-mail:hhslcbs@ 126. com
承印单位:河南承创印务有限公司
开本:787 mm × 1 092 mm 1/16
印张:14.75
字数:340 千字
版次:2019 年 1 月第 1 版

网址:www. yrcp. com
邮政编码:450003

印数:1—3 100
印次:2019 年 1 月第 1 次印刷

定价:38.00 元

前　言

　　本书是贯彻落实《国家中长期教育改革和发展规划纲要(2010～2020年)》《国务院关于加快发展现代职业教育的决定》(国发〔2014〕19号)和《现代职业教育体系建设规划(2014～2020年)》等文件精神,在中国水利教育协会精心组织和指导下,由中国水利教育协会职业技术教育分会高等职业教育教学研究会组织编写的高职高专机电类专业创新型规划教材。本套教材以学生能力培养为主线,体现了实用性、实践性、创新性的特色,是一套理论联系实际、教学面向生产的高职教育精品规划教材。

　　本书是根据高职高专院校机械类专业的知识结构及要求编写的,内容覆盖面广,涉及机械制造的各个方面及工艺编写方法,能满足多种教学不同要求。本书充分考虑高职高专教学特点,在引出定义和概念时,尽可能从工程实际出发,力求做到严格规范,理论内容以够用为度,引入了国家最新推行的标准、工艺和技术,知识结构合理,体现学以致用的理念,适应目前工学结合、校企一体的新形势要求。

　　本书共分八个项目,主要介绍了零件铸造成型技术、锻压与焊接成型技术、金属切削加工技术(包括切削原理及刀具、机床与夹具和各种切削方法)、机械加工工艺、典型零件加工工艺、零件的表面精度及质量、机械装配工艺及先进制造技术的相关内容。书中例题和思考与练习题均以实际工件为背景,以培养学生解决工程实际问题的能力为目的,以大多数高职高专学生所能接受的程度为限,对于不同类型的成形工艺,精选内容,举一反三,扩大知识面,以适应未来就业形势的要求。

　　本书编写人员及编写分工如下:辽宁水利职业学院张兴福编写项目一、项目二和项目八;山东水利职业技术学院赵黎编写项目五和项目六;湖北水利水电职业技术学院陈传燕编写项目三任务一～五;辽宁水利职业学院陆荣编写项目三任务六、七和项目四;广西水利电力职业技术学院黄淑芳编写项目七。本书由张兴福教授和赵黎教授担任主编,张兴福教授负责全书统稿,由陆荣、陈传艳、黄淑芳担任副主编,由广西水利电力职业技术学院陈伟珍教授担任主审。

　　本书在编写过程中得到有关院校和企业的大力支持、协助及一些同行专家的指点,在此一并表示衷心的感谢!

　　鉴于编者水平有限,书中难免存在错误和疏漏之处,恳请广大读者批评指正。

编　者

2018年10月

目 录

项目一　机械制造技术的概念及发展

【项目目标】　理解机械制造技术的概念,了解其在经济建设中的作用及发展。
【项目要求】　掌握机械制造技术的研究内容,明确课程学习任务与要求。

任务一　机械制造技术概述

学习目标:

理解机械制造技术的概念,了解其在经济建设中的作用及发展。

观察与思考

如图 1-1 所示为一辆家用轿车,它是由哪些零部件组成的? 这些零部件是怎么制造出来的? 制造出的零部件怎样装配才能保证其运转时的准确度与可靠性?

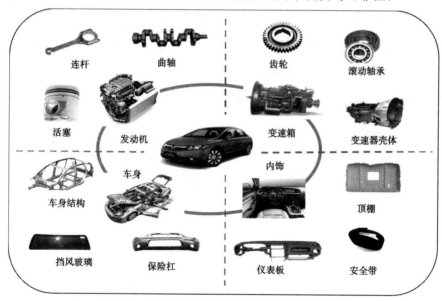

图 1-1　家用轿车组成部件示例图

一、机械制造技术的概念

如图 1-1 所示的家用轿车是最常用的机械。该机械由不同的部件组成,如发动机、减速器、车身、内饰件等。而发动机、减速器等作为部件总成,由若干个子部件和零件组成。各部件通过不同的生产方式制造而得,与机械制造技术都有密切的关系。

所谓"制造",就是人类按所需目的,运用知识和技能,应用设备和工具,采用有效的方法,将原材料转化为产品并投放市场的全过程。

机械制造是对原材料进行加工或再加工以及装配的总称。

制造业是为人们生产工业品或生活消费品而进行制造活动的行业。人类的生产工具、消费产品、科研设备等,没有哪一样能离开制造业,没有哪一样的进步能离开制造业。

机械制造过程是制造业的基本行为,是将制造资源转变为产品的过程。制造系统是由制造过程及其所涉及的硬件、软件和制造信息等组成的具有特定功能的有机整体。

机械制造技术是完成机械制造活动所施行的一切手段的总和,它包括以材料的成形为核心的金属与非金属材料成形技术(如铸造、焊接、锻造、冲压、注塑以及热处理技术)、以切削加工为核心的机械冷加工技术和机械装配技术(如车削、铣削、磨削、装配工艺),以及其他特种加工技术(如电火花加工、电解加工、超声波加工、激光加工、电子束加工等)。其中,机械冷加工技术和机械装配技术占机械制造过程总工作量的60%以上,它是机械制造技术的主体,大多数机械产品的最终加工都依赖于机械冷加工技术和机械装配技术来完成,本书所讲的机械制造技术主要是指机械冷加工技术和机械装配技术。

图1-1所示的家用轿车中轴承、螺栓、部分密封件等通用件是由专业生产厂大量生产,曲轴、轴承座和车身等结构等专用件需要根据工作要求自行设计制造。无论是专业厂家生产还是自行制造,每个零件都有各自的生产工艺,生产工艺不同,零件的技术精度和生产成本也不同,经济效益也有很大差别。因此,机械制造技术研究的就是怎样为这些零件选用合适的制造方法。如电动机外壳、减速器箱体、轴承座这些零件基本上采用铸造后再进行切削加工;电动机转子的硅钢片采用冲裁加工;联轴器、减速器的齿轮和轴通常采用锻造后再进行切削加工;车身结构采用焊接生产。

二、机械制造技术的发展

制造技术是当代科学技术发展最为重要的领域之一,是产品更新、生产发展、市场竞争的重要手段,各发达国家纷纷把先进制造技术列为国家的高新关键技术和优先发展项目,给予了极大的关注。在我国,机械制造业是国民经济的支柱产业,也是其他各种产业的基础和支柱,各种产业的发展都有赖于制造业提供高水平的专用和通用设备,从一定意义上讲,机械制造技术的发展水平决定着其他产业的发展水平。高端装备制造业是我国重点和优先发展的几大战略性新兴产业之一。在国际国内的经济竞争中,具有适应市场需求的快速响应能力并能为市场提供优质的产品,对于增强市场竞争能力是非常重要的因素,而快速响应能力和产品质量的提高主要取决于制造技术水平。一个国家的经济独立性和工业自力更生能力也在很大程度上取决于制造技术水平。

正是由于上述原因,各国都对制造技术的发展给予高度重视。发达国家重视装备制造业的发展,不仅在于装备制造业在本国工业所占比重大,在提供就业机会、资本积累和贡献方面都占据主要位置,更在于装备制造业为新技术、新产品的开发和生产提供重要的物质基础,是现代化经济不可缺少的战略性产业,因此即使是迈进"信息化社会"的工业化国家,也无不高度重视机械制造业的发展。

中华人民共和国成立70多年来,我国的机械制造业也取得了很大的成就。在中华人民共和国成立之初几乎空白的工业基础上建立起了初步完善的制造业体系,生产出了我国的第一辆汽车、第一艘轮船、第一台机车、第一架飞机、第一颗人造地球卫星等,为我国的国民经济建设和科技进步提供了有力的基础支持,为满足人民群众的物质生活需要做出了很大的贡献。"八五"计划以来,我国机械制造业努力追赶世界制造技术的先进水平,积极开发新产品,研究推广先进制造技术。尤其是 20 世纪 90 年代以来,我国的机械制造技术水平在引进、吸收国外先进技术的基础上有了飞速的发展,从近几年的中国国际机床博览会(CIMT)可以看出,我国的机床产品取得了长足的进步,为航天、造船、大型发电设备制造、机车车辆制造等重要行业提供了一批高质量的数控机床和柔性制造单元,为汽车、摩托车等大批量生产行业提供了可靠性高、精度保持性好的柔性生产线,已经可以供应实现网络制造的设备,五轴联动数控技术更加成熟,高速数控机床、高精度精密数控机床、并联机床等已走向实用化。国内自主开发的基于 PC 的第六代数控系统已逐步成熟,数控机床的整机性能、精度、加工效率等都有了很大的提高,在技术上已经克服了长期困扰我们的可靠性问题。

同时,我们也必须认识到:我国的制造技术与国际先进技术水平相比还有不小的差距。数控机床在我国机械制造领域普及率仍不高,国产先进数控设备的市场占有率还较低,数控刀具、数控检测系统等数控机床的配套设备仍不能适应技术发展的需要,机械制造行业的制造精度、生产效率整体效益等都还不能满足市场经济发展的要求。这些问题都需要我们继续努力去攻克。

任务二 机械制造技术的学习内容及要求

学习目标:

知道机械制造技术的学习内容,认识本课程的性质及学习要求。

一、机械制造技术学习内容

机械产品的制造过程包括毛坯的制造、零件制造、整机装配等。因此,机械制造技术的研究内容包括:

(1)毛坯的生产与制造技术:铸造、锻造、焊接等。

(2)零件的切削加工技术:金属切削原理、机床与夹具、切削工方法(车、铣、刨、镗、钻、磨削等)。

(3)零件的机械加工工艺:合理选择零件毛坯,拟定工艺路线,会算各工序尺寸,选择合适的工装设备和切削用量。

(4)零件的表面质量:零件的加工精度及影响因素、表面质量及控制方法。

(5)机械装配工艺:装配生产类型、装配精度、装配工艺规程制订。

零件的加工实质是零件表面的成形过程,这些成形过程是由不同的加工方法来完成的。在一个零件上,被加工表面类型不同,所采用的加工方法也就不同;同一个被加工表面,精度要求和表面质量要求不同,所采用的加工方法和加工方法的组合也不同。对同一个零件,不同批量时,采用的制造过程也是不相同的。根据合理的工艺方法加工出合格的零件,还需要进行合理装配,才能保证机器的使用性能,提高机械可靠性,因而机械制造技术所研究的各方面虽每一部分看似相对独立,实则一脉相承。

二、本课程的性质、特点及学习要求

机械制造技术课程是机械类专业的一门主干专业技术课程,本课程的最大特点是涉及面广,灵活性大,实践性与综合性强。学习本课程时,要重视实践性教学,如金工实习、生产实习、生产车间参观、各类机械展会参观等。实践活动是学习本课程的重要环节,不容忽视。通过本课程的学习应达到以下要求:

(1)建立机械制造系统的基本概念,认识机械制造业在国民经济中的作用,了解机械制造的发展方向。

(2)掌握各类零件毛坯生产的选用方法。

(3)掌握常用零件金属切削加工方法和适应加工方法的热处理方法,以及这些加工方法所能达到的精度等级和表面粗糙度。

(4)认识并掌握金属切削过程的基本规律,并能按具体工艺要求选择合理的刀具和切削用量。

(5)了解金属切削机床的结构、功能和传动系统,能根据工件的结构和表面形状合理地选择金属切削机床和加工方法。

(6)对特种加工方法有一定认识,初步树立经济与成本、安全与环保、效率与效益等方面的工程意识。

■ 项目小结

本项目主要介绍了机械制造技术的概念及发展,学习机械制造技术所要求掌握的主要内容,课程的性质、特点及学习要求。

制造是人类按所需目的,运用知识和技能,应用设备和工具,采用有效的方法,将原材料转化为产品并投放市场的全过程。

机械制造是对原材料进行加工或再加工以及装配的总称。

制造业是为人们生产工业品或生活消费品而进行制造活动的行业。

机械制造过程是制造业的基本行为,是将制造资源转变为产品的过程。制造系统是由制造过程及其所涉及的硬件、软件和制造信息等组成的具有特定功能的有机整体。

机械制造技术是完成机械制造活动所施行的一切手段的总和,它包括材料成形技术、机械冷加工技术、机械装配技术和其他特种加工技术。

项目二　铸造、压力加工及焊接技术

【项目目标】　熟悉铸造、压力加工及焊接切割技术的特点、分类及应用;掌握砂型铸造工艺及铸件的结构工艺性;了解金属加热的目的及锻造温度范围;熟悉金属的焊接性能和焊缝主要缺陷。

【项目要求】　掌握铸造合金液体的充型能力与流动性及其影响因素,缩孔与缩松的产生与防止,铸造应力、变形与裂纹的产生与防止;熟悉压力加工技术方法,能够根据需要选择合适的压力加工技术;能够根据需要选择常用的焊接设备与焊接方法。

任务一　认识铸造技术

学习目标:

1. 了解铸造的实质及分类、铸造的优缺点。
2. 了解常用的造型方法,了解铸件的浇注系统。
3. 掌握铸件的常见缺陷、预防措施及修补方法。
4. 理解金属的流动性和收缩性,了解常用金属的铸造性能。
5. 了解特种铸造方法。

一、铸造技术

(一)铸造的实质及分类

铸造指熔炼金属,制造铸型,并将熔融的金属浇入铸型,凝固后获得一定形状和性能的铸件的成型方法。金属铸造成型如图 2-1 所示。

铸件的形状取决于型腔,不同的铸型型腔浇注后就可获得不同形状的铸件。

铸造成型的实质就是利用熔融金属具有流动性的特点,实现金属的液态成型。

铸造生产可分为两大类,砂型铸造和特种铸造。砂型铸造是用型砂紧实成铸型的铸造方法,是目前生产中应用最多、最基本的铸造方法。其生产的铸件约占铸件总产量的80%以上。特种铸造即与砂型铸造不同的其他铸造方法,如熔模铸造、金属型铸造、压力铸造、离心铸造等。

(二)铸造的特点

(1)铸造能生产形状复杂,特别是内腔复杂的毛坯。例如机床床身、内燃机缸体和缸盖、涡轮叶片、阀体等。

(2)铸造的适应性广。铸造既可用于单件生产,也可用于成批或大量生产;铸件的轮

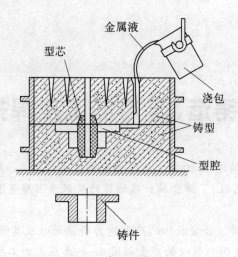

图 2-1 金属铸造成型

廓尺寸可从几毫米至几十米,重量可从几克到几百吨;工业中常用的金属材料都可用铸造方法成形。

(3)铸造成本低。铸造所用的原材料来源广泛,价格低廉,还可利用废旧的金属材料,一般不需要价格昂贵的设备。

(4)铸件的力学性能不及锻件,一般不宜用作承受较大交变、冲击载荷的零件。

(5)铸件的质量不稳定,易出现废品。

(6)铸造生产的环境条件差等。

铸造是获取零件毛坯的最常用方法之一。对于一些精度要求不高的机械,铸件还可直接作为零件使用。据统计,在一般机器设备中,铸件占总质量的 40% ~ 90%;在农业机械中占 40% ~ 70%;在金属切削机床和内燃机中占 70% ~ 80%。

二、砂型铸造

砂型铸造是生产中广泛应用的铸造方法,主要工序为制造模样、制备造型材料、造型、造芯、合型、熔炼、浇注、落砂、清理与检验等。砂型铸造生产过程如图 2-2 所示。

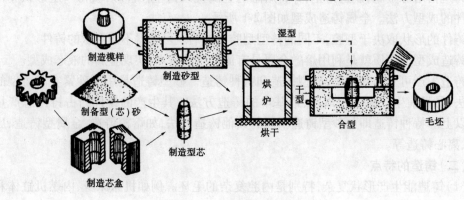

图 2-2 砂型铸造生产过程

（一）造型材料及性能

1. 材料

造型材料为砂、黏结剂和各种附加物，这些材料按一定配比混合制成的、符合造型或造芯要求的混合料，分别称为型砂和芯砂。

2. 型砂和芯砂的性能要求

（1）耐火度。型（芯）砂抵抗高温液态金属热作用的能力称耐火度。型（芯）砂的耐火度好，铸件不易产生粘砂缺陷。型（芯）砂中 SiO_2 越多，砂粒越粗时，耐火度越好。

（2）强度。制造的型（芯）砂在起模、搬运、合型和浇注时不易变形和破坏的能力称为强度。若强度不足，铸件易产生形状和砂眼等缺陷。

（3）透气性。型（芯）砂允许气体透过的能力称为透气性。透气性差，浇注时产生的气体不易排出，会使铸件产生气孔缺陷。

（4）可塑性。型（芯）砂在外力作用下容易获得清晰的模型轮廓，外力去除后仍能完整地保持其形状的性能称为可塑性。可塑性好，造型时能准确地复制出模样的轮廓，铸件质量好。黏结剂含量多、分布均匀，型（芯）砂的可塑性就好。

（5）退让性。铸件冷却收缩时，型（芯）砂可被压缩的能力称为退让性。退让性不好，易使铸件收缩时受阻而产生内应力，引起铸件变形和开裂。减少型砂中的黏结剂含量，降低型（芯）砂紧实度，可提高型（芯）砂的退让性。

（二）造型

用造型材料及模样、芯盒等工艺装备制造砂型和型芯的过程称为造型和造芯。

造型、造芯分别可由手工和机器完成。手工造型的造型过程全部由手工或手动工具完成。其操作灵活，适应性强，模样成本低，生产准备时间短，但铸件质量不稳定，生产率低，且劳动强度大，主要用于单件、小批量生产。机器造型就是用机器全部地完成或至少完成紧砂操作的造型方法。机器造型主要用于成批、大量生产。以下介绍几种手工造型方法。

1. 整模造型

当零件外形轮廓的最大截面位于其一端时，可将其端面作为分型面进行造型，因为零件端面以下没有妨碍起模的部分，可以将模型做成与零件形状相适应的整体结构，称为整模造型，如图 2-3 所示。其特点是模样为一整体，放在一个砂箱内，能避免铸件出现错型缺陷，造型操作简单，铸件的尺寸精度高。适用于形状简单、最大截面在端部且为平面的铸件。

2. 分模造型

分模造型是将模样沿最大截面处分开，型腔位于上下两个沙箱内，以便于造型时将模样从砂型内起出，如图 2-4 所示。这种方法操作也很简便，对各种铸件的适应性好，应用最为广泛。

对于一些复杂的零件采用分模两箱造型仍不能起出模样时，可采用分模多箱造型。

图 2-5 所示为分模三箱造型。为提高生产率，防止产生错型缺陷，可用带外型芯的两箱造型代替三箱造型，如图 2-6 所示。

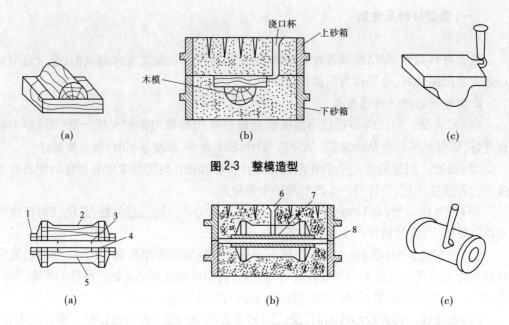

图 2-3　整模造型

1—型芯头；2—上半模；3—销钉；4—销钉孔；5—下半模；6—浇道；7—型芯；8—分型面

图 2-4　分模造型

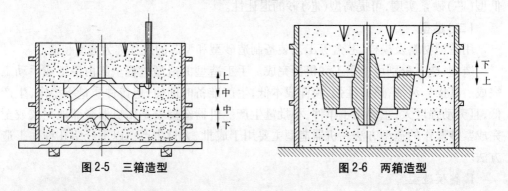

图 2-5　三箱造型　　　　图 2-6　两箱造型

3. 挖砂造型

当铸件如手轮外形轮廓为曲面时，若要求整模造型，则造型时需挖出阻碍起模的型砂。图 2-7 为手轮的挖砂造型过程。

挖砂造型要求准确挖砂至模样的最大截面处，技术要求较高，生产率低，只适用于单件、小批量生产最大截面不在端部且模样又不便分开的铸件。

大批量生产时，采用挖沙造型效率很低，为了提高效率，预备好强度较高的半个铸型承托模样，由于该型不参与浇注，故称为假箱，如图 2-8 所示。生产中也可以采用木型和金属成型底板作为假箱。假箱造型样免除了挖砂操作，提高了生产率。

4. 活块造型

当铸件上有局部凸出妨碍起模时，可将这些部分做成活块。造型时，先起出主体模样，再用适当方法起出活块，如图 2-9 所示。活块造型操作技术要求较高，生产率低，只适用于单件小批生产。

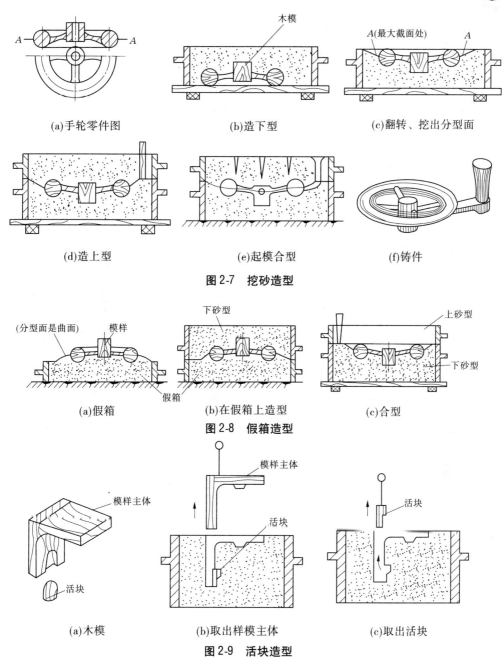

(a)手轮零件图　　　　(b)造下型　　　　(c)翻转、挖出分型面

(d)造上型　　　　(e)起模合型　　　　(f)铸件

图 2-7　挖砂造型

(a)假箱　　　　(b)在假箱上造型　　　　(c)合型

图 2-8　假箱造型

(a)木模　　　　(b)取出样模主体　　　　(c)取出活块

图 2-9　活块造型

5.刮板造型

利用与铸件截面形状相适应的特制刮板刮出砂型型腔,如图 2-10 所示。

刮板造型节省了模样材料和模样加工时间,但操作费时,生产率较低,多适用于单件小批量生产,尤其是尺寸较大的旋转体铸件的生产。

(三)浇注系统

浇注系统是指为将金属液体注入型腔而在铸型中开设的一系列通道。它是在造型时

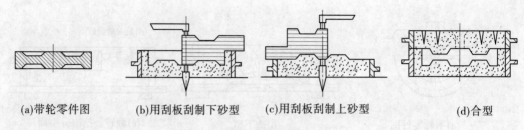

(a)带轮零件图　　(b)用刮板刮制下砂型　　(c)用刮板刮制上砂型　　(d)合型

图 2-10　刮板造型

利用一定的模样来形成的。典型的浇注系统包括浇口杯或浇口盆、直浇道、横浇道和内浇道等,如图 2-11 所示。

浇口杯的作用是将来自浇包的金属引入直浇道,缓和冲击分离熔渣。

直浇道为一圆锥形垂直通道,其高度使金属液产生一定的静压力,以控制金属液流入铸型的速度和提高充型能力。

横浇道分配金属液进入内浇道,并起挡渣的作用,它的断面一般为梯形,并设在内浇道之上,使得上浮的熔渣不致流入型腔。

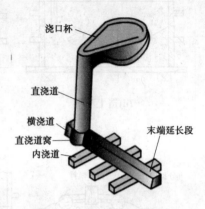

图 2-11　典型的浇注系统

内浇道是引导金属液进入型腔的部分,其作用是控制金属液的流速和流向,调整铸件各部分的温度分布。

(四)浇注及铸件的落砂和清理

1. 浇注

浇注是指将金属液从浇包注入铸型的操作。浇注时应注意控制浇注温度和浇注速度。

浇注温度过高,铸件收缩大,粘砂严重,晶粒粗大。浇注温度偏低,会使铸件产生冷隔、浇不足等缺陷。

浇注温度应根据铸造合金的种类、铸件结构及尺寸等确定。

浇注速度的大小应能保持金属液连续不断地注入铸型,不得断流,应该使浇口杯一直处于充满状态。

2. 铸件的落砂和清理

落砂是使铸件与型砂、砂箱分离的操作。铸件浇注后要在砂型中冷却到一定温度后才能落砂。落砂过早,铸件易产生白口,难以切削加工,还会产生铸造应力,引起变形开裂;落砂过晚,铸件固态收缩受阻,也会产生铸造应力,而且会影响生产率。

清理是指落砂后从铸件上清除表面粘砂、型砂、多余金属(包括浇冒口、氧化皮)等过程的总称。

铸铁件上的浇冒口可用铁锤敲掉,韧性材料的铸件可用锯割或气割等方法去除。铸件表面的粘砂、毛刺可用滚筒清理、抛丸清理、打磨清理等。

(五)铸件的常见缺陷

常见铸件缺陷的名称、特征及预防措施表 2-1。

表 2-1　常见铸造缺陷的名称、特征及预防措施

缺陷名称	缺陷特征	预防措施
气孔	圆形或不规则的孔眼,孔眼内表面光滑,颜色为白色或带一层旧暗色	降低熔炼石金属的吸气量;减少砂型在浇注过程中的发气量;改进铸件结构;提高砂型和型芯的透气性,使铸型内的气体能顺利排出
缩孔	在铸件厚断面内部、两交界面的内部及厚断面和薄断面交界处的内部或表面,形状不规则,孔内表面粗糙不平,晶粒粗大	壁厚小且均匀的铸件要采用同时凝固,壁厚大且不均匀的铸件采用由薄向厚的顺序凝固,合理放置冷铁
缩松	在铸件内部微小而不连贯的缩孔,聚集在一处或多处,晶粒粗大,各晶粒间存在很小的孔眼,水压试验时渗水	壁间连接处尽量减小热节,尽量降低浇注温度和浇注速度
渣气孔	在铸件内部或表面出现的形状不规则的孔。孔内表面不光滑,内部全部或部分充塞着熔渣	提高铁液温度,降低熔渣黏性,提高浇注系统的挡渣能力,增大铸件圆角
热裂	在铸件上有穿透或不穿透的裂纹,开裂处金属表皮氧化	严格控制合金熔液中的 S、P 含量,铸件壁厚尽量均匀,提高型砂和型芯的退让性,浇冒口不应阻碍铸件收缩,避免壁厚的突然改变
粘砂	在铸件表面上,全部或部分覆盖着一层金属(或金属氧化物)与砂(或涂料)的混合物或一层过烧结构的型砂,致使铸件表面粗糙	减少砂粒间隙,适当降低金属的浇注温度,提高型砂、芯砂的耐火度
浇不到	由于金属液未完全充满型腔而产生的铸件不完整	提高浇注温度和浇注速度,防止断流、跑火

三、合金的铸造性能

合金的铸造性能是指合金在铸造时表现出来的工艺性能,主要指合金的流动性及收缩性等,对保证铸件质量具有重要作用。

（一）合金的流动性

1. 流动性

流动性是指液态合金的流动能力。合金的流动性越好,充型能力越强,越便于浇注出轮廓清晰、壁薄而复杂的铸件。液态合金的流动性通常是用浇注螺旋形试样的方法来衡量的。在相同的浇注工艺条件下,浇出的试样愈长,说明合金的流动性愈好。

2. 影响因素

影响流动性的因素很多,主要有以下几方面:

（1）化学成分:合金结晶温度范围越宽,流动阻力越大,流动性越差。

（2）工艺条件:提高浇注温度和浇注压力,预热铸型和减少铸型发气,简化复杂铸件的结构形状等均可提高合金的流动性。

（3）铸型的充型条件:铸件的壁厚、浇注系统的结构、铸型的热导性、充型压力等会影响合金的流动性。

（二）合金的收缩性

1. 收缩的概念

铸件在液态、凝固态和固态的冷却过程中,其尺寸和体积减小的现象称为收缩。收缩过程经历以下三个阶段:

（1）液态收缩。从浇注温度冷却到凝固开始温度发生的体积收缩。表现为型腔内液面的降低。

（2）凝固收缩。从凝固开始温度冷却到凝固终止温度发生的体积收缩。

（3）固态收缩。从凝固终止温度冷却到室温的体积收缩。

液态收缩和凝固收缩是铸件产生缩孔和缩松的主要原因,而固态收缩是铸件产生内应力、变形和裂纹的主要原因。

合金的收缩一般用体收缩率和线收缩率来表示。合金单位体积的相对收缩量称为体积收缩率;合金单位长度的相对收缩量称为线收缩率。合金的总体积收缩为上述三个阶段收缩之和。

2. 影响收缩的因素

（1）化学成分。不同种类的合金收缩率不同;同类合金中因化学成分有差异,其收缩率也有差异。铸钢的收缩率最大,灰铸铁最小。灰铸铁收缩率小是因为结晶时石墨析出会产生体积膨胀(石墨的比容大),抵消了合金的部分收缩。

（2）工艺条件。合金的浇注温度越高,液态收缩越大。浇注温度每提高 100 ℃,体积收缩率增加 1.6% 左右。铸件在铸型中冷却时,会受到铸型和型芯的阻碍,其实际收缩量小于自由收缩量。

铸件结构越复杂,铸型及型芯的强度越高,其差别越大。

（三）常用合金的铸造性能

1. 铸铁的铸造性能

（1）灰铸铁。灰铸铁的碳含量接近于共晶成分，因此其熔点低，流动性好，可以浇注出形状复杂和壁厚较小的铸件。由于灰铸铁的熔点低，因此对型砂的耐火性和熔化设备要求不高。在各类铸铁中，灰铸铁的铸造性能最好。

（2）球墨铸铁。由于球化处理时铁水温度的下降使其流动性比灰铸铁差，易产生浇不足、冷隔等缺陷；凝固时球状石墨的析出会使铸件外壳胀大，使得后续收缩中容易形成缩孔、缩松；容易产生较大的铸造应力，其变形、裂纹的倾向较大。

（3）蠕墨铸铁。蠕墨铸铁的成分接近于共晶点，又经蠕化剂的去硫去氧作用，其流动性较好，甚至优于灰铸铁。蠕墨铸铁产生缩孔、缩松和铸造应力的倾向介于灰铸铁和球墨铸铁之间。

（4）可锻铸铁。可锻铸铁的成分远离共晶点，流动性差，要求较高的浇注温度；结晶时无石墨析出，易产生缩孔、缩松；铸造应力较大。

2. 碳钢的铸造性能

铸造碳钢的熔点高，钢液过热度比铸铁小，浇注时金属液流动时间短，所以流动性差。浇注薄壁复杂铸件容易出现冷隔和浇不足，所以体积收缩和线收缩均较大，必须采取严格的工艺措施进行补缩和防止变形、裂纹。铸钢熔点高，容易使铸件产生粘砂，要求型砂的耐火性高。铸钢的熔炼设备、熔炼工艺复杂。

3. 铝合金的铸造性能

铝硅合金是应用最广泛的铸造铝合金。其成分在共晶点附近，熔点低，流动性好，可以铸造出壁较薄、形状复杂的铸件。铝硅合金的收缩率不大，采取一定的工艺措施后即可获得致密、合格的铸件。

液态铝合金极容易氧化、吸气，所以其熔炼要求高，浇注时应平稳。

4. 铜合金的铸造性能

铸造黄铜和铝青铜的结晶温度范围小，流动性较好，但容易形成集中缩孔，必须设置较大的冒口进行充分补缩。

铸造锡青铜的结晶温度范围很大，流动性较差，液态收缩和凝固收缩容易形成分散度很大的缩松，补缩比较困难。

四、特种铸造方法

（一）熔模铸造

1. 熔模铸造

熔模铸造是用易熔的蜡料制成模样，在表面涂敷多层耐火材料，待硬化干燥后，将蜡模加热熔化排出蜡液，得到中空型壳，即获得无分型面的整体铸型的一种方法。其制造过程如图 2-12 所示。

2. 熔模铸造的特点及应用范围

（1）铸件精度高，表面质量好。尺寸公差等级可达 CT7～CT4，表面粗糙度 Ra 值可达 12.5～1.6 μm。可节约加工工时，实现少屑或无屑加工，显著提高了金属材料的利用率。

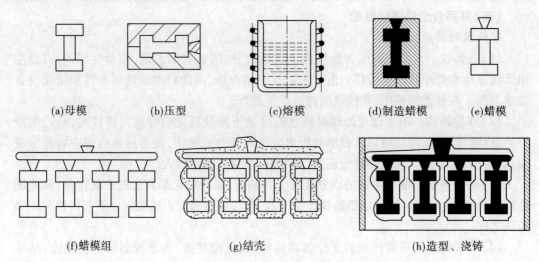

(a)母模　　　　(b)压型　　　　(c)熔模　　　　(d)制造蜡模　　(e)蜡模

(f)蜡模组　　　　　　(g)结壳　　　　　　　(h)造型、浇铸

图 2-12　熔模铸造工艺过程

（2）可制造形状复杂的铸件。由于蜡模可以焊接拼制,模样可熔化流出,故可以铸出形状极为复杂的铸件,铸出孔最小直径为 0.5 mm,最小壁厚可达 0.3 mm。

（3）适用于各种合金铸件。尤其用于高熔点和难切削合金的铸造,更显示出其优越性。

（4）生产批量不受限制。从单件到大批量生产都适用,能实现机械化流水作业。

熔模铸造主要用于生产形状复杂、精度要求高、熔点高和难切削加工的小型（质量在 25 kg 以下）零件,如汽轮机叶片、切削刀具、风动工具、变速箱拨叉、枪支零件,以及汽车、拖拉机、机床上的小零件等。

（二）金属型铸造

金属型铸造是在重力下将液态金属注入金属制成的铸型中,以获得金属铸件的方法。

1. 金属型的构造

金属型可分为水平分型式、垂直分型式、复合分型式和铰链开合式等。垂直分型式由于开设浇口和取出铸件都比较方便,也易实现机械化,所以应用较多,如图 2-13 所示。金属型一般用铸铁制成,有时也选用碳钢制造。

2. 金属型铸造的特点及应用范围

（1）金属型铸件的尺寸精度高,表面质量好,加工余量小。金属型的尺寸准确,表面光洁,铸件的尺寸公差等级可达 CT9 ~ CT7,表面粗糙度 Ra 值可达 12.5 ~ 6.3 μm。

（2）金属型铸件的组织致密,力学性能好。如铝合金的金属型铸件的抗拉强度可提高 25%。

（3）金属型可以一型多铸,生产率高,劳动条件好。金属型铸造主要应用于有色金属铸件的大批量生产中,如铝合金的活塞、汽缸体、汽缸盖、铜合金轴瓦、轴套等。对于黑色金属,只限于形状简单的中小零件。

（三）压力铸造

压力铸造是将液态金属在高压下迅速注入铸型,并在压力下凝固而获得铸件的铸造方法,简称压铸。常用压铸的压强为几兆帕至几十兆帕,充填速度在 0.5 ~ 70 m/s 范

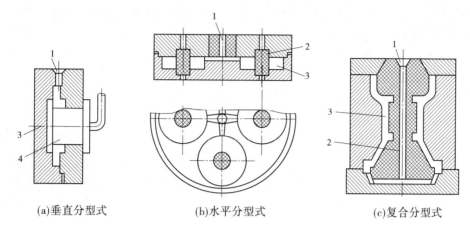

(a)垂直分型式　　　　　(b)水平分型式　　　　　(c)复合分型式

1—浇口；2—砂型；3—型腔；4—金属型

图2-13　金属型的类型

围内。

1.压铸机及压铸工艺过程

压铸是在专门的压铸机上进行的。压铸机按压射部分的特征可分为热压室式和冷压室式两大类。冷压室式应用较广，又可分为立式和卧式两种。卧式冷压室式压铸机，其压射头水平布置，压室不包括金属液保温炉，压室仅在压铸的短暂时间内接触金属液。

压铸机所用铸型用专用耐热钢制成，其结构与垂直分型式金属型相似，由定型和动型两部分组成。定型固定在压铸机定模板上，动型固定在动模板上并可做水平移动。推杆和芯棒通过相应机构控制，完成推出铸件和抽芯等动作。

2.压力铸造的特点及应用范围

压铸的优点很多，如铸件尺寸精度高、表面质量好、铸件强度高，生产率高，便于采用镶嵌法等。但也存在下列缺点：压铸设备投资大，制造压型费用高、周期长，故不适合单件、小批量生产；压铸高熔点合金（如钢、铸铁）时，压型寿命低，内腔复杂的铸件也难以适应；由于压铸速度高，压型内的气体很难排除，所以铸件内部常有小气孔，影响铸件的内部质量；压铸件不能进行热处理，也不宜在高温下工作。因压铸件中的气孔是在高压下形成的，在加热时气孔中的空气膨胀所产生的压力有可能使铸件变形或开裂。

（四）离心铸造

离心铸造是将液态金属浇入高速旋转（250～1 500 r/min）的铸型中，使金属液在离心力作用下充填铸型并结晶的铸造方法。

1.离心铸造的基本类型

离心铸造的铸型可用金属型、砂型或复砂金属型。为使铸型旋转，离心铸造必须在离心铸造机上进行。根据铸型旋转轴空间位置的不同，离心铸造机可分为立式和卧式两大类。立式离心铸造主要用来生产高度小于直径的圆环类零件。卧式离心铸造常用于生产长度较大的套筒、管类铸件，是最常用的离心铸造方法。

2.离心铸造的特点和应用范围

（1）铸件组织致密，无缩孔、缩松、气孔、夹渣等缺陷，力学性能好。因为在离心力的作用下,金属中的气体、熔渣等夹杂物因密度小而集中在内表面,铸件呈由外向内的定向凝固,补缩条件好。

(2)简化工艺,提高金属利用率。如铸造中空铸件时,可以不用型芯和浇注系统,简化了生产工艺,提高了金属利用率。

(3)便于浇注流动性差的合金铸件和薄壁铸件。这是由于在离心力的作用下,金属液的充型能力得到了提高。

(4)便于铸造双金属件。如钢套镶铜轴承等,其结合面牢固,可节约贵重金属,降低成本。

目前离心铸造主要用于生产回转体的中空铸件,如铸铁管、汽缸套、双金属轴承、钢套、特殊钢的无缝管坯、造纸机滚筒等。

■ 任务二　认识压力加工技术

学习目标:

1. 了解金属加热和锻造温度范围、锻件的冷却方法,能合理选择锻造温度和锻件的冷却方法。

2. 了解锻造的特点、自由锻的基本工序。

3. 了解冲压成型特点和基本工序。

4. 了解轧制、拉制和挤压技术的特点。

一、金属加热和锻造温度

(一)金属加热的目的和要求

金属加热的目的是提高坯料的塑性和降低其变形抗力,即提高其可锻性。通常,随着温度的升高,金属材料的强度降低而塑性提高。所以,加热后锻造时,可以用较小的锻打力量使坯料产生较大的变形而不破裂。

金属加热须严格控制加热温度和加热速度。加热温度过高会产生过热、过烧;高温下停留时间过长会产生氧化、脱碳;加热速度过快容易使坯料产生较大应力而出现裂纹等。因此,加热是锻造工艺中极为重要的环节,直接影响锻件的质量。

(二)加热过程中产生的缺陷及防止方法

1.过热和过烧

一般金属由于加热温度过高或高温下保持时间过长引起晶粒粗大的现象称为过热。过热的锻件晶粒粗大,其锻造性能和力学性能下降,锻造时容易产生裂纹,故应尽量避免。

对于已产生过热但尚未锻造的坯料,可用冷却后重新加热的方法来挽救。若锻后发现粗晶组织,可通过热处理如正火的方法细化晶粒。

坯料加热温度超过始锻温度过多,使晶界处出现氧化和熔化的现象称为过烧。过烧破坏了晶粒间的连接力,一经锻打即破碎而成为废品,是不可挽救的缺陷,故加热时不允许产生过烧现象。

2．氧化和脱碳

坯料在加热时，金属表层的 Fe 与炉气中的 O_2、CO_2、H_2O、SO_2 等氧化性气体进行化学反应，生成 FeO、Fe_3O_4 和 Fe_2O_3 等氧化皮而导致金属烧损的现象称为氧化。氧化皮硬度较高，会加剧锻模的磨损，缩短其使用寿命，并降低模锻件精度和表面质量。

金属表层的碳与炉气中的 O_2、CO_2、H_2O 等进行化学反应，导致表层含碳量降低的现象称为脱碳。钢的表面脱碳过程也是氧化过程。脱碳可使工件表层变软，强度和耐磨性降低。由于锻件的加工余量一般大于脱碳层，因而危害性不大。

防止氧化和脱碳的方法是严格控制送风量，快速加热，或采用少、无氧化加热等。

3．裂纹

大型锻件的坯料在加热过程中，若装炉温度过高或加热速度过快，可能造成表面与中心、形状复杂锻件坯料各部分之间的温度差，从而使同一锻件上内外或各部分之间膨胀不一致而产生较大的应力，当应力超过金属本身强度极限时将形成裂纹。

低碳钢和中碳钢塑性好，一般不会形成裂纹；高碳钢及某些高合金钢由于导热性低、塑性差，较易形成裂纹。对于这类钢坯的加热，要严格遵守加热规范，一般坯料随炉缓慢升温，至 900 ℃左右保温，内外温度一致后再加热到始锻温度。

（三）锻造温度范围

锻造温度范围是指锻件由开始锻造的最高温度到终止锻造的最低温度之间的温度范围。

1．始锻温度

金属加热后开始锻造的最高温度称为始锻温度。这一温度原则上要高，但不能过高，否则可能产生过热和过烧；始锻温度也不宜过低，因为温度过低使锻造温度范围缩小，锻造时间减少，增加锻造的困难。碳素钢的始锻温度一般低于其熔点温度 100～200 ℃。

2．终锻温度

金属停止锻造时的最低温度称为该材料的终锻温度。坯料在锻造过程中，随着热量的散失，温度不断下降，因而，塑性越来越差，变形抗力越来越大，温度下降到一定程度后，不仅难以继续变形，而且易于锻裂，必须及时停止锻造，重新加热。终锻温度过高，易形成粗大晶粒，降低力学性能；终锻温度过低，锻压性能变差。碳素钢的终锻温度为 800 ℃左右。

常用金属材料的锻造温度范围见表 2-2。

表 2-2　常见金属材料的锻造温度范围　　　　　　　　　　　　　（单位：℃）

材料种类	始锻温度	终锻温度
低碳钢	1 200～1 250	700～800
中碳钢	1 150～1 200	800～850
合金结构钢	1 100～1 180	800～850
铝合金	450～500	350～380
铜合金	800～900	650～700

（四）锻后冷却

锻件的冷却是保证锻件质量的重要环节。锻造时,常用的冷却方法有以下几种。

1. 空冷

热态锻件在空气中冷却的方法称为空冷,是冷却速度较快的一种冷却方法。

2. 堆冷

将热态锻件成堆放在空气中进行冷却的方法称为堆冷,堆冷的冷却速度低于空冷。

3. 坑冷

将热态锻件放在地坑(或铁箱)中缓慢冷却的方法称为坑冷,其冷却速度较堆冷低。

4. 灰砂冷

将热态锻件埋入炉渣、灰或砂中缓慢冷却的方法称为灰砂冷,其冷却速度低于坑冷。锻件入砂温度一般在 500 ℃,在 150 ℃出砂,周围蓄砂厚度不能少于 80 mm。

5. 炉冷

锻后锻件放入炉中缓慢冷却的方法称为炉冷,其冷却速度低于灰砂冷。

二、锻造加工

锻造成型是在锻压设备及工(模)具的作用下,使坯料或铸锭产生塑性变形,以获得一定几何尺寸、形状和质量的锻件的加工方法。常用的锻造方法为自由锻和模锻。

（一）自由锻

自由锻造简称自由锻。自由锻是指只用简单的通用性工具,或在锻造设备的上、下砧间直接使坯料变形而获得所需几何尺寸、形状和内部质量的锻件的加工方法。

自由锻工艺灵活,所用工具、设备简单,成本低。但锻件尺寸精度低,生产效率低,一般用于单件、小批量生产。自由锻分为手工自由锻和机器自由锻两类。手工自由锻靠人力和手工工具对坯料施加外力,生产效率低,锤击力小,只能生产小型锻件,在现代工业中已被机器自由锻取代。机器自由锻靠机器对坯料施加外力,能够锻造各种大小的锻件。自由锻是目前在工厂中采用最广泛的锻造方法。

自由锻的基本工序有镦粗、拔长、冲孔和扩孔、切割、弯曲、扭转和错移等。

1. 镦粗

使坯料高度减小、横截面积增大的锻造工序称为镦粗。镦粗分完全镦粗和局部镦粗两种。完全镦粗是整个坯料高度都镦粗,常用来制作高度小、断面大的锻件,如齿轮毛坯、圆盘等,如图 2-14 所示。局部镦粗只是在坯料上某一部分进行的镦粗,经常使用垫环镦粗坯料某个局部,常用于制作带凸座的盘类锻件或带较大头部的杆类锻件等,如图 2-15 所示。

2. 拔长

拔长是使坯料横断面积减小、长度增加的锻造工序,可分为平砧拔长和芯棒拔长两种。在平砧上拔长主要用于长度较大的轴类锻件,如图 2-16 所示。芯棒拔长是空心毛坯中加芯轴进行拔长以减小空心毛坯外径(壁厚)而增加其长度的锻造工序,用于锻造长筒类锻件,也称作芯棒上拔长,如图 2-17 所示。

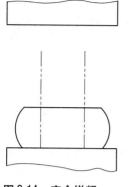

图 2-14 完全镦粗

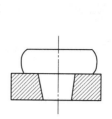 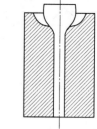

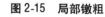

(a)在垫环中局部镦粗 (b)在模具中局部镦粗

图 2-15 局部镦粗

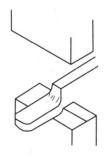

图 2-16 平砧拔长

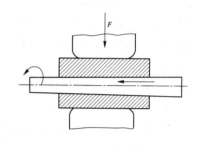

图 2-17 芯棒拔长

3. 冲孔和扩孔

在坯料上冲出透孔或不透孔的锻造工序称为冲孔。减小空心毛坯壁厚而增加其内外径的锻造工序称为扩孔。

4. 切割

将坯料分成几部分或部分地割开,或从坯料的外部割掉一部分,或从内部割出一部分的锻造工序称为切割。主要用于下料或切割料头。

5. 弯曲

采用一定的工、模具将坯料弯成所规定外形的锻造工序称为弯曲,如图 2-18 所示。弯曲时只将弯曲部分局部加热,先用大锤或上砧铁将坯料压住,然后锤击,将工件打弯成所需形状。弯曲主要用于制造各种弯曲形状的锻件,如吊钩、弯板、角尺等。

6. 扭转

扭转是将坯料一部分相对于另一部分绕其轴线旋转一定角度的锻造工序,如图 2-19 所示。扭转时,受扭转部分应加热到始锻温度,并均匀热透。扭转后应注意缓慢冷却,以防扭裂。扭转常用于多拐曲轴、连杆等锻件。

7. 错移

错移是指坯料的一部分相对于另一部分平移错开的工序,如图 2-20 所示。错移时,先在错移部位压肩,然后加垫板及支撑,锻打错开,最后修整。错移多用于曲轴等锻件。

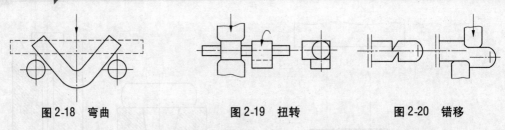

图 2-18　弯曲　　　　　　　图 2-19　扭转　　　　　　　图 2-20　错移

(二) 模锻

模型锻造简称为模锻。模锻是把加热后的坯料放在上、下锻模的模膛内,然后施加冲击力或压力,使坯料在模膛所限制的空间内产生塑性变形,以获得与模膛形状相同的锻件的一种加工方法。模锻生产效率高,操作简单,易于机械化,且锻件尺寸精度高,表面粗糙度值小。但模锻设备投资大、模锻成本高,主要用于中小型锻件的成批和大量生产,如发动机曲轴、连杆、齿轮、叶片等零件毛坯。

根据使用锻造的设备不同,模锻可分为锤上模锻、胎模锻和压力机上模锻等。

1. 锤上模锻

在模锻锤上进行的模锻称为锤上模锻。

模锻锤的结构如图 2-21 所示。它的砧座比自由锻锤的大得多,而且砧座与锤身连成一个封闭的整体,锤头与导轨之间的配合也比自由锻锤精密,因而锤头运动精确,在锤击中能保证上下模对准。

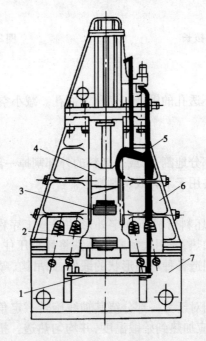

1—踏杆;2—下模;3—上模;4—锤头;5—操纵机构;6—机架;7—砧座

图 2-21　模锻锤

锻模分上模和下模,分别安装在模锻锤的锤头下端和砧座上的燕尾槽内,用楔铁对准和紧固。具有一个模膛的锻模称为单模膛模锻,如图 2-22 所示;具有两个以上模膛的锻模称为多模膛模锻。

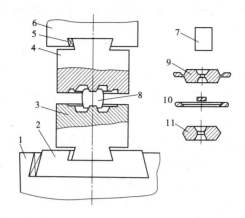

1—砧座;2—模座;3—下模;4—上模;5—楔铁;6—锤头;7—坯料;
8—锻造中的坯料;9—带飞边和带连皮的锻件;10—飞边;11—锻件

图 2-22　单模膛模锻

锻模用专用的模具钢加工制成,具有较高的热硬性、耐磨性和耐冲击性能。模膛内与分模面垂直的面都有 5°～10° 的斜度,称为模锻斜度,其作用是便于锻件出模。所有面与面之间的交角都要做成圆角,以利于金属充满模膛及防止由于应力集中使模膛开裂。

为了防止锻件尺寸不足及上、下模冲撞,模锻件下料时,除考虑烧损量及冲孔损失外,还应使坯料的体积稍大于锻件。模膛的边缘也加工出容纳多余金属的飞边槽,在锻造过程中,多余的金属即存留在飞边槽内,锻后再用切边模将飞边切除。

同样,带通孔的锻件在锻打过程中不能直接形成通孔,总是留下一层金属,称为冲孔连皮。连皮须在模锻后冲除。

2. 胎模锻

胎模锻是介于自由锻和模锻之间的一种锻造方法,它也是在自由锻设备上使用可移动模具生产锻件的一种锻造方法。胎模锻时模具(也称胎模)不固定在锤头或砧座上,只是在使用时才放上去,用完后再搬下。胎模锻的工艺过程如图 2-23 所示。坯料通常先经自由锻的镦粗或拔长等工序初步制坯,然后放入胎模,经锤头终锻成形。也有直接将毛坯放入胎模内锻造成形的。

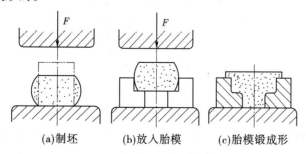

(a)制坯　　(b)放入胎模　　(c)胎模锻成形

图 2-23　胎模锻的工艺过程

胎模锻与自由锻相比,具有生产率高和锻件精度高、形状复杂等优点;与模锻相比,则有设备简便和工艺灵活等优点。胎模锻的主要缺点是:模具寿命低,劳动强度大,胎模锻件的尺寸精度不如锤上模锻件高。因此,胎模锻很适于小型锻件的小批量生产。

三、冲压加工

使板料经分离或成形而得到制件的加工方法称为板料冲压,通常在室温下进行,故又称冷冲压。冲压常用的材料有低碳钢、低合金钢、奥氏体不锈钢、铜及铜合金、铝及铝合金等低强度、高塑性板材,板料厚度小于 6 mm,大部分不超过 1~2 mm,故亦称薄板冲压。8~12 mm以上厚板需采用热冲压进行。某些非金属板料亦可以采用冲压方法加工,如胶木板、云母片、石棉板和皮革等。

冲压操作简便,易于实现机械化和自动化,因而生产率高,制件成本低。冲压件尺寸准确,互换性好,一般不需切削加工即可投入使用。冲压件质量轻,强度、刚度高,有利于减轻结构质量。冲压的缺点是模具制造复杂,周期长,成本高。故只有在大批量生产时,采用冲压加工才是经济合理的。

板料冲压基本工序为冲裁、弯曲和拉伸。

(一)冲裁

利用冲模将板料以封闭的轮廓与坯料分离的一种冲压方法称为冲裁,包括落料和冲孔两种。冲裁时,如果落下部分是零件,周边是废料,称为落料;如果周边是零件,落下部分是废料,称为冲孔。

冲裁所用的模具叫作冲裁模,简单的典型冲裁模如图 2-24 所示,它的组成及各部分的作用如下。

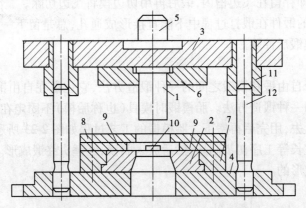

1—凸模;2—凹模;3—上模板;4—下模板;5—模柄;6、7—压板;
8—卸料板;9—导料板;10—定位销;11—导套;12—导柱

图 2-24 简单冲裁模

1. 模架

模架包括上、下模板和导柱、导套。上模板通过模柄安装在冲床滑块的下端,下模板用螺钉固定在冲床的工作台上。导柱和导套的作用是保证上、下模具对准。

2. 凸模和凹模

凸模和凹模是冲模的核心部分,凸模又称冲头。冲裁模的凸模和凹模的边缘都磨成锋利的刃口,以便进行剪切使板料分离。

3.导料板和定位销

它们的作用是控制条料的送进方向和送进量,如图 2-25 所示。

4.卸料板

它的作用是使凸模在冲裁后从板料中脱出。

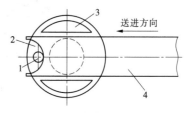
1—定位销;2—凹模;3—导料板;4—条料

图 2-25　条料的送进

(二) 弯曲

将板料、型材或管材在弯矩作用下弯成具有一定曲率和角度制件的成形方法称为弯曲,如图 2-26 所示。与冲裁模不同,弯曲模冲头的端部与凹模的边缘,必须加工出一定的圆角,以防止工件弯裂。弯曲后,由于弹性变形的恢复,工件的弯曲角会有一定增大,称为回弹。回弹角一般为 $0° \sim 10°$。为保证合适的弯曲角,在设计弯曲模时,应使模具的弯曲角比成品的弯曲角小一个回弹角。

(三) 拉伸

变形区在一拉一压的应力状态作用下,利用模具使板料(或浅的空心坯)成形为空心件(深的空心件)而厚度基本不变的加工方法称为拉伸,也叫拉延,如图 2-27 所示。拉伸所用的坯料通常由落料工序制出。

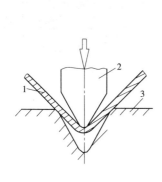
1—工件;2—冲头;3—凹模

图 2-26　弯曲

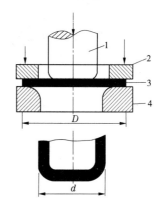
1—冲头;2—压边圈;3—板料;4—凹模

图 2-27　拉伸

拉伸后工件直径 d 与拉深前坯料的直径 D 之比 m 称为拉伸系数,它的大小表示了变形程度的大小。m 越小,变形程度越大,m 过小,将造成拉伸件的起皱或拉裂,如图 2-28 所示。因此,深度大的拉伸件要采用多次拉伸,每次拉伸中间要进行退火。使用压边圈的目的是防止上缘起皱。压边力要适当,过大容易造成拉裂,过小则作用不够仍会起皱。

四、轧制、拉制和挤压技术

(一) 轧制

金属材料(或非金属材料)在旋转轧辊的压力作用下,产生连续塑性变形,获得所要

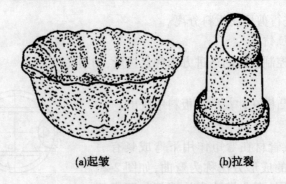

(a)起皱　　　　　　　(b)拉裂

图 2-28　拉伸件的起皱和拉裂

求的截面形状并改变其性能的方法,称为轧制。

轧制的实质是将金属坯料经加热或不加热后,使之通过旋转轧辊间的孔型而产生塑性变形。它可轧制原材料,生产型材、板材和管材,也可用辊锻、辗压、螺旋斜轧、热轧等方式生产零件,如图 2-29 所示。

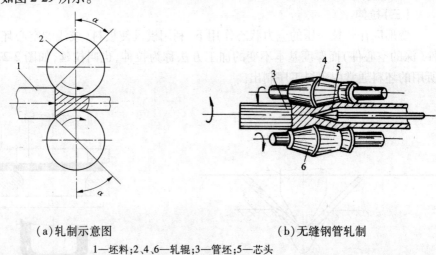

（a）轧制示意图　　　　　　　（b）无缝钢管轧制

1—坯料;2、4、6—轧辊;3—管坯;5—芯头

图 2-29　轧制

（二）拉制

坯料在牵引力作用下通过模孔拉出,使之产生塑性变形而得到截面缩小、长度增加的工艺称为拉制,如图 2-30 所示。

（三）挤压

坯料在封闭模腔内受三向不均匀压应力作用下,从模具的孔口或缝隙挤出,使之横截面面积减小,成为所需制品的加工方法称为挤压。按挤压温度可分冷挤压、温挤压、热挤压。在生产实践中,冷挤压应用较为广泛。挤压按金属流动方向和凸模运动方向的关系,可分为正挤压、反挤压、复合挤压和径向挤压,如图 2-31 所示。

·24·

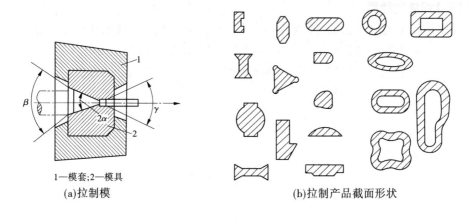

1—模套;2—模具
(a)拉制模

(b)拉制产品截面形状

图 2-30　拉制

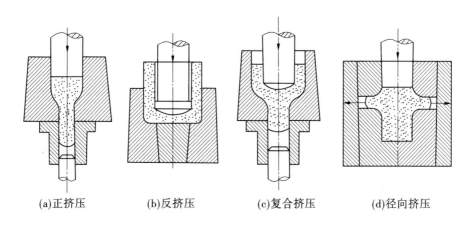

(a)正挤压　　　　(b)反挤压　　　　(c)复合挤压　　　　(d)径向挤压

图 2-31　挤压的方式

任务三　认识焊接与切割技术

学习目标:

1. 了解焊接的基本理论;掌握焊条电弧焊的特点和应用。

2. 认识金属材料的焊接性能及焊接特点。

3. 了解埋弧焊、气体保护电弧焊、气焊、电渣焊、等离子弧焊和电阻焊的特点和应用。

4. 理解焊接件的结构工艺性。

一、焊接技术

在工业生产中,常常需要将几个零件或材料连接在一起。常用的连接方式有键连接、螺栓连接、铆接、焊接、胶接等,前两种连接方式属于机械连接,是可以拆卸的;后三种连接方式属于永久性连接,是不可以拆卸的。

（一）焊接的种类

焊接是利用加热或加压（或两者并用）使两部分分离的金属形成原子间结合的一种连接方法。按照焊接过程的特点，可以归纳为熔焊、压焊和钎焊三大类。

（1）熔焊：利用局部加热，使金属加热到熔化状态而获得结合的方法。

（2）压焊：利用金属的局部加热并施加压力使其结合的方法。

（3）钎焊：利用低熔点的填充金属（钎料）熔化后，与固态母材相互扩散形成金属结合的方法。按所用钎料熔点不同，可将其分为硬钎焊（钎料熔点大于 450 ℃）和软钎焊（钎料熔点小于 450 ℃）两种。

主要焊接方法如图 2-32 所示。

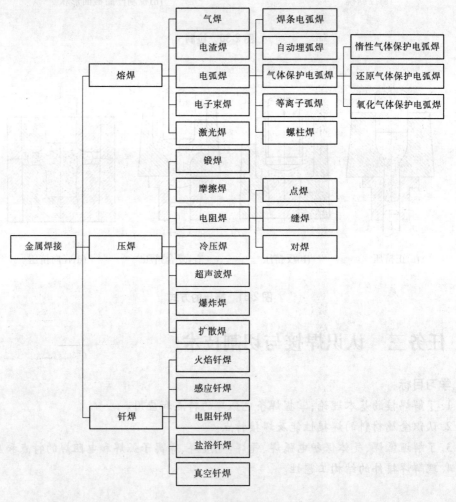

图 2-32　主要焊接方法

（二）焊接的特点及应用

1. 焊接的优点

（1）可以节省材料和制造工时，接头密封性好，力学性能高。

（2）能以大化小、以小拼大。如制造铸焊、锻焊大型结构，不仅简化工艺，减轻结构质

26

量,同时也降低了制造成本。

（3）可以制造双金属结构,如切削刀具的切削部分（刀片）与夹固部分（刀架）可用不同材料制造后焊接成整体。

（4）生产效率高,易实现机械化和自动化。

2. 焊接的缺点

（1）焊接过程是不均匀加热和冷却,因此会引起焊接接头组织、性能的变化,同时焊件还会产生较大的应力和变形。

（2）在焊接过程中,必须采取一定的措施,控制接头组织、性能的不均匀程度,减小焊接应力和变形。

3. 焊接的应用

焊接在工程上占有很重要的地位,据统计,世界上主要工业国家每年生产的焊接结构约占钢产量的45%左右。焊接主要用于制造金属结构,例如锅炉、压力容器、管道、汽车、飞机、船舶、桥梁、起重设备等,也用于制造机器零件,例如机座、床身、箱体等。此外,还可以用于零件的修复。

二、焊条电弧焊

焊条电弧焊（或手工电弧焊）是用手工操纵焊条进行焊接的电弧焊方法。焊条电弧焊由弧焊电源、焊接电缆、焊钳、焊条、焊件、电弧构成焊接回路。在电弧的高温作用下,焊条和焊件局部被加热到熔化状态,形成熔池。随着电弧的移动,熔池也随之移动,熔池中的液态金属逐步冷却结晶后便形成焊缝,从而将两个焊件连成一个完整的整体,如图2-33所示。

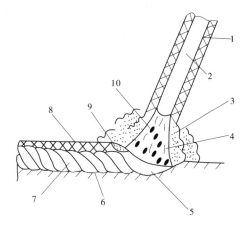

1—药皮;2—焊芯;3—保护气;4—电弧;5—熔池;6—母材;7—焊缝;8—渣壳;9—熔渣;10—熔滴

图 2-33　焊条电弧焊示意图

（一）焊接电弧

焊接电弧是由焊接电源供给的,具有一定电压的两极间或电极与母材（被焊金属材料的统称）间,在气体介质中产生的强烈而持久的放电现象。

1. 焊接电弧的产生

焊接时,焊接电源的两极分别与焊条和焊件相连接。当焊条与焊件瞬时接触时,造成短路而产生很大的短路电流,使接触点在很短时间内产生大量的热,焊条接触端与焊件温度很快升高。将焊条提起 2~4 mm 后,焊条与焊件之间就形成由高温空气、金属和药皮的蒸气所组成的气体空间,在电场的作用下,这些高温气体极容易被电离成为正离子和自由电子,正离子流向阴极,电子流向阳极。在运动途中和到达两极表面时,它们又不断地发生碰撞与结合,形成电弧并产生大量的热和光,如图 2-34 所示。电弧焊就是利用电弧放出的热量熔化焊条和焊件进行焊接的。

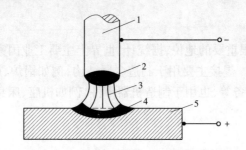

1—焊条;2—阴极区;3—电弧区;4—阳极区;5—工件

图 2-34　焊接电弧组成

2. 电弧焊冶金过程和特点

电弧焊时,在焊接电弧作用下,焊件局部被加热到熔化状态,形成金属熔池,填充金属以熔滴形式向熔池过渡。和一般冶炼过程比较,焊接过程中的冶金反应有其本身的特点。由于焊接电弧和熔池的温度比一般冶炼温度高,所以使得金属元素强烈蒸发和烧损;因为焊接熔池体积小($2~3\ cm^3$),而且从熔化到凝固时间极短,所以熔池金属在焊接过程中温度变化很快,使得冶金反应的速度和方向往往会发生迅速变化,有时气体和熔渣来不及浮出就会在焊缝中产生气孔和夹渣的缺陷。

为保证焊缝金属的化学成分和力学性能,除应清除工件表面的铁锈、油污及烘干焊条外,还必须采用焊条药皮、焊剂或保护气体(CO_2、氩气)等,机械地将金属液与空气隔开,以防空气进入。同时,还可通过焊条药皮、焊丝或焊剂对金属液进行冶金处理(如脱氧、脱硫、去氢、渗合金等),以除去有害杂质,添加合金元素,获得优质焊缝。

(二)焊接电弧焊设备

焊条电弧焊的主要设备是电弧焊机,它是焊接电弧的电源。焊条电弧焊电源包括交流弧焊机、直流弧焊发电机和整流弧焊机三类。

交流弧焊机供给焊接电弧的电流是交流电,其优点是结构简单,使用方便,价格便宜,易于维修及工作噪声小等。缺点是焊接电弧不够稳定,不能用于碱性低氢型焊条的焊接,生产中较少采用。

直流弧焊发电机供给焊接电弧的电流是直流电,是一种电动机和直流发电机的组合体,其优点是焊接电弧稳定,焊接质量较好。但结构复杂,造价高,噪声大,耗电多,已被淘汰。

焊接电源是整流弧焊机,它供给焊接电弧的电流是直流电。其结构相当于在交流弧焊机上加上整流器,从而把交流电变成直流电。它既弥补了交流弧焊机电弧稳定性不好的缺点,又有比直流弧焊发电机结构简单、造价低廉,维修方便,噪声低等优点。主要用于焊接质量要求高的钢结构件、有色金属、铸铁和特殊钢件。

(三)焊条

焊条由焊芯和药皮两部分组成,如图 2-35 所示。焊条端部未涂药皮的焊芯部分长约 10 ~ 35 mm,供焊钳夹持并有利于导电,是焊条夹持端。在焊条前端药皮有 45°左右倾角,将焊芯金属露出,便于引弧。

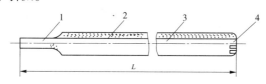

1—夹持端;2—药皮;3—焊芯;4—引弧端
图 2-35　焊条组成

1. 焊芯

焊条中被药皮包覆的金属芯称为焊芯。焊接时焊芯有两个作用:一是传导焊接电流,产生电弧,把电能转换为热能;二是焊芯本身熔化,作为填充金属与液体母材金属熔合形成焊缝,同时起调整焊缝中合金元素成分的作用。焊芯的化学成分将直接影响焊接质量,所以焊芯是由炼钢厂专门冶炼的。目前我国常用的碳素结构钢焊芯牌号有 H08、H08A、H08MnA 等。

焊条的直径以焊芯的直径来表示,常用的焊条直径有 2 mm、2.5 mm、3.2 mm、4.0 mm、5.0 mm 等几种,长度为 250 ~ 450 mm。

2. 药皮

药皮是压涂在焊芯表面的涂料层。药皮的主要作用是使电弧容易引燃并保持电弧稳定燃烧;药皮熔化时产生大量的气体和熔渣,可隔绝空气,保护熔池金属不被氧化;添加合金元素,提高焊缝力学性能。

(四)焊条电弧焊工艺

1. 焊接接头

焊接的接头形式有多种,其中最主要的有对接接头、角接接头、搭接接头和 T 形接头四种,如图 2-36 所示。焊接接头形式的选择主要根据焊件厚度、结构形式、对强度的要求及施工条件等情况来决定。

2. 焊接位置

焊接位置分为平焊位置、横焊位置、立焊位置、仰焊位置四种形式,如图 2-37 所示。

3. 焊接坡口

根据设计或工艺的需要,在焊件的待焊部位加工并装配成的一定几何形状的沟槽称为坡口。坡口的作用是保证焊缝根部焊透,保证焊接质量和连接强度,同时调整基本金属与填充金属比例。常用焊接坡口的基本形式有 I 形坡口、V 形坡口、X 形坡口、U 形坡口,

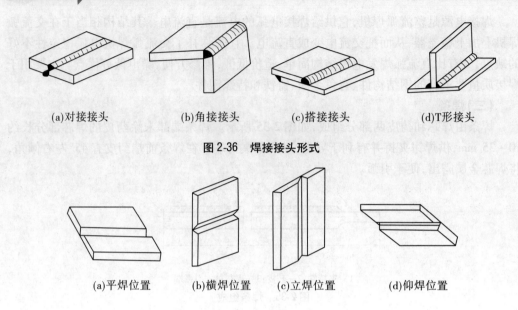

(a)对接接头　　　(b)角接接头　　　(c)搭接接头　　　(d)T形接头

图 2-36　焊接接头形式

(a)平焊位置　　(b)横焊位置　　(c)立焊位置　　　(d)仰焊位置

图 2-37　焊接位置

如图 2-38 所示。

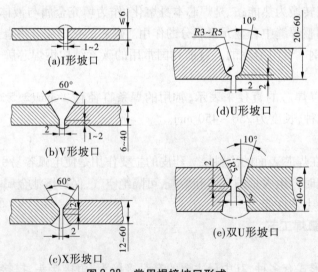

(a)I形坡口

(b)V形坡口

(c)X形坡口

(d)U形坡口

(e)双U形坡口

图 2-38　常用焊接坡口形式

4. 焊接工艺参数的选择

焊接工艺参数(焊接规范)是为了保证焊接质量而选定的如焊接电流、电弧电压、焊接速度、热输入等诸物理量的总称。

(1)焊条直径选择。焊条直径是根据焊件厚度、焊接位置、接头形式、焊接层数等进行选择的。

(2)焊接电流选择。焊接时流经焊接回路的电流称为焊接电流。焊接电流是焊条电弧焊重要的焊接参数。焊接电流越大,熔深越大,焊条熔化越快,焊接效率也越高。但是焊接电流太大,飞溅和烟雾大,焊条药皮易发红和脱落,且易产生咬边、焊瘤、烧穿等缺陷;

电流太小,则引弧困难,电弧不稳定,熔池温度低,焊缝窄而高,熔合不好,易产生夹渣、未焊透、未熔合等缺陷。

三、气焊与气割

(一)气焊

气焊是利用气体火焰作为热源的焊接方法,常用氧－乙炔火焰作为热源。

1.氧－乙炔火焰的构造和性质

焊接火焰是由氧与乙炔气体混合燃烧而形成的。焊接火焰由焰心、内焰和外焰三部分组成,它的构造如图2-39(a)所示。根据氧和乙炔的比例不同,气焊火焰可分为碳化焰、中性焰、氧化焰三种。

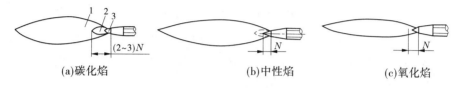

(a)碳化焰　　　　　　　　(b)中性焰　　　　　　　　(c)氧化焰

1—外焰;2—内焰;3—焰心

图2-39　氧－乙炔火焰的构造及类型

(1)碳化焰。当$O_2/C_2H_2 < 1$时,称碳化焰,其构造与形状如图2-39(a)所示。由于乙炔过剩,燃烧不完全,整个火焰增长并失去明显的轮廓。由于火焰中有过剩的乙炔,分解为氢气和碳,焊接时,易使焊缝金属增碳,这会改变焊缝金属的力学性能,使硬度提高、塑性降低。碳化焰常用于焊接高碳钢、铸铁及硬质合金等材料。

(2)中性焰。当$1 \leqslant O_2/C_2H_2 \leqslant 1.2$时称中性焰,其构造与形状如图2-39(b)所示。这种火焰燃烧后的气体中既无过剩的氧,又无过剩的乙炔,所以没有氧化及碳化作用。中性焰是应用最广泛的一种火焰,常用来进行低碳钢、中碳钢、紫铜及低合金钢的焊接。

(3)氧化焰。当$O_2/C_2H_2 > 1.2$时称氧化焰,其构造与形状如图2-39(c)所示。由于火焰中供氧较多,从而使氧化反应剧烈,因此整个火焰都缩短,并发生嘶嘶的响声。另外,火焰中有剩余的氧气存在,使整个火焰具有氧化性,影响焊缝质量,因此这种火焰较少采用。但是焊接黄铜时要利用这一特点,使熔池表面生成一层氧化薄膜,防止锌的进一步蒸发。

2.气焊(割)设备

气焊(割)的设备包括氧气瓶、乙炔瓶、回火防止器等。使用的工具有焊(割)炬、减压器、专用橡胶管等。这些设备和工具的连接如图2-40所示。

(1)氧气瓶。氧气瓶是储存和运输氧气的高压容器。

(2)乙炔瓶。乙炔瓶是用来储存乙炔的压力容器。

(3)减压器。减压器是将瓶内的高压气体降低为低压气体,并保持输出气体的流量和压力稳定不变的调节装置。按结构不同分为单级式和双级式两类;按原理不同分为单级反作用式和双级混合式两类;按用途不同分为氧气减压器和乙炔减压器。常用的是单级式减压器,其构造如图2-40所示。氧气瓶的高压氧气首先进入高压室,其压力大小可

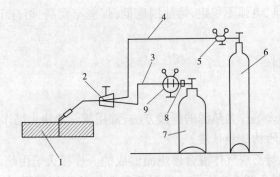

1—工件;2—气体混合室;3—氧气胶管;4—乙炔胶管;

5—减压器;6—氧气瓶;7—乙炔瓶;8—回火防止器;9—乙炔减压器

图 2-40　气焊(割)的设备连接系统

由高压表读出。工作时,顺时针转动调压手柄,使调压弹簧压紧薄膜,通过传动杆将阀门打开,高压室中的氧气即可通过阀门进入低压室,由于体积膨胀而使压力降低,由出口流出,低压室中的氧气压力可由低压表读出。

(4)焊炬。将乙炔和氧气按需要的比例混合,并形成稳定而集中的焊接火焰的器具叫作焊炬。常用的焊炬多属射吸式,具有一定压力的氧气从喷嘴口快速射出,致使射吸管里产生负压,强制地把乙炔吸入射吸管内与氧气混合,由焊嘴喷出。

(5)回火防止器。在气焊和气割过程中发生的气体火焰进入喷嘴内燃烧的现象,通常称为回火。若逆向燃烧的火焰进入乙炔发生器内,将会发生燃烧爆炸事故,因此为了防止回火的发生,须在导管与乙炔瓶之间安装回火防止器。

常用的回火防止器按通过的乙炔压力不同分为低压式(0.01 MPa 以下)和中压式(0.01～0.15 MPa);按作用原理不同分为水封式和干式两种;按结构不同分为开启式和闭合式两种;按装置部位不同分为集中式和岗位式。

(6)胶管。胶管可分为氧气胶管和乙炔胶管,二者不得相互代用。氧气胶管的工作压力为 1.5 MPa,实验压力为 0.3 MPa,爆破压力不低于 6 MPa;乙炔胶管的工作压力为 0.3 MPa。按照《焊接与切割安全》(GB 9448—1999)规定,氧气胶管为黑色,乙炔胶管为红色。氧气胶管的内径为 8 mm,乙炔胶管内径为 10 mm。

3. 气焊工艺

1)接头形式

气焊也可以焊接平、立、横、仰各种空间位置的焊缝。气焊时主要采用对接接头,而角接接头和卷边接头只在焊接薄板时使用,很少采用搭接接头和 T 形接头。

在对接接头中,焊件厚度小于 5 mm 时,可以不开坡口,只留 1～4 mm 的间隙;厚度大于 5 mm 时,必须开坡口,坡口形式、角度、间隙及根高等与焊条电弧焊基本相似。

2)焊丝和焊剂

焊丝的成分通常与焊件的成分基本相符。焊丝的直径根据焊件的厚度及坡口形式等来决定。低碳钢焊丝直径通常在 1～8 mm 范围内,焊件厚度与焊丝直径的关系见表 2-3。

表 2-3　焊件厚度与焊丝直径的关系　　　　　　　　　　（单位：mm）

焊件厚度	1 ~ 2	2 ~ 3	3 ~ 5	5 ~ 10	10 ~ 15	>15
焊丝直径	1 ~ 2 或不用焊丝	2	2 ~ 3	3 ~ 5	4 ~ 6	6 ~ 8

3）焊炬倾斜角

气焊时,焊炬对焊件表面应倾斜成一定的角度。倾斜的角度大小,主要取决于焊件的厚度,焊件越厚,倾斜的角度也越大。焊接碳钢时,焊炬倾斜角与焊件厚度的关系如图 2-41 所示。

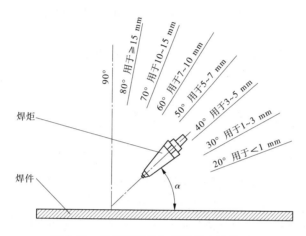

图 2-41　焊炬倾斜角与焊件厚度的关系

气焊加热过程平稳、缓慢,热影响区大,焊后工件变形较大,火焰对熔池保护差,易发生氧化,焊接质量不高,生产效率不高。气焊主要用于焊接厚度小于 3 mm 的薄钢板、有色金属及其合金,也可用于铸铁的补焊。

（二）气割

气割通常是指气体火焰切割。氧气切割具有生产效率高、成本低、设备简单等优点,它适于切割厚工件,以实现任意位置、任意形状的切割工作。气割被广泛应用于钢板下料、铸钢件切割、钢材表面清理、焊接坡口加工、混凝土切割、水下钢板切割等。

1.氧气切割的过程

（1）预热阶段。用氧 - 乙炔火焰将金属切割处预热到燃点,碳钢的燃点为 1 100 ~ 1 150 ℃。

（2）氧化燃烧阶段。向加热到燃点的被切割金属喷射切割氧气,使金属在纯氧中剧烈燃烧。

（3）排除熔渣阶段。金属燃烧后形成熔渣,并放出大量的热量,熔渣被高速氧气流吹走,产生的热量和预热火焰一起又将下一层金属预热至燃点,这样的过程一直持续下去,直到将金属割穿为止。

移动割炬,即可得到各种形状的割缝。切割的过程,是预热—燃烧—吹渣的过程。实质是金属在纯氧中的燃烧过程,而不是金属的熔化过程。

2. 常用金属材料的气割

能够满足氧气切割条件的金属主要是纯铁、含碳量 <0.7% 的碳素钢以及绝大部分低合金钢。

高碳钢及含有淬硬元素的中合金钢和高合金钢，它们的燃点超过或接近金属的熔点，使气割性能降低，切割困难且易产生裂纹。

铸铁也不能用氧气切割。由于铸铁的含碳量高，铸铁在空气中的燃点比熔点高得多。

不锈钢含有较高的铬和镍，易形成高熔点的氧化铬和氧化镍薄膜，遮盖了金属切缝表面，将阻碍切割氧与加热金属接触，因此无法采用氧气切割的方法进行切割。

铜、铝及其合金具有良好的导热性，而铝产生的氧化物熔点高，铜的氧化放出的热量少，它们均属于不能气割的金属材料。

目前，铸铁、不锈钢、铜、铝及其合金普遍采用等离子切割。

四、其他焊接方法

其他焊接方法有埋弧自动焊、气体保护电弧焊、电渣焊、压焊等。

（一）埋弧自动焊

埋弧自动焊是用焊剂代替焊条药皮并把电弧埋起来，用机械实现焊丝送进和电弧移动的一种电弧焊。焊接时，焊剂被电弧熔化成液态熔渣，形成一个封闭的包围电弧和熔池金属的空腔，隔绝空气，起机械保护作用。埋弧自动焊的引弧、送进焊丝、保持弧长一定和电弧移动等程序都是由焊机自动进行的。图 2-42 为埋弧焊的焊接系统。

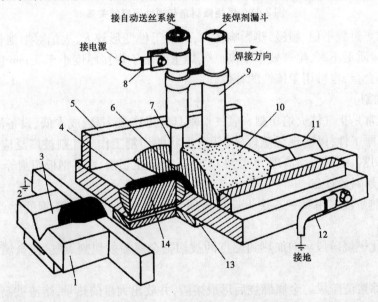

1—引弧板；2—接地线；3—焊件坡口；4—凝固的熔渣；5—焊剂挡块；6—焊丝；7—导电嘴；
8—电缆接头；9—焊剂漏管；10—焊剂；11—引出板；12—母材；13—焊缝垫板；14—凝固的焊缝金属

图 2-42　埋弧焊的焊接系统

埋弧自动焊生产效率高、焊缝质量高，节省焊接材料和电能，劳动条件好，但是只能在水平或倾角不大的位置施焊,焊接设备比较复杂,灵活性差。主要用于批量生产中厚板件长直焊缝和直径较大的环状焊缝。

(二)气体保护电弧焊

利用气体作为电弧介质并保护电弧和焊接区的电弧焊称为气体保护电弧焊,简称气体保护焊。常用的保护气体有氩气和二氧化碳。

1. 氩弧焊

氩弧焊是以氩气作为保护气体的气体保护电弧焊。按照电极的不同可分为熔化电极(金属极)和不熔化电极(钨极)两种,如图2-43所示。氩弧焊的主要优点是:对易氧化的金属及合金的保护作用强,焊接质量高,工件变形小,操作简单以及容易实现机械化和自动化。氩弧焊广泛应用于造船、航空、化工、机械以及电子等工业部门,进行高强度合金钢、高合金钢、铝、镁、铜及其合金和稀有金属等材料的焊接。

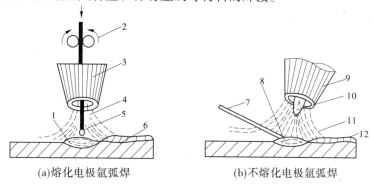

(a)熔化电极氩弧焊　　　　　(b)不熔化电极氩弧焊

1、8—熔池;2—送丝轮;3、9—喷嘴;4、11—氩气;5—金属焊丝;6、12—焊缝;7—焊丝;10—钨极

图2-43　氩弧焊示意图

2. 二氧化碳(CO_2)气体保护焊

CO_2气体保护焊是以CO_2气体作为保护气体的气体保护焊。CO_2焊由焊接电源、送丝机构、供气系统、控制装置和焊炬喷嘴等组成。

由于CO_2气体保护焊具有成本低、生产率高、焊接接头质量好、抗锈能力强及操作方便等优点,所以已普遍用于汽车、机车、造船及航空等工业部门,用来焊接低碳钢、低合金结构钢和高合金钢。

3. 电渣焊

电渣焊是利用电流通过液体熔渣所产生的电阻热进行焊接的方法。按使用的电极形状可分为丝极电渣焊、板极电渣焊、熔嘴电渣焊等。

电渣焊的主要特点是大厚度工件可以不开坡口一次焊成,并且成本低,生产率高,技术比较简单,工艺方法容易掌握,焊缝质量好。因此,电渣焊在大型机械的制造中(如水轮机组、水压机、汽轮机、轧钢机、高压锅炉和石油化工等)得到了广泛的应用。

4. 压焊

压焊是指焊接过程中,必须对焊件施加压力(加热或不加热)以完成焊接的方法。压焊方法较多,常用的是电阻焊。

电阻焊是指工件组合后,通过电极施加压力,利用电流通过接头的接触面及邻近区域产生的电阻热进行焊接的方法。电阻焊分为电阻点焊、缝焊和对焊三种基本形式。

电阻焊是生产率很高的一种焊接方法,而且焊接过程容易实现机械化和自动化,故适宜于成批大量的生产。但是它所允许采用的接头形式有限制,主要是棒、管的对接接头和薄板的搭接接头。一般应用于汽车、飞机制造,刀具制造,仪表、建筑等工业部门。

五、金属材料焊接性能

焊接性是指金属材料在一定工艺条件下获得优质焊缝的能力,或者是获得优质接头所采取的工艺措施的复杂程度。

(一)焊接接头的组织与性能

焊缝是指工件经焊接后所形成的结合部分。这部分的金属温度最高,冷却时结晶从溶池壁开始,并垂直于池壁方向,最后形成柱状晶粒。但在熔池中心最后冷却的部分还聚集了各种杂质。显然,有损焊缝强度的就是熔池中心聚集了各种杂质的最后冷却部分,这对窄焊缝强度的影响尤为显著。

热影响区是指焊接(切割)过程中,材料因受热的影响(但未熔化)而发生金相组织和力学性能变化的区域。低碳钢的焊接热影响区分为熔合区、过热区、正火区和部分相变区。

影响焊接接头性能的主要因素是焊接材料(如焊条、焊丝、焊剂)、焊接方法、焊接工艺参数、接头与坡口形式,焊后冷却速度和热处理等。

(二)金属材料的焊接性

焊接性包括两个方面的内容:一是使用性能,即在一定的焊接工艺条件下,焊接接头对使用要求的适应性,如对强度、塑性、耐腐蚀性等的敏感程度;二是接合性能,即在一定焊接工艺条件下,对产生焊接缺陷的敏感性,尤其是对产生焊接裂纹的敏感性。焊接性受材料、焊接方法、构件类型及使用要求四个因素的影响。

影响钢焊接性的主要因素是化学成分,钢的含碳量对焊接性影响最明显。通常,将钢中合金元素(包括碳)的含量,按其作用换算成碳的相当含量(称为碳当量),用它作为评定钢材焊接性的一种参考指标,用符号"W_{CE}"表示。

(三)常用金属材料的焊接

1. 低碳钢的焊接

$W_{CE} < 0.25\%$ 的低碳钢焊接性优良。施焊时,不需要采用特殊的工艺措施就能获得优质的焊接接头。应用最多的是焊条电弧焊、埋弧自动焊、电渣焊、气体保护焊和电阻焊。焊条电弧焊焊接一般低碳钢结构件时,可选用 E4301、E4313 等焊条,而焊接承受动载荷、结构复杂或厚板重要结构件时,可选用 E4315、E4316、E5015、E5016 等焊条。埋弧自动焊一般采用 H08A 或 H08MnA 焊丝配合焊剂 HJ431 进行焊接。

2. 中、高碳钢的焊接

$0.25\% \leqslant W_{CE} \leqslant 0.6\%$ 的中碳钢,焊接接头易产生淬硬组织和冷裂纹,焊接性较差。常用焊条电弧焊焊接,焊前应预热工件(200 ~ 300 ℃),选用抗裂性能好的低氢型焊条,如 E5015。焊接时,采用细焊条、小电流、开坡口、多层焊,尽量防止含碳量高的母材过多的熔入焊缝。焊后缓冷,以防止产生冷裂纹。

3. 低合金高强度结构钢的焊接

低合金高强度结构钢属低碳钢,由于化学成分不同,其焊接性与低碳钢不同。当 $W_{CE}<0.4\%$ 时,塑性、韧性好,焊接性优良,常用焊条电弧焊埋弧自动焊进行焊接,一般不须采用特殊的工艺措施。

当 $W_{CE}>0.4\%$ 时,焊接性较差,常用焊条电弧焊和埋弧自动焊进行焊接。

4. 奥氏体不锈钢的焊接

奥氏体不锈钢中应用最广的是奥氏体型不锈钢如1Cr18Ni9,焊接性良好。施焊时不须采用特殊工艺措施,常用焊条电弧焊和钨极氩弧焊进行焊接,也可用埋弧焊自动焊。采用焊条电弧焊时,选用与母材化学成分相同的焊条;采用氩弧焊和埋弧自动焊时,选用的焊丝应保证焊缝化学成分与母材相同。

5. 有色金属的焊接

1) 铝及铝合金的焊接

铝及铝合金焊接时易氧化和产生气孔。铝极易被氧化,生成难熔(熔点为2 050 ℃)、致密的氧化铝薄膜,且密度比铝大,因此铝及铝合金的焊接性较差。常用的焊接方法有氩弧焊、气焊、电阻焊和钎焊。氩弧焊是应用最普遍的方法。氩弧焊焊接质量较高。对于焊接质量要求不高的工件,可采用气焊,气焊时必须采用气焊熔剂"CJ401",以去除表面氧化物和杂质。

2) 铜及铜合金的焊接

铜及铜合金的焊接性较差。常用的焊接方法有氩弧焊、气焊、焊条电弧焊、钎焊等。其中氩弧焊的接头质量最好。气焊时需采用气焊熔剂"CJ301",以去除表面氧化物和杂质。焊条电弧焊时应选用相应的铜及铜合金焊条。

项目小结

本项目主要介绍了砂型铸造造型、合金的铸造性能、特种铸造的特点及应用;金属加热和锻造温度范围,锻件的冷却方法,锻造温度和锻件的冷却方法,锻造的特点,自由锻的基本工序;冲压成型特点和基本工序;轧制、拉制和挤压技术的特点;焊接的基本理论,焊条电弧焊的特点和应用,金属材料的焊接性能及焊接特点,埋弧焊、气体保护电弧焊、气焊、电渣焊、等离子弧焊和电阻焊的特点和应用,焊接件的结构工艺性。

合金的铸造性能主要用合金的流动性、收缩性、吸气性及偏析倾向来衡量。其中以流动性和收缩性对铸件的成形质量影响最大,二者均与合金的成分、铸型结构、浇铸温度等因素有关。

砂型铸造是应用最广泛的铸造成形方法,它主要是用型砂和芯砂来制造铸型。

自由锻分为手工自由锻和机器自由锻两类。自由锻的基本工序有镦粗、拔长、冲孔和扩孔、切断、弯曲、扭转和错移等。

焊接是利用加热或加压(或两者并用)使两部分分离的金属形成原子间结合的一种连接方法。按照焊接过程的特点,可以归纳为熔焊、压焊和钎焊三大类。

思考与练习

1. 试述铸造生产的特点,并举例说明其应用情况。

2. 型砂由哪些材料组成? 试述型砂的主要性能及其对铸件质量的影响。

3. 什么是合金的铸造性能? 试比较铸铁和铸钢的铸造性能。

4. 什么是合金的流动性? 合金流动性对铸造生产有何影响?

5. 铸件为什么会产生缩孔、缩松? 如何防止或减少它们的危害?

6. 与铸造相比,压力加工有哪些特点?

7. 用于压力加工的材料主要应具有什么样的性能? 常用材料中哪些可以采用压力加工,哪些不能采用压力加工?

8. 锻造前,坯料加热的作用是什么?

9. 自由锻有哪些基本工序?

10. 模锻、胎模锻与自由锻相比,有哪些优缺点?

11. 何谓焊接电弧? 试述焊接电弧基本构造及温度、热量分布。

12. 什么是直流弧焊机的正接法、反接法? 应如何选用?

13. 为什么碱性焊条用于重要结构? 生产上如何选用电焊条?

14. 气割的原理是什么? 下列材料可以用哪种方法进行切割?

   低碳钢、中碳钢、铸铁、不锈钢、铝合金、花岗石

15. 何谓焊接性? 影响焊接性的因素是什么? 如何来衡量钢材的焊接性?

项目三　金属切削加工技术

【项目目标】　掌握金属切削原理及刀具应用;了解金属切削机床的分类及机床夹具的种类作用;掌握六点定位原理;掌握各种切削加工的基本理论、切削方法的工艺范围及工艺特点、相应机床与刀具的结构及选用。

【项目要求】　掌握合理选择切削用量的原则和方法;能够根据加工对象及工艺要求合理选用机床及其夹具。

任务一　理解金属切削原理及认识刀具

学习目标:

1.掌握切削运动、切削用量、切削层参数等有关金属切削加工的基本概念,掌握合理选择切削用量的原则和方法。

2.掌握刀具切削部分的构造和刀具角度的定义,了解进给运动对刀具工作角度的影响,掌握合理选择刀具几何参数的要领。

3.了解常用刀具材料的种类及特点,掌握选择常用刀具材料的基本原则和方法。

4.了解切屑的种类,了解切屑形态控制的基本方法。

5.了解切削变形、切削力、切削热、刀具磨损等物理现象,了解它们的内在联系、影响因素和影响规律。

6.了解刀具磨损的形态和磨损过程,深入理解磨钝标准和刀具寿命的概念。

一、金属切削原理

在机床上利用刀具切除工件毛坯上多余的金属(加工余量),从而使工件的形状、精度及表面质量都达到预定要求的加工,称为金属切削加工。

(一)切削运动

用刀具切除工件材料,刀具和工件之间必须要有一定的相对运动。在金属切削加工的过程中,刀具与工件间的相对运动称为切削运动。切削运动就是工件表面的成形运动,它是由金属切削机床来完成的。

下面以图3-1所示的常见的外圆车削为例来介绍切削运动。

车削时,工件旋转是切除金属的基本运动,车刀做平行于工件轴线的直线运动,在这两个运动组成的切削运动的作用下形成了工件的外圆柱表面。根据在切削中所起作用的不同,切削运动分为主运动和进给运动两种。典型机床的切削运动如表3-1所示。

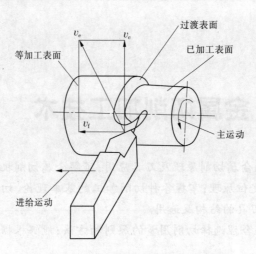

图 3-1 外圆车削的切削运动与加工表面

表 3-1 典型机床的切削运动

机床名称	主运动	进给运动	机床名称	主运动	进给运动
卧式车床	工件 旋转运动	车刀纵向、横向、斜向直线运动	龙门刨床	工件 往复运动	刨刀横向、垂直方向、斜向间歇移动
钻床	钻头 旋转运动	钻头轴向移动	外圆磨床	砂轮 高速旋转	工件转动,工件往复移动或砂轮横向移动
卧、立式铣床	铣刀 旋转运动	工件纵向、横向直线移动(有时也做垂直移动)	内圆磨床	砂轮 高速旋转	工件转动,同时工件往复移动或砂轮横向移动
牛头刨床	刨刀 往复运动	工件横向间歇移动或刨刀垂直方向、斜向间歇移动	平面磨床	砂轮 高速旋转	工件往复移动,砂轮横向、垂直方向移动

1. 主运动

主运动是使刀具和工件产生主要相对运动以进行切削的运动,是切除切屑所需的最基本运动,也是切削过程中切削速度最快、消耗功率最大的运动。主运动只有一个。例如,图 3-1 所示车外圆时工件的旋转运动、钻削时钻头的旋转运动、铣削时铣刀的旋转运动、以及牛头刨床刨削平面时刨刀的直线运动、拉削时拉刀的直线运动等均为主运动。主运动可以是旋转运动,也可以是直线移动,它由刀具或工件完成。主运动速度为 v_c。

2. 进给运动

切削加工时,将新的金属材料不断地投入切削,使切削加工不断地进行下去的运动称为进给运动。进给运动可以有一个或多个,或不需要进给运动。例如,图 3-1 所示车外圆时车刀的纵向或横向运动、牛头刨床刨削时工件间歇的直线运动,以及磨削外圆时工件的旋转运动和工作台带动工件的纵向移动等均为进给运动。进给运动可以是直线运动、旋转运动或二者的组合,它可以由刀具或工件完成,消耗功率比主运动少。进给运动速度为 v_f。

3. 合成切削运动

当主运动和进给运动同时存在时,由主运动和进给运动合成的运动称为合成切削运动。外圆车削时,合成切削运动速度 v_e 的大小和方向由下式确定:

$$v_e = v_c + v_f \tag{3-1}$$

(二)切削加工中的工件表面

在切削过程中,工件上有以下三个变化着的表面(见图3-1):

(1)待加工表面。工件上即将被切除的表面。

(2)已加工表面。切去材料后形成的新的工件表面。

(3)过渡表面。加工时主切削刃正在切削的表面,它处于已加工表面和待加工表面之间。

(三)切削用量

切削用量是指切削速度 v_c、进给量 f(或进给速度 v_f)和背吃刀量 a_p,三者又称为切削用量三要素。

1. 切削速度 v_c(m/s 或 m/min)

切削刃相对于工件的主运动速度称为切削速度。计算切削速度时,应选取刀刃上速度最高的点进行计算。主运动为旋转运动时,切削速度由下式确定:

$$v_c = \frac{\pi d n}{1\,000} \tag{3-2}$$

式中　d——工件(或刀具)的最大直径,mm;

　　　n——工件(或刀具)的转速,r/s 或 r/min。

2. 进给量 f

工件或刀具转一周(或每往复一次),两者在进给运动方向上的相对位移量称为进给量,其单位是 mm/r(或 mm/双行程)。对于铣刀、铰刀、拉刀等多齿刀具,还规定了每齿进给量 f_z,单位是 mm/z。进给运动速度 v_f、进给量 f 和每齿进给量 f_z 之间的关系为

$$v_f = nf = nzf_z \tag{3-3}$$

式中　z——刀齿数。

3. 背吃刀量 a_p(mm)

刀具切削刃与工件的接触长度在同时垂直于主运动和进给运动的方向上的投影值称为背吃刀量。外圆车削的背吃刀量就是工件已加工表面和待加工表面间的垂直距离,如图3-2所示。

$$a_p = \frac{d_w - d_m}{2} \tag{3-4}$$

式中　d_w——工件上待加工表面直径,mm;

　　　d_m——工件上已加工表面直径,mm。

(四)切削层参数

切削刃在一次走刀中从工件上切下的一层材料称为切削层。切削层的截面尺寸参数称为切削层参数。切削层参数通常在与主运动方向相垂直的平面内观察和度量。

1. 切削层公称厚度 h_D

垂直于过渡表面度量的切削层尺寸称为切削层公称厚度,简称为切削厚度。当车外

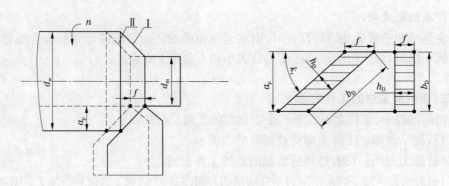

图 3-2　切削层参数

圆时(见图 3-2),车刀主切削刃为直线,

$$h_D = f \sin k_r \tag{3-5}$$

式中　k_r——刀具主偏角,即主切削刃与进给运动方向之间的夹角。

h_D 反映了切削刃单位长度上的切削负荷。

2. 切削层公称宽度 b_D

沿过渡表面度量的切削层尺寸称为切削层公称宽度,简称为切削宽度。

$$b_D = \frac{a_p}{\sin k_r} \tag{3-6}$$

3. 切削层公称横截面面积 A_D

切削层在切削层尺寸度量平面内的横截面面积称为切削层公称横截面面积,简称为切削面积。

$$A_D = h_D b_D = f a_p \tag{3-7}$$

(五)切削用量的选择

切削用量对机械加工生产率、加工成本及加工精度影响很大,而刀具材料、刀具几何角度、工件材料、机床刚度、机床功率及切削液等都会影响切削用量的选择。

1. 切削用量的选择原则

在切削过程中,刀具受切屑及工件的摩擦而升温,刀具切削部分逐渐被磨损,磨损后需要重新刃磨。若切削用量选取太大,则刀具很快被磨钝,使刀具刃磨周期变短、刃磨时间变长,生产率降低;若切削用量过小,则需要很长时间才能把多余的金属切除掉,也会降低生产率。所以,选择切削用量时应当在保证质量的前提下,尽量提高生产率,降低成本。综合分析切削用量三要素对切削力、切削热、加工表面粗糙度的要求以及对刀具寿命的影响,切削用量的选择原则是:粗加工时,应尽量保证较高的金属切除率和必要的刀具寿命,故一般优先选择尽可能大的背吃刀量 a_p,其次选择较大的进给量 f,最后根据刀具寿命的要求确定合适的切削速度。精加工时,首先应保证工件的加工精度和表面质量要求,故一般选用较小的进给量 f 和背吃刀量 a_p,而尽可能选用较高的切削速度 v_c。

2. 切削用量三要素的合理选择

1)背吃刀量 a_p 的选择

背吃刀量应根据工件的加工余量来确定。粗加工时,除留下精加工余量外,尽量一次进给切除全部余量。当加工余量过大、工艺系统刚性较差或刀具强度不够时,可分多次进给。切削表面层有硬皮的铸锻件时,应尽量使背吃刀量大于硬皮层的厚度,以保护刀尖。

多次进给时,应尽量将第一次进给的背吃刀量取大些,一般为总加工余量的 2/3 ~ 3/4。粗加工时,背吃刀量可达 8 ~ 10 mm;半精加工(表面粗糙度 Ra 值为 6.3 ~ 3.2 μm)时,背吃刀量取 0.5 ~ 2 mm;精加工(表面粗糙度 Ra 值为 1.6 ~ 0.8 μm)时,背吃刀量取 0.1 ~ 0.4 mm。

2)进给量 f 的选择

当背吃刀量确定后,应尽可能选用较大的进给量 f。粗加工时,由于作用在工艺系统上的切削力较大,在满足机床 - 刀具 - 工件系统的刚度、机床进给机构的强度以及刀具和刀杆强度的前提下,选择最大的进给量 f。

3)切削速度 v_c 的选择

在背吃刀量 a_p 和进给量 f 选定以后,可在保证刀具合理寿命的条件下,用计算的方法或用查表法确定切削速度 v_c 的值:

$$v_c = \frac{C_v}{T^m a_p^{X_v} f^{Y_v}} K_v \tag{3-8}$$

式中　v_c——切削速度,m/min;

　　　T——合理的刀具寿命,min;

　　　m——刀具寿命指数;

　　　C_v——切削速度系数;

　　　X_v、Y_v——背吃刀量 a_p、进给量 f 对切削速度 v_c 的影响指数;

　　　K_v——切削速度修正系数。

在具体确定 v_c 值时,一般应遵循以下原则:

(1)粗车时,为了提高生产率,背吃刀量和进给量均选得较大,因此选择较低的切削速度;精车时,为了保证产品的加工质量,应选择较高的切削速度。

(2)工件材料的加工性较差时,应选较低的切削速度。加工灰铸铁的切削速度应比加工钢的切削速度低,而加工铝合金和铜合金的切削速度应比加工钢的切削速度高。

(3)刀具材料的切削性能较好时,应选择较高的切削速度。因此,硬质合金刀具的切削速度可选得比高速工具钢高,而涂层硬质合金、陶瓷、金刚石和立方氧化硼刀具的切削速度又可选得比硬质合金刀具高许多。

(4)加工带硬皮的铸锻件或加工大件、细长件和薄壁件,以及断续切削时,应选用较低的切削速度。

二、常用切削刀具

金属切削刀具的种类繁多,结构各异,但是各种刀具的切削部分却有着共同的特征。外圆车刀是最基本、最典型的刀具,它的切削部分与其他各种刀具刀齿上的切削部分是基本相同的。其他各类刀具可以看成是它的演变和组合。下面以外圆车刀为例,给出刀具几何参数方面的有关定义。

（一）刀具的组成

车刀由刀头、刀柄两部分组成。刀头用于切削,刀柄用于装夹。刀具切削部分由前刀面、主后刀面、副后刀面、主切削刃、副切削刃和刀尖组成,如图3-3所示。

（1）前刀面:刀具上切屑流过的表面。

（2）主后刀面:切削时,刀具上与工件的过渡表面相对的刀具表面。

（3）副后刀面:切削时,刀具上与工件的已加工表面相对的刀具表面。

（4）主切削刃:前刀面与主后刀面的交线,它承担主要的切削工作,也称为主刀刃。

（5）副切削刃:前刀面与副后刀面的交线,它协同主切削刃完成切削工作,并最终形成已加工表面,也称为副刀刃。

（6）刀尖:主切削刃和副切削刃的交点。为改善刀具切削性能,刀尖实际并非一点,而是一小段圆弧或直线。

（二）刀具的标注角度

1. 刀具标注角度的参考系

刀具要从工件上切除材料,就必须具有一定的切削角度。切削角度决定了刀具切削部分各表面之间的相对位置。为了确定和测量刀具的角度,必须引入一个空间坐标参考系。这个空间坐标系由三个相互垂直的假想参考平面组成。组成刀具标注角度参考系的各参考平面定义如下:

（1）基面 p_r:通过主切削刃上某一指定点,并与该点切削速度方向相垂直的平面。正常安装的车刀基面可理解为平行刀具底面的平面。

（2）切削平面 p_s:通过主切削刃上某一指定点,与主切削刃相切并垂直于该点基面的平面。

（3）正交平面 p_o:通过主切削刃上某一指定点,同时垂直于该点基面和切削平面的平面。

根据定义可知,上述三个参考平面是互相垂直的,由它们组成的刀具标注角度参考系称为正交平面参考系,如图3-4所示。除正交平面参考系外,常用的标注刀具角度的参考系还有法平面参考系、背平面参考系和假定工作平面参考系。

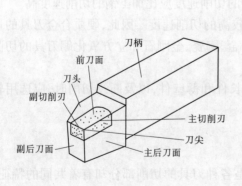

图3-3　车刀的组成

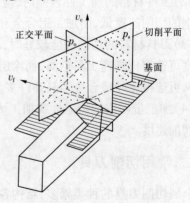

图3-4　正交平面参考系

2.刀具的标注角度

在刀具标注角度参考系中测得的角度称为刀具的标注角度。标注角度应标注在刀具的设计图中,用于刀具制造、刃磨和测量。在正交平面参考系中,刀具的主要标注角度有 5 个,即前角 γ_o、后角 α_o、主偏角 κ_r、副偏角 κ_r'、刃倾角 λ_s,如图 3-5 所示。

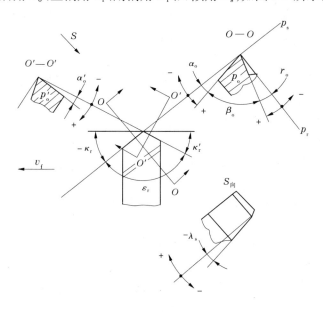

图 3-5　车刀在正交平面参考系中的标注角度

1)前角 γ_o。

在正交平面内测量的前刀面和基面间的夹角,称为前角。它表示前刀面的倾斜程度,有正、负和零角之分,如图 3-6 所示,前刀面在基面之下时前角为正值,前刀面在基面之上时前角为负值。前角一般为 $5°\sim20°$。

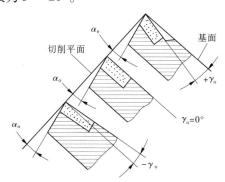

图 3-6　前角的符号规定

前角的作用是:

(1)影响切屑的变形程度。较大的前角可减少切屑的变形,使切削轻快,降低切削温度,减少刀具磨损。

(2)影响刀刃强度。前角增大,刀具强度较弱,散热体积减少,切削温度升高,刀具寿命缩短。

因此,要根据工件材料、刀具材料和加工性质来选择前角的大小。当工件材料塑性大、强度和硬度低或刀具材料的强度和韧性好或精加工时,取大值;反之,取小值。

例如,用硬质合金车刀切削结构钢件时,前角可取 $10°\sim20°$;切削灰铸铁件时,可取 $5°\sim15°$。

2)后角 α_o

在正交平面内测量的主后刀面与切削平面的夹角,秒为后角。它表示主后刀面的倾斜程度,一般为 $6°\sim12°$。其作用是:

(1)影响主后刀面与工件过渡表面的摩擦。增大后角可以减少后刀面与工件之间的摩擦,减少刀具的磨损,缩短工件的表面粗糙度。

(2)配合前角改变切削刃的锋利与强度。后角过大,切削刃强度减弱,散热体积减小,缩短刀具寿命。

因此,后角的大小可根据加工的种类和性质来选择。例如,粗加工或工件材料较硬时,要求切削刃强固,后角取小值,可取 $6°\sim8°$。反之,对切削刃强度要求不高,主要希望减小摩擦和已加工表面的粗糙度值,可取稍大值($8°\sim12°$)。

3)主偏角 κ_r

在基面内测量的主切削刃在基面上的投影与进给运动方向间的夹角,称为主偏角。一般为正值。车刀常用的主偏角有 $45°$、$60°$、$75°$、$90°$。其作用是:

(1)影响切削条件和刀具寿命。在进给量和背吃刀量相同的情况下,减少主偏角可以使刀刃参加切削的长度增加,切屑变薄,因而使刀刃单位长度上的切削负荷减轻,同时增大了散热面积,从而使切削条件得到改善,延长刀具寿命提高,如图3-7所示。

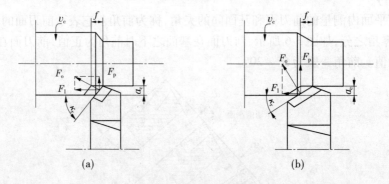

图3-7 主偏角的作用

(2)影响切削分力的大小比值。增大主偏角可使切削抗力减小,但进给抗力增大,当工艺系统刚性较差时,选用较大的主偏角有利于减小振动和加工变形。

(3)影响断屑。在一定的进给量时,增大主偏角使切削厚度增大,切屑易折断。

4)副偏角 κ'_r

在基面内测量的副切削刃在基面上的投影与进给运动反方向的夹角,称为副偏角。其作用是:

(1)影响已加工表面的粗糙度。切削时由于副偏角和进给量的存在,切削层的面积未能全部切去,总有一部分残留在已加工表面上,称之为残留面积。在背吃刀量、进给量和主偏角相同的情况下,减少副偏角可使残留面积减小,表面粗糙度降低,如图3-8所示。

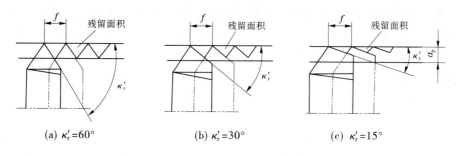

(a) $\kappa_r' = 60°$ (b) $\kappa_r' = 30°$ (c) $\kappa_r' = 15°$

图3-8　副偏角对残留面积的影响

(2)影响副刀刃和副后刀面与工件已加工表面的摩擦。副偏角减小,摩擦减小,可防止切削时产生振动。

因此,副偏角的大小主要根据表面粗糙度的要求来选取,一般为5°～15°。粗加工时副偏角取较大值,精加工时副偏角取较小值。至于切断刀,因要保证刀头强度和重磨后主切削刃的宽度,副偏角取1°～2°。

5)刃倾角 λ_s

在切削平面内测量的主切削刃与基面之间的夹角,称为刃倾角。与前角类似,刃倾角也有正、负和零值之分,如图3-9所示。

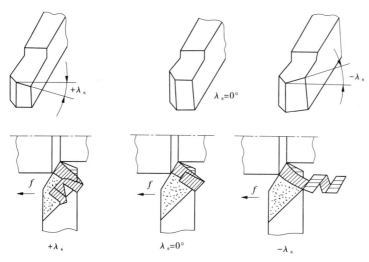

$+\lambda_s$ $\lambda_s = 0°$ $-\lambda_s$

图3-9　刃倾角对排屑方向的影响

其作用是:

(1)影响切屑流出方向。刃倾角为正时,刀尖处于主切削刃的最高点,切屑流向待加工表面;刃倾角为负时,刀尖处于主切削刃的最低点,切屑流向已加工表面;刃倾角为零时,主切削刃水平,切屑朝着与主切削刃垂直的方向流动。

(2)影响刀头强度。负的刃倾角使刀头强固,改善刀尖受力情况;正的刃倾角使刀尖先受到撞击,因此刀具容易损坏。

因此,刃倾角应根据加工性质来选择。粗加工时,为增加刀头强度,λ_s 取 $-5°\sim$ $-10°$。加工不连续表面时,为了增强切削刃抗冲击能力,λ_s 取 $-15°\sim-20°$。精加工时,为了控制切屑流向待加工表面,λ_s 取 $5°\sim10°$。薄切削时,为了使切削刃锋利,λ_s 取 $45°\sim75°$。

要完全确定车刀切削部分所有表面的空间位置,还需标注副后角 α_o',副后角确定副后刀面的空间位置。

3. 刀具的工作角度

上面讨论的外圆车刀的标注角度,是在忽略进给运动的影响并假定刀杆轴线与纵向进给运动方向垂直以及切削刃上选定点与工件中心等高的条件下确定的。如果考虑进给运动和刀具实际安装情况的影响,参考平面的位置应按合成切削运动方向来确定,这时的参考系称为刀具工作角度参考系。在刀具工作角度参考系中确定的刀具角度称为刀具的工作角度。

1) 进给运动对工作角度的影响

当刀具车端面或切断时,刀具进给运动是沿横向进行的,如图 3-10 所示,当不考虑进给运动的影响时,按切削速度 v_c 的方向确定的基面和切削平面分别为 p_r 和 p_s。考虑进给运动的影响后,刀具在工件上的运动轨迹为阿基米德螺旋线,按合成切削速度 v_e 的方向确定的工作基面和工作切削平面分别为 p_{re} 和 p_{se}。工作前角 γ_{oe} 和工作后角 α_{oe} 为

$$\gamma_{oe} = \gamma_o + \eta \tag{3-9}$$
$$\alpha_{oe} = \alpha_o - \eta \tag{3-10}$$
$$\eta = \arctan\frac{v_f}{v_c} = \arctan\frac{f}{\pi d_{切}} \tag{3-11}$$

式中 η——螺旋升角。

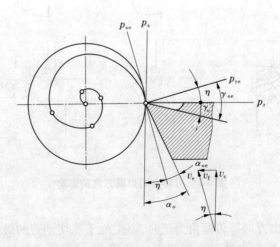

图 3-10 横向进给运动对工作角度的影响

当进给量 f 增大时,η 值增大。工件切削直径 $d_{切}$ 越小,η 值越大。过大的 η 值有可能使 α_{oe} 变为负值,后刀面将与工件相碰,这是不允许的。因此,切断刀应选用较大的标注后角 α_o,进给量 f 的取值也不宜过大。

一般车削时,进给量 f 比工件直径 $d_{切}$ 小很多,故 η 很小,其对刀具的工作角度的影响不大,可忽略不计。但当刀具沿纵向进给且进给量 f 的取值较大时(例如车外圆或车螺纹),切削合成运动产生的加工表面实际上是一个螺旋面,如图 3-11 所示。因此,实际的切削平面和基面都要偏转一个附加的螺旋升角 η,使得车刀的工作前角 $\gamma_{oe} > \gamma_o$,工作后角 $\alpha_{oe} < \alpha_o$。此时,进给运动对工作角度的影响则不可忽视。

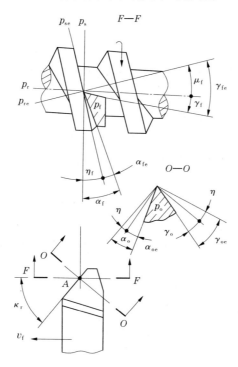

图 3-11　纵向进给运动对工作角度的影响

2) 刀具安装高低对工作角度的影响

如图 3-12 所示,车外圆时,若刀尖高于工件的回转轴线,则工作前角 $\gamma_{oe} > \gamma_o$,而工作后角 $\alpha_{oe} < \alpha_o$;若刀尖低于工件的回转轴线,则 $\gamma_{oe} < \gamma_o$,$\alpha_{oe} > \alpha_o$。

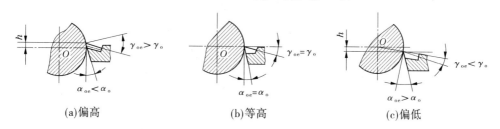

图 3-12　刀具安装高度对工作角度的影响

3) 刀杆中心线与进给运动方向不垂直时对工作角度的影响

当车刀刀杆中心线与进给运动方向不垂直时,将会引起工作主偏角 k_{re} 和副偏角 k'_{re} 的变化,如图 3-13 所示。

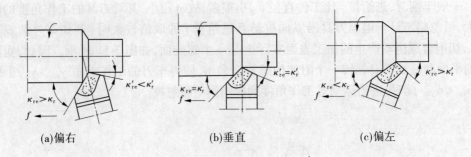

(a)偏右　　　　　　　　(b)垂直　　　　　　　　(c)偏左

图 3-13　刀杆中心线与进给运动方向不垂直对工作角度的影响

（三）刀具材料

刀具材料主要是指刀具切削部分的材料。在切削过程中,刀具的切削能力直接影响到生产率、加工质量和加工成本。而刀具的切削性能主要取决于刀具材料、刀具几何参数和刀具结构的选择与设计是否合理。因此,应当重视刀具材料的正确选择和合理使用。

1.刀具材料的性能要求

切削时刀具要承受高温、高压、摩擦和冲击的作用,刀具切削部分的材料须满足以下基本要求:

（1）高的硬度。刀具材料的硬度必须高于工件材料的硬度,常温硬度必须在 60 HRC以上。

（2）高的耐磨性。刀具在切削时承受着剧烈的摩擦,因此刀具材料应具有较强的耐磨性。一般刀具材料的硬度越高,耐磨性越好。

（3）高的热硬性（又称红硬性）。它是指刀具材料在高温下仍能保持足够的硬度、强度、韧性和耐磨性的能力。它是衡量刀具材料性能优劣的主要标志。热硬性越好的材料,其允许的切削速度越高。

（4）足够的强度和韧性。以便使刀具承受切削力、冲击和振动,防止刀具脆性断裂和崩刃。

（5）良好的工艺性和经济性。即要求刀具材料应具有好的焊接性能、热处理性能、锻造性能、切削加工性能等,并且要资源丰富、价格低廉。

2.切削部分常用的刀具材料及其合理选用

切削部分常用的刀具材料主要有工具钢（包括碳素工具钢、合金工具钢）、高速钢、硬质合金、陶瓷和超硬材料（包括立方氮化硼、金刚石等）五大类。目前,在生产中所用的刀具材料主要是高速钢与硬质合金两类。常用的刀具材料的特性如表 3-2 所示。

1）工具钢

碳素工具钢和合金工具钢价格低廉,红硬性较差,许用切削速度较低,在 8～10 m/min之间,目前主要用于手工工具或切削速度较低的刀具。与碳素工具钢相比,合金工具钢热处理变形有所减少。

2）高速钢

高速钢是加入了 W、Mo、Cr、V 等合金元素的高合金工具钢。它具有较高的强度、硬度和热硬性。高速钢刃磨性和热处理工艺性好,也称为锋钢。其许用切削速度为 25～55

m/min,比碳素钢提高 5~6 倍,比合金工具钢提高 1~3 倍,可以制造中速切削及形状复杂的刀具。

高速钢按切削性能可分为普通高速钢和高性能高速钢;按基本化学成分可分为钨系高速钢、钨钼系高速钢;按制造工艺可分为熔炼高速钢和粉末冶金高速钢。

表 3-2　常用的刀具材料的特性

种类	牌号	常温硬度 HRC	红硬温度 (℃)	耐磨性	强韧性	可磨削性	应用举例
碳素工具钢	T10A T12A	60~65	≤200	劣	优	优	手用锯条、锉刀、刮刀、丝锥、板牙等
合金工具钢	9SiCr CrWMn	≥62	250~300				低速机动丝锥、板牙、梳刀、钻头及不剧烈发热的刀具,如拉刀等
高速钢	W18Cr4V W6Mo5Cr4V2	63~66	540~600				承受较大冲击、外形较为复杂的刀具,如车刀
	W2Mo9Cr4VCo8 W6Mo5Cr4V2Al W6Mo5Cr4V3	65~70	620~650				镗刀、刨刀、插齿刀、钻头、铣刀、滚刀、拉刀、铰刀、丝锥、板牙等
硬质合金	YG3、YG6、YG8、YT5、YT15、YT30、YW1、YW2	74~82	800~900 900~1 000 >1 000				车刀、镗刀、刨刀的刀头,镶片可用于铣刀、钻头、丝锥、铰刀、拉刀、齿轮滚刀的刀头
陶瓷		91~94 HRA	>1 200				多用于车刀,适于连续切削
立方氮化硼		8 000~ 9 000 HV	1 400~ 1 500				用于硬度、强度较高材料的精加工
金刚石			700~800	优	劣	劣	用于非金属的高精度、小表面粗糙度切削

A. 普通高速钢

普通高速钢是切削硬度在 250~280 HBS 以下的大部分结构钢和铸铁的基本刀具材料,切削速度一般不高于 40~60 m/min。普通高速钢的典型牌号有 W18Cr4V(简称 W18)和 W6Mo5Cr4V2(简称 M2)。W18 的综合性能较好,在 600 ℃时的高温硬度为 48.5 HRC,可用于制造各种复杂刀具。M2 的碳化物分布细小、均匀,它的抗弯强度比 W18 高 10%~15%,韧性比 W18 高 50%~60%,可用来制造尺寸较大、承受较大冲击力的刀具;M2 的热塑性好,适合于制造热轧钻头等刀具。

B. 高性能高速钢

高性能高速钢是在普通高速钢的基础上通过添加其他合金元素使其力学性能和切削性能有显著提高的新钢种。其耐热性好,在 630~650 ℃时仍能保持接近 60 HRC 的硬度,适用于加工高温合金、钛合金、奥氏体不锈钢、耐热钢、高强度钢等难加工材料。高性能高速钢的典型牌号有 W2Mo9Cr4VCo8(简称 M42)和 W6Mo5Cr4V2Al(简称 501)。M42

的综合性能好,许用切削速度高,刃磨性能好,导热性好,但因含钴较多,价格较高。501钢是一种含铝的无钴高速钢,501钢的切削性能与M42大体相当,成本较低,但刃磨性能较差。

C. 粉末冶金高速钢

粉末冶金高速钢是在用高压惰性气体(氩气或氮气)把钢水雾化成粉末后,再经过热压、锻轧成材。粉末冶金高速钢材质均匀,韧性好,硬度高,热处理变形小,质量稳定可靠,刃磨性能好,刀具使用寿命较长。可用它切削各种难加工材料,特别适合于制造各种精密刀具和形状复杂的刀具。

3)硬质合金

硬质合金是用高硬度、难熔的金属碳化物(WC、TiC等)和金属黏结剂(Co、Ni等)在高温条件下烧结而成的粉末冶金制品。其硬度、耐热性、耐磨性和切削性能都超过高速钢,许用切削速度在$100 \sim 300$ m/min,是高速钢的$4 \sim 10$倍,刀具寿命比高速钢刀具提高几十倍,可切削高速钢刀具切削不了的各类难加工材料,如淬硬钢等。但其抗弯强度不高,冲击韧性比高速钢差,性脆,怕冲击和振动,主要用于制造刃形简单的高速切削刀片。

4)陶瓷

用于制作刀具的陶瓷材料主要有两类:氧化铝(Al_2O_3)基陶瓷和氮化硅(Si_3N_4)基陶瓷。氧化铝基陶瓷硬度高、耐磨性好、耐热性好、化学稳定性高、抗黏结能力强,但抗弯强度和韧性差,这种陶瓷用于精加工和半精加工冷硬铸铁、淬硬钢很有效。氮化硅基陶瓷有较高的抗弯强度和韧性,适于加工铸铁及高温合金,切削钢料效果不显著。

5)人造金刚石

金刚石分为天然金刚石和人造金刚石两种,由于天然金刚石价格昂贵,工业上多使用人造金刚石。人造金刚石是借助于某些合金的触媒作用,在高温高压条件下由石墨转化而成。金刚石是目前已知的最硬物质,它的硬度高达$6\ 000 \sim 10\ 000$ HV(硬质合金仅为$1\ 300 \sim 1\ 800$ HV),可用于加工硬质合金、陶瓷、高硅铝合金等高硬度耐磨材料。人造金刚石目前主要用于制作磨具及磨料,主要用于有色金属及其合金的高速精细切削,使用寿命极长。金刚石的热稳定性较差,当切削温度高于700 ℃时,碳原子即转化为石墨而丧失高硬度,因此用金刚石刀具进行切削时须对切削区进行强制冷却。金刚石刀具不宜加工钢铁材料,因为金刚石中的碳原子和铁族元素的亲和力大,致使刀具寿命短。

6)立方氮化硼

立方氮化硼(CBN)是一种新型刀具材料,它是由六方氮化硼(HBN)在合成金刚石相同条件下加入氮化剂转变而成的,其硬度高,仅次于金刚石。耐磨性好,耐热性高,主要用于对冷硬铸铁、淬硬钢、高温合金等进行半精加工和精加工。

3. 刀柄材料

一般刀柄材料均用普通碳素钢或合金钢制作,如焊接车刀、镗刀的刀柄,钻头、铰刀的刀柄常用45钢或40Cr制造。尺寸较小的刀具或切削负载较大的刀具宜选用合金工具钢或整体高速钢制作,如螺纹刀具、成形铣刀、拉刀等。机夹、可转位硬质合金刀具,镶硬质合金钻头,可转位铣刀等可用合金工具钢制作,如9CrNi或GCr15等。对于一些尺寸较小的精密孔加工刀具,如小直径镗、铰刀,宜选用整体硬质合金制作,以提高刀具的刚性,保证其加工精度。

三、金属切削过程

（一）切屑的形成过程

金属切削过程就是利用刀具从工件上切下切屑的过程，也就是切屑形成的过程，其实质是一种挤压变形过程。图 3-14 是在自由切削工作条件下观察绘制的金属切削滑移线和流线示意图。流线表示被切削金属中的某一点在切削过程中流动的轨迹。

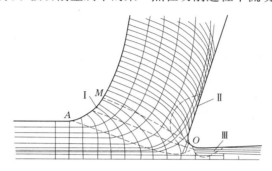

图 3-14　金属切削过程中的三个变形区

切削过程中，切削层金属的变形大致可划分为三个区域：

（1）第一变形区（图 3-14 中Ⅰ区）。从 OA 线开始发生塑性变形，到 OM 线金属晶粒的剪切滑移基本完成。

（2）第二变形区（图 3-14 中Ⅱ区）。切屑沿前刀面排出时进一步受到前刀面的挤压和摩擦，使靠近前刀面处的金属纤维化，基本上和前刀面平行。

（3）第三变形区（图 3-14 中Ⅲ区）。已加工表面受到切削刃钝圆部分和后刀面的挤压和摩擦，造成表层金属纤维化与加工硬化。

如图 3-15 所示，切削加工时，当刀具接触工件后，工件上被切层受到挤压而产生弹性变形。随着刀具继续切入，应力不断增大，当应力达到工件材料的屈服点时，切削层开始塑性变形，沿滑移角 β_1 的方向滑移。刀具再继续切入，应力达到材料的断裂强度，被切层就沿着挤裂角 β_2 的方向产生挤裂破坏，被切离工件母体，沿前刀面流出，形成切屑。当刀具继续前进时，新的循环又重新开始，直到整个被切层切完。所以，切削过程就是切削层材料在刀具切削刃和前刀面的作用下，经挤压产生弹性变形、塑性变形、挤裂和切离而成为切屑的过程。

（二）切屑的类型

由于工件材料不同，切削条件各异，切削过程中形成的切屑形状是多种多样的。切屑的形状主要分为带状、节状、粒状和崩碎四种类型，如图 3-16 所示。

（1）带状切屑：这是最常见的一种切屑。它的内表面是光滑的，外表面呈毛茸状。一般在加工塑性金属材料、切削厚度较小、切削速度较高、刀具前角较大时，容易形成这种切屑。

（2）节状切屑：又称挤裂切屑。它的顶面有明显挤裂裂痕，而底面仍旧相连，呈一节一节的形状。在切削速度较低、切削厚度较大、刀具前角较小时常产生此类切屑。

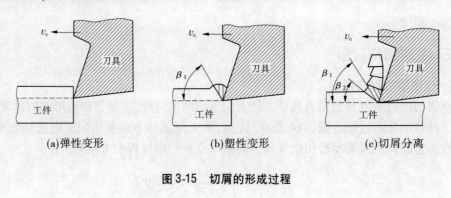

(a)弹性变形   (b)塑性变形   (c)切屑分离

图 3-15 切屑的形成过程

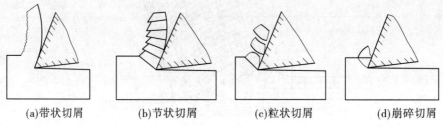

(a)带状切屑   (b)节状切屑   (c)粒状切屑   (d)崩碎切屑

图 3-16 切屑类型

（3）粒状切屑:在切屑形成过程中,如剪切面上的剪切应力超过了材料的断裂强度,切屑单元从被切材料上脱落,形成粒状切屑。由于各粒形状相似,所以又称之为单元切屑。

（4）崩碎切屑:加工脆性材料(如铸铁、黄铜)时,由于材料塑性很小、抗拉强度较低,刀具切入后,被切金属层在前刀面的推挤下未经塑性变形就突然崩落,形成不规则的碎块状切屑,切削厚度越大,越易得到这类切屑。

前三种切屑是加工塑性金属时常见的切屑类型。形成带状切屑时,切削力波动小,切削过程平稳,已加工表面质量高;产生后三种切屑时,切削力都有波动,加工表面不光洁,其中形成粒状切屑时切削力波动最大。在不同的切削条件下,形成的切屑种类会不同,前三种切屑可以随切削条件变化而相互转化。例如,在形成节状切屑工况条件下,如进一步减小前角、降低切削速度或加大切削厚度,就有可能得到粒状切屑;反之,就可得到带状切屑。

（三）切屑的控制

所谓切屑控制,又称"断屑",是指在切削加工中采取适当的措施来控制切屑的卷曲、流出与折断,以得到良好的可接受的屑形。在切屑排出的过程中,当碰到刀具后刀面、工件上过渡表面或待加工表面等障碍时,切屑常会折断。研究表明,工件材料脆性越大、切屑厚度越大、切屑卷曲半径越小,切屑就越容易折断。

实际生产中可采取以下措施进行切屑控制。

1. 采用断屑槽

通过设置断屑槽对流动中的切屑施加一定的约束力,使切屑应变增大,切屑卷曲半径减小。断屑槽的尺寸参数应与切削用量的大小相适应,否则会影响断屑效果。常用的断屑槽截面形状如图 3-17 所示。

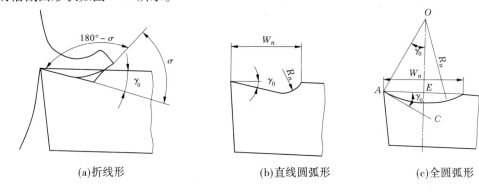

(a)折线形   (b)直线圆弧形   (c)全圆弧形

图 3-17 常用的断屑槽截面形状

前角较大时,采用全圆弧形断屑槽刀具的强度好。断屑槽位于前刀面上的形式有平行、外斜、内斜三种,如图 3-18 所示。

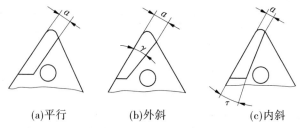

(a)平行   (b)外斜   (c)内斜

图 3-18 全圆弧形断屑槽刀具

2. 改变刀具角度

增大刀具主偏角 κ_r,切削厚度变大,有利于断屑。减小刀具前角 γ_o,可使切屑变形加大,切屑易于折断。刃倾角 λ_s 可以控制切屑的流向,λ_s 为正值时,切屑常卷曲后碰到后刀面折断形成 C 形屑或自然流出形成螺卷屑;λ_s 为负值时,切屑常卷曲后碰到已加工表面折断成 C 形屑或 6 字形屑。

3. 调整切削用量

提高进给量 f,使切削厚度增大,对断屑有利,但增大 f 会增大加工表面粗糙度。适当地降低切削速度使切削变形增大,也有利于断屑,但这会降低材料切除率,须根据实际条件适当选择切削用量。

(四)积屑瘤

1. 积屑瘤的定义

在切削速度不高而又能形成带状切屑的情况下,加工一般钢料或铝合金等塑性材料时,常在前刀面切削处粘着一块剖面呈三角状的硬块,如图 3-19 所示。它的硬度很高,通常是工件材料硬度的 2~3 倍,这块粘附在前刀面上的硬块称为积屑瘤。研究表明,刀具前刀面的温度在 200~500 ℃范围内才会产生积屑瘤;切削区温度处于 300~350 ℃时积屑瘤的高度最大;切削区温度超过 500 ℃时,由于材料变软,积屑瘤便自行消失。

2. 积屑瘤的形成

切削时,切屑与前刀面接触处发生强烈挤压摩擦,使切屑底层流动速度减慢,产生滞

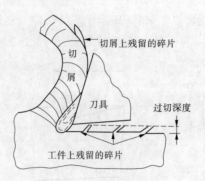

图 3-19　积屑瘤及其特点

流层,被切材料会粘在前刀面上。连续流动的切屑从粘在前刀面上的底层金属上流过时,如果温度与压力适当,切屑底部材料也会被阻滞在已经粘在前刀面上的金屑层上,使黏结层逐步长大,形成积屑瘤。

3. 积屑瘤的特点

在切削过程中,积屑瘤的高度和大小是不断变化的,时高时矮,时大时小,以一定的频率生长和脱落,可能被切屑带走,也可能黏附在已加工表面上,周而复始,如图 3-20 所示。

4. 积屑瘤对切削过程的影响

(1)积屑瘤形成后,可代替切削刃和前刀面进行切削,保护切削刃,并能增大刀具实际前角,使切削力减小,切削轻快、省力,如图 3-20 所示。

(2)由于积屑瘤的不断变化引起实际工作前角的不断变化,也就引起切削力的不断变化,最终引起振动,影响加工表面质量。并且积屑瘤黏附在已加工表面上,会影响表面质量。

(3)积屑瘤凸出于切削刃外,会增大背吃刀量,造成过量切削,影响尺寸精度。由于积屑瘤形状的不规则,会在工件表面上形成沟纹,影响表面质量,在成形刀具中影响零件的形状精度。

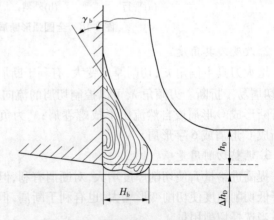

图 3-20　积屑瘤前角 γ_b 及伸出量 Δh_D

由上述分析可知,积屑瘤对切削过程的影响有积极的一面,也有消极的一面。积屑瘤对粗加工有利,对精加工不利,因此在精加工中必须避免积屑瘤的出现。

5. 积屑瘤的控制措施

(1)降低材料的塑性,提高硬度。

(2)控制切削速度,以控制切削温度。选择高速工具钢刀具低速车削或铰削,或选择耐热性好的刀具材料进行高速切削,都可获得较好的表面质量。中速加工时的切削温度易产生积屑瘤。

（3）增大前角,可降低切削力,降低切削温度,从而避免积屑瘤的产生。

（4）减小进给量、降低前刀面的表面粗糙度值、合理使用切削液等都可控制积屑瘤的产生。

（五）切削力

切削力是金属切削过程中十分重要的一个参数,与切削热、刀具磨损等密切相关。它也是分析工艺,选择机床、刀具、夹具的重要依据。

1.切削力的来源

切削加工时,刀具与工件之间的相互作用力称为切削力。切削力来源于以下两个方面(见图3-21)。

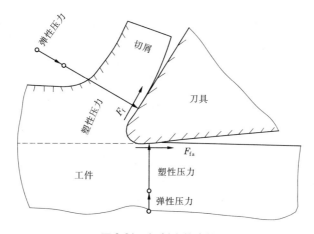

图3-21　切削力的来源

（1）克服切削层材料和工件表面层材料对弹性变形、塑性变形的抗力。

（2）克服刀具与切屑、刀具与工件表面间摩擦阻力所需的力。

2.切削合力及分解

切削合力也称总切削力。总切削力 F 一般可分解为三个相互垂直的切削分力 F_c、F_p、F_f,如图3-22 所示。

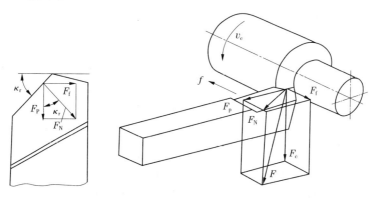

图3-22　切削合力与分力

（1）主切削力 F_c。主切削力是指在主运动方向上的分力，垂直于基面。主切削力是计算机床主运动机构的强度与刀杆、刀片的强度，设计机床夹具，选择切削用量等的主要依据，也是消耗机床功率最多的切削力。

（2）背向力 F_p。背向力是指在基面上垂直于进给运动方向上的分力。纵向车削时不消耗功率，但容易使工件产生变形而影响加工精度，容易引起振动。背向力是校验机床刚度的必要依据。

（3）进给力 F_f。进给力是指在基面上进给运动方向上的分力，作用于机床进给机构上，是校验进给机械强度的主要依据。

3. 影响切削力的因素

1）工件材料

工件材料的强度、硬度越高，切削力越大。如与 45 钢相比，加工 60 钢的切削力 F_c 增大了 4%，加工 35 钢的切削力 F_c 减少了 13%。当两种材料强度相近时，塑性、韧性大的材料切削力大。如不锈钢 1Cr18Ni9Ti 的伸长率是 45 钢的 4 倍，所以切削时变形大，加工时产生的切削力较 45 钢增大 25%。切削铸铁等脆性材料时，变形小，摩擦小，切削力也较小。

2）切削用量

（1）背吃刀量 a_p 和进给量 f。切削用量中对切削力影响最大的是背吃刀量 a_p，其次是进给量 f。背吃刀量 a_p 增大 1 倍时，切削力 F_c 也增大 1 倍。进给量 f 增大 1 倍，切削力 F_c 增大 70% ~ 80%。即在切削层面积相同的条件下，采用大的进给量 f 比采用大的背吃刀量 a_p 的切削力小。

（2）切削速度 v_c。切削塑性材料时，在无积屑瘤产生的切削速度范围内，随着切削速度 v_c 的增大，切削力 F_c 减小；在产生积屑瘤的情况下，刀具的实际前角是随积屑瘤的成长与脱落变化的。积屑瘤增大，切削力下降；积屑瘤减小，切削力 F_c 上升。

切削铸铁等脆性材料时，被切材料的塑性变形及它与前刀面的摩擦均比较小，对切削力没有显著影响。

3）刀具几何参数

（1）前角 γ_o。γ_o 增大，切削力下降。切削塑性材料时，γ_o 对切削力的影响较大；切削脆性材料时，由于切削变形很小，γ_o 对切削力的影响不显著。

（2）主偏角 κ_r。由图 3-22 可知，主偏角 κ_r 增大，背向力 F_p 减小，进给力 F_f 增大。

（3）刃倾角 λ_s。刃倾角 λ_s 对切削力 F_c 影响较小，对背向力 F_p 和进给力 F_f 影响较大。当刃倾角 λ_s 逐渐由正值变为负值时，背向力 F_p 减小，进给力 F_f 增大。λ_s 在 $-45° ~ 10°$ 范围内变化时，F_c 基本不变。

（4）负倒棱。负倒棱使切削刃变钝，切削力增加。

4）切削液

使用以冷却作用为主的切削液（如水溶液）对切削力影响不大，使用润滑作用强的切削液（如切削油）可使切削力减小。

5）刀具材料

被切削材料相同，刀具材料与工件材料间的摩擦系数、亲和力越小，切削力 F_c 越小。

在其他切削条件完全相同的条件下,用陶瓷刀具切削比用硬质合金刀具切削的切削力小,用高速钢刀具进行切削的切削力大于前两者。

6)刀具磨损

后刀面磨损增大时,后刀面上的法向力和摩擦力都增大,故切削力增大。

(六)切削热和切削温度

切削过程中所消耗的切削功率会产生大量的热,这些热称为切削热。切削热主要来源于切削变形、切屑与刀具前面的摩擦、工件与刀具后面的摩擦三个方面,如图 3-23 所示。切削热产生以后,由切屑、工件、刀具及周围介质传出。各部分传出的比例取决于工件材料、切削速度、刀具材料及刀具几何形状等因素。

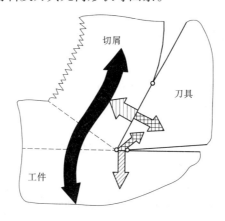

图 3-23　切削热的来源

传入刀具的热量虽不多,但由于刀具切削部分体积很小,在切削过程中温度很高,从而会加速刀具磨损,缩短刀具的使用寿命。

传入工件的热量使工件发生变形,从而影响加工精度和表面质量。

切削温度的高低取决于切削热的产生和传出情况。工件、刀具的温度过高,正如上述分析可知,都会带来一系列的不利因素。所以,在切削加工过程中应设法减小切削热的产生,改善散热条件,降低切削温度,减小切削热和切削温度对刀具和工件产生的不良影响。

(七)切削液

为了减少切削热、降低刀具与工件的切削温度,使用切削液是简便有效的方法。使用切削液有以下作用:

(1)冷却作用。切削液可以吸收并迅速带走大量的切削热,降低刀具和工件的温度,改善切削条件,减小工件热变形,延长刀具寿命。

(2)润滑作用。切削液可渗入刀具和工件、切屑的接触表面之间,形成润滑膜,减少摩擦,从而提高刀具寿命和工件表面质量。

(3)清洗作用。切削过程中会产生细小的切屑和磨削微粒,它们常黏附在工件、工具和机床上,影响工件表面质量。使用有一定压力的切削液可以迅速冲洗掉这些微粒,防止工件已加工表面受到损伤,以保证加工质量。

(4)防锈作用。使用加有防锈添加剂的切削液能在金属表面形成保护膜,起防锈作用。

切削液的品种很多,性能各异,根据加工条件来选择合适的切削液,能收到良好的效果。表3-3 所列为常用切削液的主要成分和特点。粗加工时,主要要求是冷却,应选用冷却作用较好的切削液,如水溶液或低浓度的乳化液。精加工时,主要希望提高表面质量和减少刀具磨损,应选用润滑作用好的切削液,如高浓度的乳化液和切削油等。

表3-3 常用切削液的主要成分和特点

类别		主要成分	特点
切削油	矿物油、植物油或复合油	全损耗系统用油、豆油、菜油、棉籽油或全损耗系统用油与植物油的复合油	润滑性能好,冷却性能差,常用于铰孔、攻螺纹、拉削和齿轮加工
	极压切削油	全损耗系统用油中加入油性、极压添加剂和防锈添加剂	润滑性能良好,可替代植物油,用于铰孔、拉削、螺纹加工等
乳化液	普通乳化液	全损耗系统用油中加入乳化剂、防锈添加剂,用水稀释成乳化液	清洗性良好,适用于磨削加工
	防锈乳化液	全损耗系统用油中加入乳化剂和较多防锈添加剂,用水稀释成乳化液	防锈性能和冷却性能良好,清洗性能稍差,适用于防锈性能要求较高的工序
	极压乳化液	全损耗系统用油中加入乳化剂、防锈添加剂和油性、极压添加剂,用水稀释成乳化液	润滑性能良好,可替代植物油,用于攻螺纹及一些难切削材料的加工
水溶液	防锈冷却水	水中加入水溶性防锈添加剂	冷却性能好,适用于粗磨
	透明冷却水	水中加入表面活性剂、防锈添加剂和油性、极压添加剂	冷却性能和清洗性能好,透明性较好,适用于精磨

加工一般钢材时,选用乳化液或硫化切削油;加工铜合金和有色金属时,不宜采用含硫化油的切削液,以免腐蚀工件;加工铸铁、青铜、黄铜等脆性材料时,为避免崩碎切屑进入机床的运动部件,一般不用切削液,但在低速精加工中,为提高表面质量,可用煤油作为切削液。

高速工具钢刀具的耐热性差,为了延长刀具寿命,一般要根据具体切削条件选择合适的切削液。硬质合金刀具由于耐热性、耐磨性较好,一般情况下不用切削液;如果要用,必须连续、充分地加切削液,以免硬质合金刀片因骤冷骤热而开裂。

任务二　认识机床与夹具

学习目标：

1. 了解金属切削机床的分类、型号编制方法、基本组成、运动。

2. 了解机床夹具的分类、作用及组成，了解典型夹紧机构的种类。

3. 掌握六点定位原理，理解欠定位和过定位的基本概念，理解常见典型定位方式和定位元件所限制的自由度。

一、机床的分类与组成

（一）机床的分类

金属切削机床的品种和规格繁多。为了便于区别、使用和管理，应对机床加以分类。

机床的基本分类方法，主要是按加工方法和所用的刀具进行制定。根据我国制定的机床型号编制方法，目前将机床分为 11 大类：车床、钻床、镗床、磨床、齿轮加工机床、螺纹加工机床、铣床、刨插床、拉床、锯床及其他机床。在每一类机床中，又按工艺范围、布局形式和结构等，分为若干组，每一组又细分为若干系。

按机床的通用性程度，同类机床可分类如下：

（1）通用机床。又称普通机床，可用于加工多种零件的不同工序，加工范围较广，通用性较大，但结构比较复杂。这种机床主要适用于单件小批量生产，例如普通卧式车床、卧式镗铣床、万能外圆磨床、万能升降台铣床等。

（2）专门化机床。专门化机床是指专门用于加工某一类或几类零件的某一道（或几道）特定工序的机床，如曲轴主轴颈车床、凸轮轴凸轮车床、花键轴磨床等。

（3）专用机床。专用机床的工艺范围最窄、效率和自动化程度最高，只能用于加工某一种零件的某一道特定工序，适用于大批量生产。如加工机床主轴箱的专用镗床、加工车床导轨的专用磨床、各种组合机床等。

按加工精度不同，同类机床又可分为普通机床、精密机床和高精度机床。

按自动化程度不同，可分为手动机床、机动机床、半自动机床和自动机床。

按质量和尺寸大小不同，分为仪表机床、中型机床（一般机床）、大型机床（质量大于 10 t）、重型机床（质量大于 30 t）和超重型机床（质量大于 100 t）。

按机床主要工作部件的数目不同，可分为单轴、多轴或单刀、多刀机床。

按数控功能不同，可分为一般数控机床、非数控机床、加工中心及柔性制造单元等。

（二）机床型号的编制方法

机床的型号是机床产品的代号，用以简明地表示机床的类型、通用特性和结构特性以及主要技术参数等。按照《金属切削机床型号编制方法》（GB/T 15375—2008）的规定，我国机床型号由汉语拼音字母和阿拉伯数字按一定规律组合而成。

1. 通用机床型号

通用机床型号用下列方式表示：

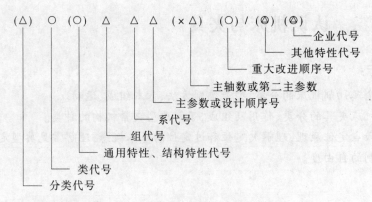

注:①"( )"表示的代号或数字,当无内容时不表示,若有内容则不带括号。

②"○"表示大写的汉语拼音字母。

③"△"表示阿拉伯数字。

④"◎"表示大写的汉语拼音字母或阿拉伯数字或两者兼有。

机床的类代号用汉语拼音大写字母表示。若每类有分类,在类代号前用数字表示,但第一分类的"1"省略不表示,例如磨床类分为 M、2M、3M 三个分类。普通机床的类代号见表 3-4。

表 3-4　普通机床的类代号

类别	车床	钻床	镗床	磨床			齿轮加工机床	螺纹加工机床	铣床	刨插床	拉床	锯床	其他机床
代号	C	Z	T	M	2M	3M	Y	S	X	B	L	G	Q
读音	车	钻	镗	磨	二磨	三磨	牙	丝	铣	刨	拉	割	其

机床的通用特性和结构特性代号用字母表示。当某种机床除普通型外,还有有关通用特性时,应在类代号后用相应的代号表示。表 3-5 是常用的通用特性及其代号。如 CM6132 型精密卧式车床型号中的"M"表示"精密"。当某种机床仅有通用特性而无普通型时,则通用特性也可不表示。如 C1312 型单轴六角自动车床由于这类自动车床中没有"非自动"型,所以不必表示出"Z"的通用特性。

表 3-5　通用特性及其代号

通用特性	高精度	精密	自动	半自动	数控	加工中心（自动换刀）	仿形	轻形	加重型	柔性加工单元	数显	高速
代号	G	M	Z	B	K	H	F	Q	C	R	X	S
读音	高	密	自	半	控	换	仿	轻	重	柔	显	速

结构特性代号无统一规定,用汉语拼音字母表示,在不同的机床中含义也不相同,用于区别主参数相同而结构、性能不同的机床。例如,CA6140 型卧式车床型号中的"A",可理解为 CA6140 型卧式车床在结构上区别于 C6140 型及 CY6140 型卧式车床。当机床有

通用特性代号时,结构特性代号应排在通用特性代号之后。

　　机床的组和系代号,用两位阿拉伯数字表示,位于类代号或特性代号之后。每类机床划分为十个组,每组又划分为十个系列。在同一类机床中,主要布局和使用范围基本相同的机床,即为同一组。在同一组机床中,主参数相同、主要结构及布局形式相同的机床,即为同一系。机床的组和系都用一位阿拉伯数字表示。机床的类、组划分及其代号见表 3-6。

表 3-6　机床的类、组划分及其代号

类别		组别									
		0	1	2	3	4	5	6	7	8	9
车床 C		仪表车床	单轴自动车床	多轴自动、半自动车床	回轮、转塔车床	曲轴及凸轮轴车床	立式车床	落地及卧式车床	仿形及多刀车床	轮、轴、辊、锭及铲齿轮车床	其他车床
钻床 Z			坐标镗钻床	深孔钻床	摇臂钻床	台式钻床	立式钻床	卧式钻床	铣钻床	中心孔钻床	其他钻床
镗床 T				深孔镗床		坐标镗床	立式镗床	卧式铣镗床	精镗床	汽车拖拉机修理用镗床	其他镗床
磨床	M	仪表磨床	外圆磨床	内圆磨床	砂轮机	坐标磨床	导轨磨床	刀具刃磨床	平面及端面磨床	曲轴、凸轮轴、花键轴及轧辊磨床	工具磨床
	2M		超精机	内、外圆珩磨机	外圆及其他珩磨机	抛光机	砂带抛光及磨削机床	刀具刃磨及研磨机床	可转位刀片磨削机床	研磨机	其他磨床
	3M		球轴承套沟磨床	滚子轴承套圈滚道磨床	轴承套圈超精机		叶片磨削机床	滚子加工机床	钢球加工机床	气门、活塞及活塞环磨削机床	汽车拖拉机修理用机床
齿轮加工机床 Y		仪表齿轮加工机		锥齿轮加工机	滚齿及铣齿机	剃齿及珩齿机	插齿机	花键轴铣床	齿轮磨齿机	其他齿轮加工机	齿轮倒角及检查机
螺纹加工机床 S					套丝机	攻丝机		螺纹铣床	螺纹磨床	螺纹车床	
铣床 X		仪表铣床	悬臂及滑枕铣床	龙门铣床	平面铣床	仿形铣床	立式升降台铣床	卧式升降台铣床	床身式铣床	工具铣床	其他铣床

续表 3-6

类别	组别									
	0	1	2	3	4	5	6	7	8	9
刨插床 B		悬臂刨床	龙门刨床			插床	牛头刨床		边缘及模具刨床	其他刨床
拉床 L			侧拉床	卧式外拉床	连续拉床	立式内拉床	卧式内拉床	立式外拉床	键槽、轴瓦及螺纹拉床	其他拉床
锯床 G			砂轮片锯床		卧式带锯床	立式带锯床	圆锯床	弓锯床	锉锯床	
其他机床 Q	其他仪表机床	管子加工机床	木螺钉加工机		刻线机	切断机	多功能机床			

机床的主参数、设计顺序号和第二主参数都是用阿拉伯数字表示的。机床主参数代表机床规格大小,通常以机床的最大加工尺寸或机床工作台尺寸作为主参数。在机床代号中用主参数的折算值表示,如表 3-7 所示。

表 3-7　主要机床的主参数名称和折算系数

机床	主参数名称	折算系数	机床	主参数名称	折算系数
卧式车床	床身上最大回转直径	1/10	导轨磨床	最大磨削宽度	1/100
单轴自动车床	最大棒料直径	1/1	矩台平面磨床	工作台面宽度	1/10
凸轮轴车床	最大工件回转直径	1/10	齿轮加工机床	最大工件直径	1/10
立式车床	最大车削直径	1/100	床身铣床	工作台面宽度	1/100
坐标镗钻床	工作台面宽度	1/10	龙门铣床	工作台面宽度	1/100
摇臂钻床	最大钻孔直径	1/1	升降台铣床	工作台面宽度	1/10
卧式铣镗床	镗轴直径	1/10	龙门刨床	最大刨削宽度	1/100
坐标镗床	工作台面宽度	1/10	插床及牛头刨床	最大插削及刨削长度	1/10
内、外圆磨床	最大磨削直径	1/10	拉床	额定拉力(tf)	1/1

当机床的性能和结构有重大改进,并按新产品重新设计、试制和鉴定时,在原机床型号基本部分的尾部加注重大改进顺序号,按改进的先后顺序选用 A、B、C、…("Ⅰ""O"除外)。

其他特性代号主要用于反映各类机床的特性。例如,对于数控机床,可用来反映不同的控制系统;对于加工中心,可用来反映控制系统、自动交换主轴头、自动交换工作台等;对于一般机床,可用来反映同一型号机床的变型等。其他特性代号用汉语拼音字母或阿拉伯数字或二者的组合来表示。

当生产单位是机床厂时,企业代号由机床厂所在城市名称的大写汉语拼音字母及该厂在该城市建立的先后顺序号或机床厂名称的大写汉语拼音字母表示;当生产单位是机床研究所时,企业代号由该所名称的大写汉语拼音字母表示。企业代号置于辅助部分的尾部,用"–"分开,读作"之",若在辅助部分只有企业代号,则不加"–"。

通用机床的型号编制举例如下:

【例3-1】 CA6140 型最大切削直径为 400 mm 的卧式车床。

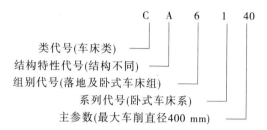

【例3-2】 MG1432A 型高精度万能外圆磨床。

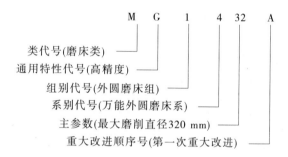

2.专用机床型号编制

专用机床型号,一般由设计单位代号和设计顺序号组成。表示方法如下:

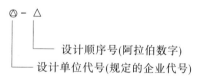

例如,H–015 代表上海机床厂设计制造的第 15 种专用机床为专用磨床。B1–100 代表北京第一机床厂设计制造的第 100 种专用机床为专用铣床。

(三)机床的基本组成

根据机床的功能要求,机床一般由以下几部分组成。

1.动力部件

动力部件是为机床提供动力和运动的驱动部分,如电动机、液压泵、气源等。

2.传动部件

传动部件包括机床的主传动部件、进给运动部件和其他运动部件。主传动部件是用来实现机床主运动的,如车床、铣床和钻床的主轴箱,磨床的磨头等;进给运动部件是用来实现机床的进给运动的,也是用来实现机床的调整、退刀及快速运动等的,如车床的进给箱、溜板箱、铣床及钻床的进给箱、磨床的液压传动装置等。

3. 支承部件

支承部件用于安装和支承其他固定和运动的部件,承受其重力、切削力、惯性力等,保证各部件之间的位置精度和运动部件的运动精度,如机床的底座、床身、立柱、横梁、导轨等。

4. 工作部件

工作部件主要包括以下几种:

(1)与最终实现切削加工的主运动和进给运动有关的执行部件,如主轴、工作台、刀架。

(2)与工件和刀架的安装和调整有关的部件或装置,如自动上下料装置、自动换刀装置等。

(3)与上述部件或装置有关的分度、转位、定位机构和操纵系统等。

5. 控制系统

控制系统用于控制各工作部件的正常工作,主要是电气控制系统,如数控机床则是数控系统,有些机床局部采用液压或气动控制系统。

6. 辅助部件

辅助部件包括冷却系统、润滑系统、排屑装置、自动测量装置等。

二、夹具及其定位原理、工件的夹紧

(一)机床夹具及其分类

工件在机床上进行加工时,为了保证加工表面的加工精度,提高生产率,必须使工件在机床上相对于刀具占有正确的位置,这个过程称为定位;在工件定位后用外力将其固定,使其在加工过程中保持定位位置不变的操作叫夹紧;定位和夹紧的过程综合就是装夹。机械加工过程中,为了装夹工件,使之占据正确位置以便接受加工,从而保证加工质量的工艺装备统称为机床夹具,简称夹具。机床夹具是机械加工工艺系统的重要组成部分,它直接影响机械加工的质量、工人劳动强度、生产效率和生产成本。

1. 夹具的分类

机床夹具的种类很多,分类方法也有多种。常用的分类方法有以下几种。

1)按专门化程度分类

(1)通用夹具。通用夹具指具有较高通用性的夹具,其结构尺寸已经系列化、标准化,可以用来安装一定尺寸范围内各种工件。如车床上的三爪卡盘、四爪卡盘、铣床上的平口钳、分度头和回转工作台等。这类夹具已属于机床附件,由专业厂家生产,选购即可。通用夹具多用于加工精度要求不高、中小批量和单件生产的场合。

(2)专用夹具。专用夹具是专为某一工件的某道工序专门设计制造的夹具。它针对性强,结构紧凑,操作方便,效率高,劳动强度低,适合在产品相对固定、工艺稳定的批量生产中使用;但专用夹具制造周期较长,成本较高,不具有通用性。而且专用夹具一般由使用单位自行设计、制造。专用夹具多用于大批量生产的场合;小批量生产中,当工件加工精度较高或加工困难时也采用专用夹具。

(3)可调夹具。可调夹具是指只要对夹具的某些零部件进行更换和调整,就可加工一定范围内的工件的夹具,其结构通用性好。

(4)随行夹具。随行夹具是在自动、半自动生产线上使用的夹具。它除完成工件的定位、支承和夹紧外,还将那些形状复杂且不规则,没有良好的输送基面和定位基面的工件安装在随行夹具上,由输送带依次送到各工位机床的固定夹具上,再对随行夹具进行定位和夹紧,然后完成对工件不同工序的加工。

(5)组合夹具。组合夹具是由不同形状、不同规格的标准元件、部件,根据工件加工工艺要求组合而成的。组合夹具的标准元件、部件具有完全互换性、高耐磨性、高度的通用性,可迅速组装成所需要的夹具,而夹具一旦组装成后,其结构又是专用的,只适用于某个工件的某道工序的加工。

2)按使用的机床分类

根据所使用的机床,夹具可分为车床夹具、铣床夹具、钻床夹具、拉床夹具、齿轮加工机床夹具等。

3)按夹紧动力源分类

根据夹具所使用的夹紧动力源,夹具可分为手动夹具、电动夹具、气动夹具、液压夹具、电磁夹具、真空夹具等。

2. 夹具的作用

(1)可以稳定保证工件的加工精度。采用夹具装夹工件,工件相对于刀具及机床的位置精度由夹具保证,不受工人技术水平的影响,使一批工件的加工精度趋于一致。

(2)可以减少辅助时间,提高劳动生产率。采用夹具后,可以省去对工件的逐个找正和对刀,使辅助时间显著减少;另外,用夹具装夹工件,比较容易实现多件、多工位加工,以及使机动时间与辅助时间重合等;当采用机械化、自动化程度较高的夹具时,可进一步减少辅助时间,从而可以大大提高劳动生产率。

(3)可以扩大机床的使用范围,实现一机多能。在机床上配备专用夹具,可以使机床使用范围扩大。例如,在车床床鞍上或在摇臂钻床工作台上安放镗模后,可以进行箱体孔系的镗削加工,使车床、钻床具有镗床的功能。

(4)可以改善工人的劳动条件,降低劳动强度。

3. 夹具的组成

图 3-24(a)为钢套零件图,从图中可以看出,要在钢套上距离左端面 20 mm 处钻一个 ϕ5 mm 的通孔。图 3-24(b)为加工该孔的夹具装配图,下面以该图为例说明夹具的组成。夹具的种类繁多,结构形式各异,但一般由下列几部分组成:

(1)定位元件(包括支承元件)。定位元件指与工件定位表面相接触或配合,用以确定工件在夹具中占有准确位置的元件。如图 3-24(b)中的支承板 3 和定位心轴 5,用以定位工作面与工件的定位基准面相接触、配合或对准,起到定位作用。

(2)夹紧装置(或称夹紧机构)。夹紧装置用以夹紧工件,保证在加工过程中工件不会因切削力、惯性力等改变已定好的准确位置。如图 3-24(b)中的开口垫圈 6 和夹紧螺母 7。

(3)对刀、导引元件。对刀、导引元件用来保证刀具相对于夹具或工件之间准确位置的元件。如图 3-24(b)中的钻套 4 为导引元件。此外,铣床夹具中的对刀块称为对刀元件。

(4)夹具体。夹具体是夹具的基础件,用以安装夹具上的所有元件和装置,并将其连成一个整体。如图 3-24(b)中的铸造夹具体 1。

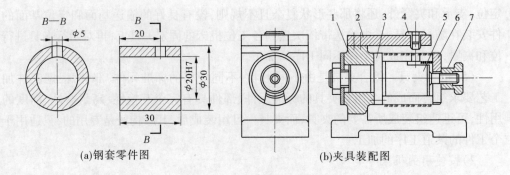

(a)钢套零件图　　　　　　　　　　　(b)夹具装配图

1—夹具体;2—钻模板;3—支承板;4—钻套;5—定位心轴;6—开口垫圈;7—夹紧螺母

图 3-24　钢套钻孔夹具

(5)连接元件或连接表面。连接元件或连接表面用来确定夹具相对于机床工作台、主轴或导轨的位置,并将夹具紧固在机床上。如图 3-24(b)中以夹具体 1 的底面为连接表面,将夹具安装在钻床工作台上,保证了钻套 4 的轴线垂直于钻床工作台以及定位心轴 5 的轴线平行于钻床工作台;车床夹具上的过渡盘、铣床夹具上的定位键是连接元件。

(6)其他元件及装置。为了满足加工的各种要求,夹具上有时还设有分度装置、吊装装置等。

（二）工件的定位原理

1.六点定位原理

工件在夹具中定位的实质就是解决工件相对于夹具应占有的准确几何位置问题。在定位前,工件相对于夹具的位置是不确定的。

任一个在空间处于自由状态的工件,在空间直角坐标系中有六个独立活动的可能性。其中有三个是沿坐标轴方向的移动,另三个是绕坐标轴的转动,这种独立活动的可能性称为自由度,活动可能性的个数就是自由度的数目。

由此可知,一个在空间可自由活动的工件在空间坐标系中有六个自由度,如图 3-25 所示,其中有三个是沿三个坐标轴方向移动的自由度,分别用符号 $\vec{x}$、$\vec{y}$ 和 $\vec{z}$ 表示;另三个是绕三个坐标轴转动的自由度,分别用 $\hat{x}$、$\hat{y}$ 和 $\hat{z}$ 表示,这就是工件在空间的六个自由度。

要使工件在某一方向具有确定的位置,就必须在该方向上对工件施加约束。当工件的六个自由度均被限制后,工件在空间的位置就唯一地被确定下来了。而每个自由度可以用相应的支承点来加以限制。对于图 3-25 所示的工件,如果按图 3-26 布置六个承点,工件的三个面分别与这些点保持接触,工件的六个自由度就都被限制了。这些用来限制工件自由度的支承点,称为定位支承点。

用合理分布的六个定位支承点限制工件的六个自由度,使工件在空间的位置完全被确定下来,这就是工件的六点定位原理。

工件的定位应使工件在空间相对于机床占有某一正确的位置,这个正确位置是根据工件的加工要求确定的。为了达到某一工序的加工要求,有时不一定要完全限制工件的六个自由度。例如,在图 3-27 所示工件上铣一个通槽,其加工要求为:①槽底到工件底面 A 的尺寸为 a_{-Ta}^{0},并要求槽底与工件底面 A 平行;②槽侧面到工件侧面 B 的尺寸为 b_{-Tb}^{0},

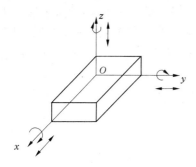

图 3-25　工件在空间的六个自由度

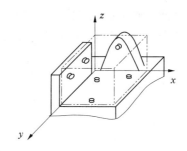

图 3-26　工件的六点定位

并要求槽侧面与侧面 B 平行。为保证要求①,工件的底面 A 应放置在与铣床工作台面相平行的平面上定位,三点可以决定一个平面,这就相当于在工件的底面 A 上设置了三个支承点,它限制了工件 $\vec{z}$、$\hat{x}$、$\hat{y}$ 三个自由度;为保证要求②,工件的侧面 B 应紧靠与铣床工作台纵向进给方向相平行的某一直线,两点可以决定一条直线,这就相当于让工件侧面靠在两个支承点上,它限制了工件 $\vec{x}$ 和 $\hat{z}$ 两个自由度。限制了上述 $\vec{x}$、$\vec{z}$、$\hat{x}$、$\hat{y}$、$\hat{z}$ 五个自由度,就可以保证工件的加工要求,工件沿 y 方向的 $\vec{y}$ 可以不加限制。因此,工件在机床夹具上定位究竟需要限制哪几个自由度,可根据工序的加工要求确定。

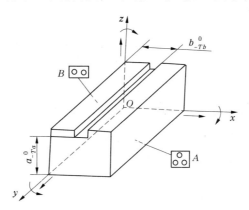

图 3-27　工件的定位分析

能满足槽侧面须与工件侧面 B 平行的要求,欠定位的情况是不允许的。工件定位是通过定位元件来实现的,在选择定位元件时,原则上不允许出现几个定位元件同时限制工件某一自由度的情况。几个定位元件重复限制工件某一自由度的定位现象,称为过定位。例如,在滚齿机上加工齿轮时,工件是以孔和它的一个端面作为定位基面装夹在滚齿机心轴 1 和支承凸台 3 上的,如图 3-28(a)所示,心轴 1 限制了工件的 $\vec{x}$、$\vec{y}$、$\hat{x}$、$\hat{y}$ 四个自由度,支承凸台 3 限制了工件的 $\vec{z}$、$\hat{x}$、$\hat{y}$ 三个自由度,心轴 1 和支承凸台 3 同时重复限制了工件的 $\hat{x}$、$\hat{y}$ 两个自由度,出现了过定位现象。一般说,滚齿机心轴轴线与支承凸台平面的垂直度误差是很小的,而被加工工件孔中心线与端面的垂直度误差则较大;工件以内孔定位装在滚齿机心轴 1 中并用螺帽 7 将工件 4 压紧在支承凸台 3 上后,会使机床心轴产生弯曲变形或使工件产生翘曲变形,如图 3-28(b)所示。出现过定位情况,通常会使加工误差增大。在研究确定定位方案时,原则上不允许出现某一自由度重复限制的情况;只有在需要增强工件系统的刚度而各定位面间又具有较高位置精度的条件下才允许采用过定位方案。

对于图 3-28 所示的过定位定位方式,为减少因过定位而引起的心轴弯曲或工件翘曲误差,通常要求定位孔与定位端面应相互垂直。

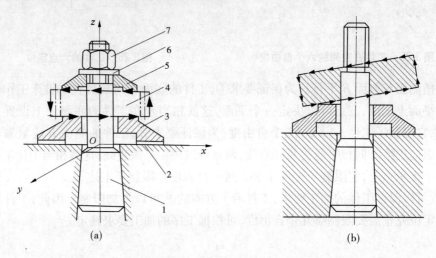

1—心轴;2—工作台;3—支承凸台;4—工件;5—压块;6—垫圈;7—压紧螺帽

图 3-28　过定位分析示例

归纳以上的分析,在夹具设计中分析工件定位问题时必须遵循以下几点:

(1)工件在夹具中的定位,可以转化成在空间直角坐标系中,用定位支承点限制工件自由度的方式来分析。

(2)工件在定位时应该采取的定位支承点数目,或者说,工件在定位时应该被限制的自由度数目,由工件在该工序的加工技术要求确定。

(3)一个定位支承点只能限制工件一个自由度,因此工件在夹具中定位时,所有定位支承点的数目不应多于六个。

(4)每个支承点所限制的自由度,原则上不允许重复或互相矛盾。

(三)工件的夹紧

1. 对夹紧装置的要求

(1)夹紧过程不得破坏工件在夹具中占有的定位位置。

(2)夹紧力要适当,既要保证工件在加工过程中定位的稳定性,又要防止因夹紧力过大损伤工件表面或使工件产生过大的夹紧变形。

(3)操作安全、省力。

(4)结构应尽量简单,便于制造、维修。

2. 夹紧力的确定

设计夹紧机构时必须首先合理确定夹紧力的三要素:大小、方向、作用点。

1)夹紧力的大小

估算夹紧力的大小是一件十分重要的工作。夹紧力过大会增大工件的夹紧变形;夹紧力过小工件夹不紧,加工中工件的定位位置将被破坏,而且容易引发安全事故。在确定夹紧力时,可将夹具和工件看成一个整体,根据工件在切削力、夹紧力、重力和惯性力等作用下处于静力平衡状态,列出静力平衡方程式,即可求得夹紧力。为使夹紧可靠,应再乘以安全系数 K,一般粗加工时取 $K = 2 \sim 3$,精加工时取 $K = 1.5 \sim 2$。

2)夹紧力作用方向的选择

(1)夹紧力的作用方向应垂直于工件的主要定位基面。图 3-29 所示镗孔工序要求保证孔轴线与 A 面垂直,夹紧力方向应与 A 面垂直。图 3-29(a)所选夹紧力作用方向正确;图 3-29(b)所选夹紧力作用方向不正确。

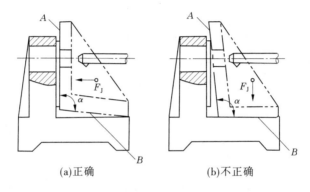

(a)正确　　　　　　　(b)不正确

图 3-29　夹紧力垂直于工件的主要定位基面

(2)夹紧力的作用方向应尽量与工件刚度最大的方向一致。夹紧应使工件变形尽可能小。由于工件不同方向上的刚度不一致,不同的受力面也会因其面积不同而变形各异,夹紧薄壁工件时,尤应注意这种情况。图 3-30 列出了加工薄壁套筒的两种夹紧方式。用图 3-30(a)所示径向夹紧方式,由于工件径向刚度小,工件的夹紧变形大;用图 3-30(b)所示轴向夹紧方式,由于工件轴向刚度大,夹紧变形相对较小。

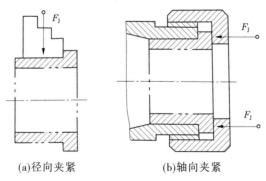

(a)径向夹紧　　　　　(b)轴向夹紧

图 3-30　夹紧力与工件刚度最大的方向一致

(3)夹紧力作用方向应尽量与工件的切削力、重力等方向一致,这样可以减小夹紧力。

3）夹紧力作用点的选择

（1）夹紧力的作用点应正对支承元件或位于几个支承元件所形成的支承面内。图 3-31（a）所示夹具的夹紧力作用点就违背了这项原则，夹紧力作用点不是正对支承元件，使工件发生翻转，破坏了工件的定位位置，因而不合理；图 3-31（b）则是合理的。

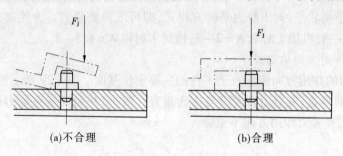

(a)不合理   (b)合理

图 3-31　夹紧力作用点正对支承元件

（2）夹紧力的作用点应落在工件刚性较好的部位。图 3-32（a）中夹紧力集中作用在工件中部时，此处工件刚性较小，工件变形大，不合理；图 3-32（b）中夹紧力作用在工件外缘处的两点时，此处工件刚性大，工件变形大大减小，夹紧也更可靠，合理。

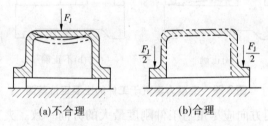

(a)不合理   (b)合理

图 3-32　夹紧力的作用点落在工件刚性较好的部位

（3）夹紧力作用点应尽量靠近加工表面。在图 3-33 所示两种插齿加工工件装夹方案中，图 3-33（a）夹紧力的作用点离工件加工面远，切削力对夹紧点产生的力矩较大，容易引起工件振动，不合理；图 3-33（b）增大了压板直径，夹紧力作用点靠近了加工面，力臂变短，产生的力矩较小，振动小，夹紧稳固可靠。

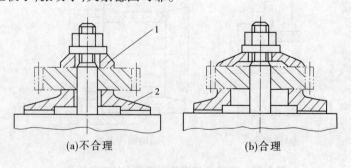

(a)不合理   (b)合理

1—压盖；2—基底

图 3-33　夹紧力作用点靠近加工表面

任务三　车削加工

学习目标：

1. 了解车床的类型、组成及加工范围,熟悉 CA6140 车床传动系统。

2. 了解车刀的种类、结构及用途。

一、车床及其组成

车削是以工件旋转为主运动、车刀移动为进给运动的切削加工方法。车削的切削运动在车床上完成的。

(一)车床的类型

车床的种类很多,按用途和结构不同可分为卧式车床、立式车床、转塔车床、仿型车床、自动及半自动车床、各种专门化车床和大批量生产用的专用车床,如凸轮轴车床、曲轴车床、铲齿车床等。

(二)车床的组成

卧式车床是应用最普遍的一种车床,它的工艺范围广,加工尺寸范围大。下面仅以 CA6140 卧式车床为例介绍车床的主要组成部件及功用,如图 3-34 所示。

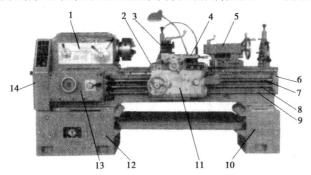

1—主轴箱；2—大拖板；3—刀架；4—小拖板；5—尾座；6—床身；
7—丝杠；8—光杠；9—操纵杆；10—右床腿；11—溜板箱；
12—左床腿；13—进给箱；14—挂轮变速机构

图 3-34　CA6140 卧式车床

(1)主轴箱。又称为主轴变速箱,内装变速机构和主轴,主轴箱的正面有变速操作手柄。电动机的运动经带轮传到主轴箱,通过变速手柄的操作,可改变变速机构的传动路线,使主轴获得加工时所需的不同转速。

(2)刀架。刀架用于安装车刀,它有 4 个装刀位置,松开刀架上的锁紧手柄后,可调整刀架的位置与角度。

(3)尾座。尾座安装在车床导轨上。松开尾座上的锁紧螺母或锁紧机构后,可推动尾座沿导轨纵向移动;旋转尾座上的调节螺钉,可使尾座相对于导轨做横向偏置移动,用于调整尾座的横向位置。尾座套筒内孔有锥度,可安装顶尖或用钻夹头或锥套安装钻头、铰刀等。

(4)床身。床身用于连接车床上的各个主要部件。床身上有导轨,用于引导大拖板和尾座移动。

(5)丝杠、光杠。丝杠和光杠将进给箱的运动传给溜板箱。光杠用于自动走刀,丝杠用于车螺纹。

(6)操纵杆。操纵杆上的手柄用来操作车床的正、反转与停车。

(7)进给箱。进给箱内装有进给变速机构,通过改变进给箱上手柄的位置,可使丝杠及光杠得到不同的转速,从而使车刀的移动获得不同的进给量或螺距。

(8)溜板箱。溜板箱可把光杠或丝杠的运动传给刀架。关闭横向或纵向自动进给手柄,可将光杠的运动传到进给丝杠上,实现横向或纵向的自动进给;关闭开合螺母手柄,可接通丝杠,实现螺纹加工。自动进给手柄和开合螺母手柄是互锁的,不能同时关闭。溜板箱上装有手轮,转动手轮可带动大拖板沿导轨移动。

(9)挂轮变速机构。挂轮变速机构在主轴箱的左侧,内有交换齿轮架和交换齿轮,主轴箱的运动通过挂轮变速机构传到进给箱。

(10)大拖板。大拖板与溜板箱相连,可带动车刀沿床身上的导轨做纵向移动。

(11)中拖板。中拖板与大拖板相连,可带动车刀沿大拖板上的导轨做横向移动。

(12)转盘。转盘与中拖板相连,松开前后的 2 个锁紧螺母,可将小拖板扳转一定角度,转盘上有指示扳转角度大小的刻度。

(13)小拖板。小拖板又称小刀架,用转盘与中拖板相连,可沿转盘上的导轨做短距离的移动。当转盘扳转一定角度时,转动小拖板上的刻度盘手柄可带动车刀做斜向的移动。小拖板常用于纵向微量进给和车削锥度。

(14)床腿。床腿用于支承床身,并与地基相连。

(三)CA6140 车床传动系统简介

车削加工过程中,车床通过工件的主运动和车刀的进给运动相配合来完成对工件的加工。其运动传动系统如图 3-35 所示。

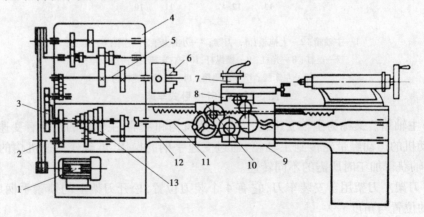

图 3-35 CA6140 车床传动系统

主运动:电动机 1→皮带 2→主轴变速箱 4→主轴 5→卡盘 6→工件旋转。

进给运动:电动机 1→皮带 2→主轴变速箱 4→挂轮变速机构 3→进给箱 13→丝杠 11 或光杠 12→溜板箱 9→大拖板 10→中拖板 8→刀架 7→车刀运动。

二、车床的加工范围及车刀

(一)车床加工的范围

车床可以进行车内外圆(圆柱、圆锥)、车端面、车孔(圆柱孔、圆锥孔)、车槽、车内外螺纹以及车成形面等加工;此外,还可以完成钻孔、铰孔、丝锥攻螺纹、板牙套螺纹、滚花等加工。图 3-36 所列为车床的主要加工内容。

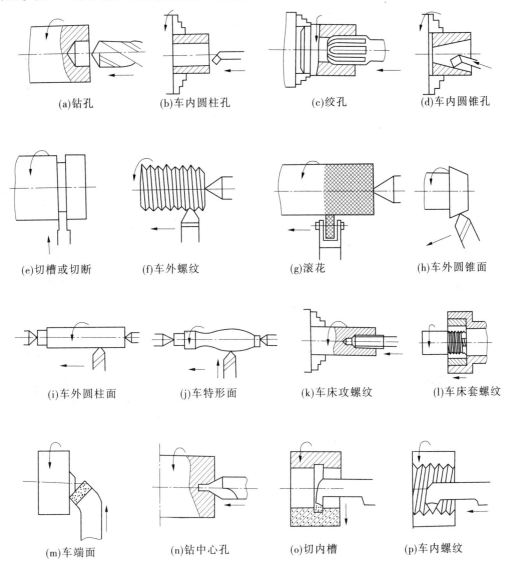

(a)钻孔 　　(b)车内圆柱孔 　　(c)铰孔 　　(d)车内圆锥孔

(e)切槽或切断 　　(f)车外螺纹 　　(g)滚花 　　(h)车外圆锥面

(i)车外圆柱面 　　(j)车特形面 　　(k)车床攻螺纹 　　(l)车床套螺纹

(m)车端面 　　(n)钻中心孔 　　(o)切内槽 　　(p)车内螺纹

图 3-36　车床的主要加工内容

（二）车刀

根据工件和机床的不同,所选刀具的类型、结构、材料等都不相同。刀具种类很多,按加工方式分为车刀、铣刀、钻头、铰刀、镗刀、拉刀及螺纹刀等。车刀是金属切削加工中应用最为广泛的刀具之一,常用车刀的种类及用途如图 3-37 所示。

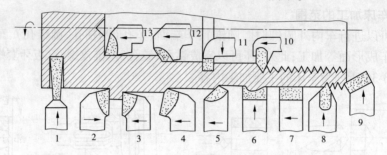

1—切断刀；2—90°左偏外圆车刀；3—90°右偏外圆车刀；4—45°弯头外圆车刀；
5—直头外圆车刀；6—成形车刀；7—宽刃精车刀；8—外螺纹车刀；9—端面车刀；
10—内螺纹车刀；11—内槽车刀；12—通孔车刀；13—盲孔车刀

图 3-37　常用车刀的种类及用途

按不同的分类方式,车刀可分为:

（1）按用途不同可分为外圆车刀、端面车刀、镗孔车刀、切断车刀、螺纹车刀和成形车刀等。

（2）按形状不同可分为直头车刀、弯头车刀、尖刀、圆弧车刀、左偏刀和右偏刀等。

（3）按结构不同可分为整体式、焊接式、机夹重磨式和机夹可转位式(又称机夹不重磨式)车刀等。可转位式车刀刀片形状如图 3-38 所示。

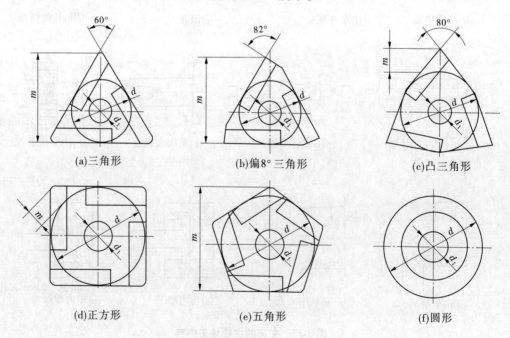

(a)三角形　　　　　　　(b)偏8°三角形　　　　　　(c)凸三角形

(d)正方形　　　　　　　(e)五角形　　　　　　　　(f)圆形

图 3-38　机夹可转位式车刀刀片形状

三、加工阶段

当零件的加工质量要求较高时,往往不可能用一道工序来满足其加工要求,而要用几道工序逐步达到所要求的加工质量。为保证加工质量和合理地使用加工设备、刀具、人力,车削的加工阶段一般分粗车、半精车、精车及精细车四个阶段。

(一)粗车

车削加工是外圆粗加工最经济有效的方法。粗车的目的主要是迅速地从毛坯上切除多余的金属,因此提高生产率是其主要任务。

粗车通常采用尽可能大的切削深度和进给量来提高生产率。而为了保证必要的刀具寿命,切削速度通常较低。粗车时,车刀应选取较大的主偏角,以减小背向力,防止工件的弯曲变形和振动;选取较小的前角、后角和负的刃倾角,以增强车刀切削部分的强度。粗车所能达到的加工精度为 IT12 ~ IT11,表面粗糙度 Ra 值为 50 ~ 12.5 μm。

(二)半精车

半精车在粗车的基础上进行,其背吃刀量和进给量均较粗车时小,进一步提高外圆表面的尺寸精度、形状和位置精度及表面质量。半精车可作为中等精度外圆表面的终加工,也可作为高精度外圆表面或精车前的预加工。半精车尺寸精度可达 IT11 ~ IT10,表面粗糙度 Ra 为 10 ~ 2.5 μm。

(三)精车

精车的主要任务是保证零件所要求的加工精度和表面质量。精车外圆表面一般采用较小的切削深度、进给量和较高的切削速度进行加工。在加工大型轴类零件外圆时,则常采用宽刃车刀低速精车。精车时车刀应选用较大的前角、后角和正的刃倾角,以提高加工表面质量。精车可作为较高精度外圆的最终加工或作为精细加工的预加工。精车的加工精度可达 IT8 ~ IT6,表面粗糙度 Ra 值为 1.6 ~ 0.8 μm。

(四)精细车

精细车的特点是:切削深度和进给量取值极小,切削速度高达 150 ~ 2 000 m/min。精细车一般采用立方氮化硼、金刚石等超硬材料刀具进行加工,所用机床也必须是主轴能做高速回转、并具有很高刚度的高精度或精密机床。精细车的加工精度及表面粗糙度与普通外圆磨削大体相当,加工精度可达 IT6 以上,表面粗糙度 Ra 值可达 0.4 ~ 0.005 μm。多用于磨削加工性能不好的有色金属工件的精密加工,对于容易堵塞砂轮气孔的铝及铝合金等工件,精细车更为有效。在加工大型精密外圆表面时,精细车可以代替磨削加工。

四、车削的工艺特点

车削加工工艺主要有以下工艺特点:

(1)易于保证工件各加工面的位置精度。车削时,工件绕某固定轴线回转,各个表面具有统一的回转轴线,故易于保证加工表面的同轴度要求。

(2)切削过程较平稳。一般情况下车削过程是连续进行的,并且当刀具几何形状以及背吃刀量和进给量一定时,切削层的截面尺寸稳定不变,切削力基本不变,故切削过程比铣削、刨削稳定。另外,车削允许采用较大的切削用量,进行高速切削或强力切削,有利于生产率的提高。

（3）适于有色金属和某些低碳不锈钢零件的精加工。对有些不宜采用磨削加工的有色金属和低碳不锈钢零件，可以采用车削加工的方法进行精加工。在精细加工时，加工精度可达 IT6 ~ IT5 以上，表面粗糙度 Ra 值可达 0.4 ~ 0.1 μm。

（4）刀具简单。车刀是机床刀具中最简单的一种刀具，制造、刃磨和安装都比较方便。

■ 任务四　铣削加工

🔧 **学习目标：**

1. 了解铣床的分类、组成及其加工范围。
2. 了解铣刀的种类及用途。
3. 熟悉铣平面的铣削方式、工艺特征及应用范围。

一、铣床及其组成

铣削加工是在铣床上进行的，所用刀具为铣刀。铣床可以用来加工各种平面、沟槽、齿槽、螺旋面、成形面等。铣床的主要类型有卧式万能升降台铣床、立式升降台铣床、龙门铣床等。

（一）卧式万能升降台铣床

卧式万能升降台铣床的主轴是卧式布置的，简称卧铣，如图 3-39 所示。它比立式升降台铣床多了转台部分，主要由下面几个部分组成：

（1）床身。它用来支承和连接铣床的各部件。床身顶面有供横梁移动的燕尾形水平导轨；前壁的燕尾形垂直导轨供升降台上下移动用。床身的后面装有电动机，内部装有主轴箱、主轴、电气装置和润滑油泵等部件。

1—床身；2—主轴；3—横梁；4—刀轴支架；
5—工作台；6—滑座；7—升降台；8—底座
图 3-39　卧式万能升降台铣床

（2）主轴。它是空心的，前端有锥孔，用来安装刀杆，并带动铣刀旋转。

（3）横梁。横梁上装有刀轴支架，用以支持刀杆的外伸端，以减少刀杆的弯曲和振动，根据刀杆的长度可以调整刀轴支架的位置或横梁伸出长度。若将横梁移至床身后端，则可在主轴头部装立铣头，作为立式铣床用。

（4）刀轴支架。安装刀具，下方安装刀具，装夹刀轴。

（5）工作台。工作台用于安装工件和夹具。台面上有 T 形槽，槽内放入螺栓，可紧固工件或夹具。台面下部有一根传动丝杠，通过它使工作台带动工件做纵向进给运动。工作台的前侧面有一条 T 形槽,用来固定与调整挡铁的位置,以便实现机床的半自动操作。

(6)滑座。用于带动工作台在升降台的水平导轨上做横向移动,以调整工件与铣刀的横向位置。

(7)升降台。用于支承和安装横向溜板、转台和工作台,并带动它们沿床身的垂直导轨上下移动,以调整台面与铣刀间的距离。升降台内部装有进给运动电动机及传动系统。

(8)底座。它是铣床的基础部件,用以连接固定床身及升降丝杠座,并支承其上的全部质量。底座内可存放切削液。

万能升降台铣床可以手动或机动做纵向(或斜向)、横向和垂直方向的运动,工作台在三个方向的空行程中均可快速移动,以提高生产率。

(二)立式升降台铣床

立式升降台铣床的主轴是立式布置的,简称立铣,如图 3-40 所示。它与卧式万能升降台铣床的主要区别是主轴垂直于工作台,立铣头还可在垂直平面内偏转一定角度,从而扩大了铣床的加工范围,其他部分与卧式万能升降台铣床相似。

加工中小型工件多用卧式万能升降台铣床或立式升降台铣床。加工大中型工件时可用工作台不升降式铣床,这类铣床与升降台式铣床相近,只不过垂直方向的进给运动不是由工作台升降来实现的,而是由装在立柱上的铣削头来完成的,如图 3-41 所示。

1—立铣头;2—主轴;3—工作台

图 3-40 立式升降台铣床

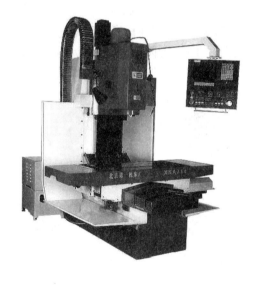

图 3-41 工作台不升降式铣床

(三)龙门铣床

如图 3-42 所示,龙门铣床有一个龙门式框架,两个垂直铣头 4、8 能沿横梁左右移动,两个水平铣头 2、9 可沿立柱导轨上下移动,每个铣削头都能沿轴向进行调整,并可按需要转动一定角度。横梁可沿立柱导轨上下移动。龙门铣床适于加工大型工件或同时加工多个中小型工件。

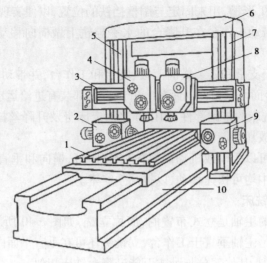

1—工作台；2、9—水平铣头；3—横梁；4、8—垂直铣头；5、7—立柱；6—顶梁；10—床身

图 3-42   龙门铣床

二、加工范围及铣刀

（一）铣削加工范围

铣削是用铣刀在铣床上完成的。铣削是平面加工的主要加工方法之一，它可以用来加工各种平面、台阶面、沟槽、成形表面、螺纹和齿形等，还可以用来切断材料及用分度头进行分度加工。铣削加工范围如图 3-43 所示。

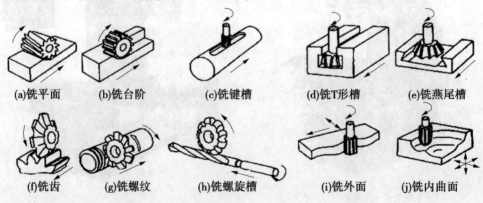

(a)铣平面   (b)铣台阶   (c)铣键槽   (d)铣T形槽   (e)铣燕尾槽

(f)铣齿   (g)铣螺纹   (h)铣螺旋槽   (i)铣外面   (j)铣内曲面

图 3-43   铣削加工范围

（二）铣刀

铣刀是多刃的旋转刀具。铣刀大体上可分为以下两大类。

1. 带柄铣刀

图 3-44（a）所示为硬质合金面铣刀，装在立式铣床上，用来加工较大平面，有极高的生产率。加工时，由分布在圆锥面或圆柱面上的主切削刃担任切削作用，而端部切削刃为副刀刃，起辅助切削作用。

图 3-44（b）所示为立铣刀,立铣刀一般由 3～4 个刀齿组成,用于铣削平面、台阶面、直槽和相互垂直的平面等。刀齿制成螺旋形,有利于切削和排屑。它包括端面切削刃通过中心和端面切削刃不通过中心两种,其中端面切削刃通过中心的立铣刀,有 1～2 个端面切削刃通过中心,可以进行轴向进给或钻浅孔,特别适合模具加工;而切削刃不通过中心的立铣刀,工作时不能沿铣刀轴线方向做进给运动。

图 3-44（c）所示为键槽铣刀,专门用于铣削轴上的键槽。与立铣刀的区别在于,刀瓣仅有两个且端面刀刃延伸到刀具中心,可使端成刀刃担任主要切削作用。刀具在加工中先做轴向进给,直接切入工件,然后沿键槽方向运动,铣出键槽全长。

图 3-44（d）所示为 T 形槽铣刀,用于铣削 T 形槽。

图 3-44（e）所示为燕尾槽铣刀,用于铣削燕尾槽。

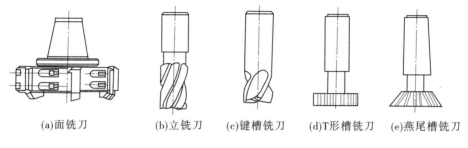

(a)面铣刀　　(b)立铣刀　(c)键槽铣刀　(d)T形槽铣刀　(e)燕尾槽铣刀

图 3-44　带柄铣刀

2. 带孔铣刀

图 3-45（a）所示为圆柱形铣刀。它一般用高速钢制成整体,切削刃分布在圆柱表面上,没有副切削刃,螺旋形的刀齿切削时是逐渐切入和脱离工件的,所以切削过程较平稳。主要用于卧式铣床上加工宽度小于铣刀长度的狭长平面。根据加工要求不同,圆柱铣刀有粗齿、细齿之分,粗齿容屑槽大,用于粗加工,细齿用于精加工。铣刀外径较大时,常制成镶齿的。

图 3-45（b）所示为三面刃铣刀,刀具两侧面均有切削刃,由于直齿刀刃在齿全宽上同时参加切削,切削力波动大。为增加切削平稳性,增加错齿结构,如图 3-45（c）所示。这种刀具用于铣削开式直槽、小台阶面和四方或六方螺钉头小侧面。

图 3-45（d）所示为锯片铣刀,用于铣削窄缝或切断。

图 3-45（e）所示为角度铣刀,用于铣削沟槽、开齿、刻线。铣刀刀齿分布在圆锥面上,刀齿长度不能太长,否则影响排屑。

图 3-45（f）、（g）所示为半圆弧铣刀,用于铣削内凹、外凸圆弧表面。

图 3-45（h）所示为盘状模数铣刀,用于铣削齿轮的齿形。

三、铣削方式

铣平面有周铣和端铣两种方式,如图 3-46 所示。

（一）周铣

周铣是指用分布在铣刀圆柱面上的刀齿进行铣削的方法。

按照铣平面时主运动方向与进给运动方向的相对关系,周铣可分为顺铣和逆铣两种。工件进给方向与铣刀的旋转方向相同称为顺铣[见图 3-47（a）];工件进给方向与铣刀的

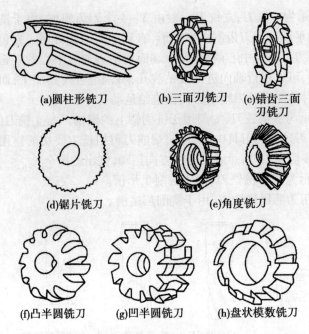

(a)圆柱形铣刀　　　(b)三面刃铣刀　　　(c)错齿三面
　　　　　　　　　　　　　　　　　　　　　　刃铣刀

(d)锯片铣刀　　　　　　　　　(e)角度铣刀

(f)凸半圆铣刀　　(g)凹半圆铣刀　　(h)盘状模数铣刀

图 3-45　常用的带孔铣刀

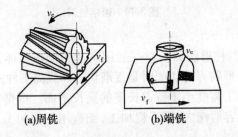

(a)周铣　　　　　　　　　(b)端铣

图 3-46　铣平面

旋转方向相反称为逆铣[见图 3-47(b)]。顺铣和逆铣各有特点,应根据加工的具体条件合理选择。

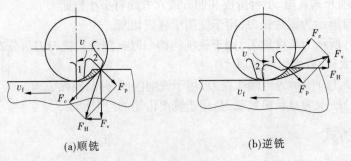

(a)顺铣　　　　　　　　　　　　　(b)逆铣

图 3-47　顺铣与逆铣

　　逆铣时,每个刀齿的切削厚度是从零逐渐增大,开始切削阶段刀齿在工件表面挤压、打滑,恶化了表面质量,使刀齿易磨损。而顺铣时,刀齿从最大切削厚度开始切削,避免了打滑现象,可获得较好的表面质量,当工件表面无硬皮时也提高了刀具的使用寿命。

逆铣时,工件承受的水平铣削力 F_H 与进给速度 v_f 的方向相反[见图 3-47(b)],铣床工作台丝杠始终与螺母接触,如图 3-48(a)所示。顺铣时,工件承受的水平铣削力 F_H 与进给速度 v_f 的方向相同[见图 3-47(a)],有使传动丝杠和螺母的工作侧面脱离的趋势。因铣刀的线速度比工作台的移动速度大得多,切削力又是变化的,所以刀齿经常会将工件和工作台一起拉动一个距离,这个距离就是丝杠与螺母之间的间隙。工作台的这种突然窜动,会使切削不平稳,影响工件的表面质量,甚至打刀。因此,只有在铣床的纵向丝杠装有间隙调整机构,将间隙调整到刻度盘一小格左右且切削力不大的情况下才能使用顺铣。

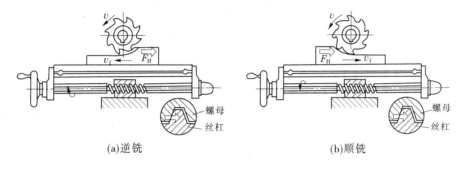

(a)逆铣　　　　　　　　　　　　(b)顺铣

图 3-48　铣削方式对丝杠和螺母间间隙的影响

一般情况下,逆铣比顺铣应用得多。精铣时,切削力较小,为了提高加工质量和刀具寿命,多采用顺铣。

(二)端铣

端铣是指用分布在铣刀端面上的刀齿进行铣削的方法。

端铣时,铣刀刀齿切入、切出工件阶段会受到很大的冲击。在刀齿切入阶段,刀齿完全切入工件的过渡时间越短,刀齿受到的冲击就越大。刀齿完全切入工件时间的长短与刀具的切入角 β 有关,切入角 β 越小,刀齿全部切入工件的过渡时间越短,刀齿受到的冲击就越大,β 趋于 0 时是最不利的情况。由图 3-49 可知,从减小刀齿切入工件时受到的冲击考虑,图 3-49(b)所示的不对称铣比图 3-49(a)所示的对称铣较为有利。

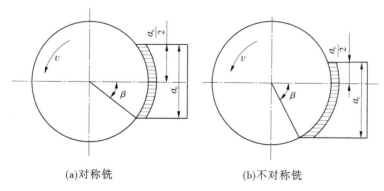

(a)对称铣　　　　　　　　　　　(b)不对称铣

图 3-49　切入角 β 的大小对端铣冲击的影响

(三)周铣与端铣的比较

(1)端铣的加工质量比周铣高。端铣同周铣相比,同时工作的刀齿数多,铣削过程平稳;端铣的切削厚度虽小,但不像周铣时切削厚度最小时可以为零,改善了刀具后刀面与工件的摩擦状况,提高了刀具耐用度,减小了表面粗糙度值;端铣刀的修光刃可修光已加工表面,使表面粗糙度值减小。

(2)端铣的生产效率比周铣高。端铣时端铣刀一般直接安装在铣床的主轴端部,刀具系统刚性好,同时刀齿可镶硬质合金刀片,易于采用大的切削用量进行强力切削和高速切削,生产率得到提高。

(3)端铣的适应性比周铣差。端铣一般只用于铣平面,而周铣可采用多种形式的铣刀加工平面、沟槽和成形面等,因此周铣的适应性强,生产中仍常用。

四、铣削的工艺特点

铣削加工有以下几个工艺特点:

(1)生产效率高。铣刀是典型的多齿刀具,铣削时有几个刀齿同时参入切削,总的切削宽度大。铣削时的主运动是铣刀的旋转,有利于采用高速铣削,故其生产效率一般比刨削高。

(2)刀齿散热条件较好。铣削属于断续加工,刀齿可以轮换切削,刀齿在切出工件的一段时间内,可以得到一定的冷却,因而刀具的散热条件好。但是切入和切出时热和力的突变会加速对刀具的磨损,甚至会导致硬质合金刀片的碎裂。

(3)铣削过程不平稳。铣削是断续切削过程,刀齿切入切出时受到的机械冲击很大,易引起振动;铣削时每个刀齿的切削厚度在变化,会引起切削面积的变化,造成铣削过程不平稳,容易产生振动。铣削过程的不平稳性,限制了铣削加工质量和生产率的进一步提高。

■ 任务五　钻削与镗削加工

🛠 学习目标:

1.了解钻床、镗床的种类、用途。

2.熟悉钻孔、扩孔、铰孔、锪孔、镗孔所采用的刀具的种类、结构及用途。

一、钻削加工

钻孔是在实体材料上加工孔的第一个工序,钻孔直径一般小于 80 mm。钻孔加工有两种方式:一种是工件固定不动,钻头既旋转做主运动,又同时沿轴向移动做进给运动,例如在钻床、镗床上钻孔,如图 3-50(a)所示;另一种是工件旋转,钻头沿轴向移动做进给运动,例如在车床上

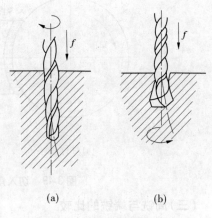

(a)　　　　(b)

图 3-50　两种不同的钻孔方式

加工孔,如图 3-50(b)所示。

上述两种钻孔产生的误差是不同的。在钻头旋转的钻孔方式中,由于切削刃不对称和钻头刚性不足而使钻头引偏时,被加工孔的中心线会发生偏斜或不直,但孔径基本不变;而在工件旋转的钻孔方式中则相反,钻头引偏会引起孔径变化,而孔中心线仍是直的。

开始钻孔时,先对准样冲试钻一个浅坑,检查是否对中,如有误,可用样冲重新冲孔纠正,也可用錾子錾出几条槽来加以纠正。

(一)钻床

钻床是一种孔加工机床,可以进行钻孔、扩孔、铰孔、锪孔、攻螺纹等,如图 3-51 所示。

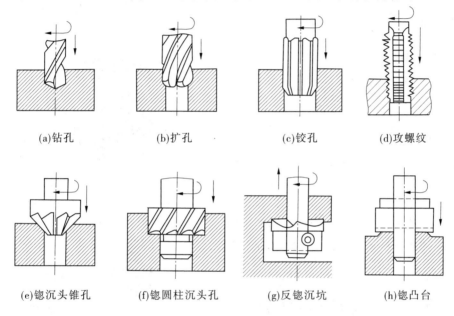

(a)钻孔　　　　(b)扩孔　　　　(c)铰孔　　　　(d)攻螺纹

(e)锪沉头锥孔　　(f)锪圆柱沉头孔　　(g)反锪沉坑　　(h)锪凸台

图 3-51　钻床加工内容

钻床的主要类型有台式钻床、立式钻床和摇臂钻床等。

图 3-52 为台式钻床的外形,适于加工小型零件上的孔,其最大钻孔直径为 13 mm。如台式钻床 Z512,其主参数为最大钻孔直径 12 mm。

图 3-53 为立式钻床的外形。刀具安装在主轴的锥孔内,由主轴带动做旋转主运动,主轴套筒可以手动或机动做轴向进给。工作台可沿立柱上的导轨做调位运动。工件用工作台上的虎钳夹紧,或用压板直接固定在工作台上加工。立式钻床的主轴中心线是固定的,必须移动工件使被加工孔的中心线与主轴中心线对准。所以,立式钻床只适于单件、小批量生产中加工中小型工件。立式钻床比台式钻床刚性好、功率大,典型的立式钻床如Z535,其主参数为最大钻孔直径 35 mm。

图 3-54 所示摇臂钻床的外形。摇臂钻床的摇臂能绕立柱做 360° 回转,也能沿立柱上下移动,以便于加工不同高度的工件,因此在加工中不必移动工件就可在大范围内钻孔。主轴箱是用来控制主轴的旋转及主轴套筒的轴向进给运动(如开停、变速、换向、制动机构等)的。主轴箱能在摇臂的导轨上做径向移动,使主轴与工件孔中心对正。位置调好后,摇臂与外立柱、主轴箱与摇臂间的位置需要分别用夹紧装置固定下来。摇臂钻床适于

加工笨重的大中型工件和多孔工件,其最大钻孔直径为 80 mm。典型的摇臂钻床如 Z3040,其主参数为最大钻孔直径40 mm。

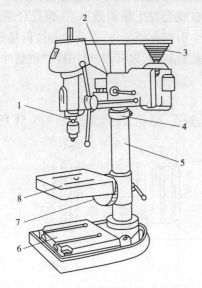

1—主轴;2—头架;3—塔形带轮;4—保险环;
5—立柱;6—底座;7—转盘;8—工作台

图 3-52　台式钻床

1—主轴箱;2—手柄;3—钻头;
4—立柱;5—工作台;6—底座

图 3-53　立式钻床

(二)钻孔刀具

孔加工刀具种类很多,按其用途不同可分为两大类:一类是在实心材料上加工孔的刀具,如麻花钻、中心钻、扁钻、深孔钻等;另一类是对工件上已有孔进行再加工的刀具,如扩孔钻、锪钻、铰刀和镗刀等。

常用的钻孔刀具有麻花钻、中心钻、深孔钻等。其中最常用的是麻花钻,其直径规格为 $\phi 0.1 \sim 80$ mm。标准麻花钻用高速钢制成,其结构如图 3-55 所示,其柄部是钻头的夹持部分,并用来传递扭矩;钻头柄部有直柄与锥柄两种,前者用于小直径钻头,后者用于大直径钻头。工作部分由导向部分和切削部分组成,导向部分包括两条对称的螺旋槽和较窄的刃带。螺旋槽的作用是形成切削刃,并且起排屑和输送切削冷却液作用;刃带与工件孔壁接触,起导向和修光孔壁的作用。切削部分担负着主要切削工作。

1—底座;2—外主柱;3—内立柱;4—摇臂升降丝杠;
5—主轴箱;6—摇臂;7—主轴;8—工作台

图 3-54　摇臂钻床

麻花钻的工作部分有两个对称的刃瓣,两个刃瓣可以看作两把对称的车刀,如图 3-56 所示,其切削部分的构成为:

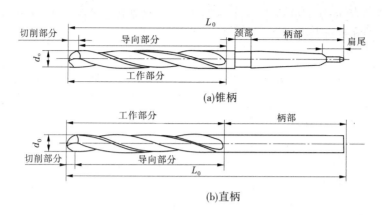

(a)锥柄

(b)直柄

图 3-55　标准麻花钻的结构

（1）前刀面:螺旋槽的螺旋面。

（2）主后刀面:与工件过渡表面(孔底)相对的端部两曲面。

（3）副后刀面:与工件的加工表面(孔壁)相对的两条刃带。

（4）主切削刃:螺旋槽与主后刀面的两条交线。

（5）副切削刃:刃带与螺旋槽的两条交线。

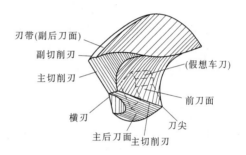

图 3-56　麻花钻的切削部分

（6）横刃:两主后刀面在钻芯处的交线。

切削刃承担切削工作,其夹角为 118°;横刃起辅助切削和定心作用,但会大大增加钻削时的轴向力;为了减少与加工孔壁的摩擦刃带直径磨有的倒锥量,形成副偏角 κ_{r}'。

（三）钻孔工艺特点

1.容易产生引偏

引偏是指加工时由于钻头弯曲而引起的孔径扩大、孔不圆或孔的轴线歪斜等。在实际加工中,常采用以下措施来减少引偏:

（1）预钻锥形定心坑。首先用中心钻预先钻一个锥形坑,然后用所需的钻头钻孔。由于预钻时钻头刚性好,锥形坑不易偏,以后再用所需的钻头钻孔时,这个坑就可以起定心作用。

（2）用钻套为钻头导向,这样可以减少钻孔开始时的引偏,特别是在斜面或曲面上钻孔时,更为必要。

（3）刃磨时,应尽量把钻头的两个主切削刃磨得对称一致,使两主切削刃的径向切削力互相抵消,从而减少钻头的引偏。

2.排屑困难

钻孔时,由于切屑较宽,容屑槽尺寸又受到限制,因而在排屑过程中,往往与孔壁发生较大的摩擦,挤压、拉毛和刮伤已加工表面,降低表面质量。有时切屑可能阻塞在钻头的容屑槽里,卡死钻头,甚至将钻头扭断。为了改善排屑条件,钻钢料工件时,可在钻头上修磨出分屑槽,将宽的切屑分成窄条,以利于排屑。当钻深孔(长径比 $L/D > 5 \sim 10$)时,应采用合适的深孔钻进行加工。

3. 切削热不易传散

由于钻削是一种半封闭式的切削,钻削时,大量高温切屑不能及时排出,切削液难以注入到切削区,切屑、刀具与工件之间的摩擦很大。因此,切削温度较高,致使刀具磨损加剧,这就限制了钻削用量和生产率的提高。

(四)扩孔

扩孔是使用扩孔刀将已加工孔、铸孔或锻孔直径扩大的加工过程,如图 3-57 所示。扩孔钻与麻花钻相似,但刀齿数较多,一般有 3 ~ 4 个,故导向性好,切削平稳;由于扩孔余量较小,容屑槽较浅,刀体强度和刚性较好;扩孔钻没有横刃,改善了切削条件。因此,大大提高了切削效率和加工质量。

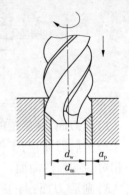

图 3-57 扩孔

扩孔钻的主要类型有高速整体式、镶齿套式及硬质合金可转位式等,如图 3-58 所示。整体式扩孔钻的扩孔范围为 $\phi 10 \sim 32$ mm;套式扩孔钻的扩孔范围为 $\phi 25 \sim 80$ mm。扩孔常用于直径小于 100 mm 的孔的加工。在钻直径较大的孔($D \geqslant 30$ mm)时,常先用小钻头(0.5 ~ 0.7 倍相应尺寸)预钻孔,然后用相应尺寸的扩孔钻扩孔,这样可以提高孔的加工质量和生产效率。

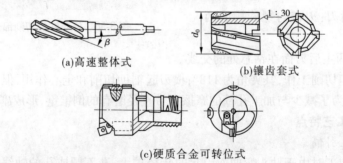

(a)高速整体式   (b)镶齿套式

(c)硬质合金可转位式

图 3-58 扩孔钻

(五)锪孔

用锪孔钻在孔口表面加工出一定形状的孔或表面,称为锪孔。锪孔的类型主要有锪圆柱形沉孔、锪圆锥形沉孔以及锪孔口的凸台面等。锪孔钻的前端常带有导向柱,用已加工孔导向,如图 3-59 所示。

(六)铰孔

用铰刀从工件的孔壁上切除微量金属层,以得到精度较高孔的加工方法,称为铰孔。

1. 铰刀的种类及构造

如图 3-60 所示,按使用方式不同,铰刀可分为机铰刀和手铰刀;按所铰孔的形状不同,可分为圆柱形铰刀和圆锥形铰刀;按容屑槽的形状不同,可分为直槽铰刀和螺旋槽铰刀;按结构组成不同,可分为整体式铰刀和可调式铰刀。铰刀常用高速钢(手铰刀及机铰刀)或高碳钢(手铰刀)制成。

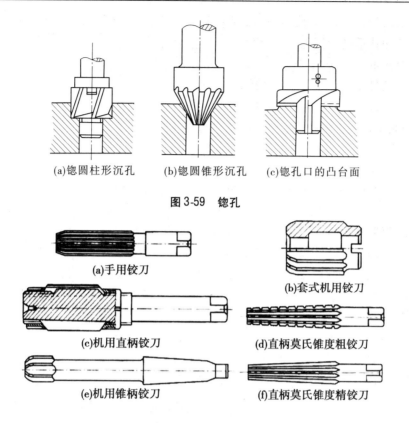

(a)锪圆柱形沉孔　　(b)锪圆锥形沉孔　　(c)锪孔口的凸台面

图 3-59　锪孔

(a)手用铰刀

(b)套式机用铰刀

(c)机用直柄铰刀

(d)直柄莫氏锥度粗铰刀

(e)机用锥柄铰刀

(f)直柄莫氏锥度精铰刀

图 3-60　铰刀的种类

2. 铰刀的构造及参数

如图 3-61 所示,铰刀由工作部分、颈部和柄部组成。工作部分由切削部分、校准部分和倒锥部分组成。

二、镗削加工

镗削是在大型工件或形状复杂的工件上加工孔及孔系的基本方法。其优点是能加工大直径的孔,而且能修正上一道工序形成的轴线歪斜等缺陷。镗削可以在镗床、车床及钻床上进行。

(一)镗床

镗床按结构和用途不同,分为卧式镗床、坐标镗床、金刚镗床及其他镗床,其中卧式镗床应用最为广泛。

图 3-62 所示为卧式镗床。加工时,刀具装在主轴或平旋盘的径向刀架上,从主轴箱处获得各种转速和进给量。主轴箱可沿前立柱上下移动实现垂直进给。工件装在工作台上,可与工作台一起随下滑座沿床身导轨做纵向移动或随上滑座沿下滑座上的导轨做横向移动。此外,工作台还能绕上滑座上的圆形导轨在水平面内转过一定的角度。卧式镗床既要完成粗加工(如粗镗、粗铣、钻孔等),又要进行精加工(如精镗孔),因此对镗床的主轴部件的精度、刚度有较高的要求。

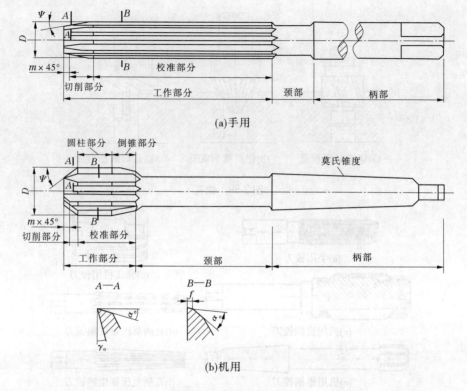

(a)手用

(b)机用

图 3-61　铰刀的构造

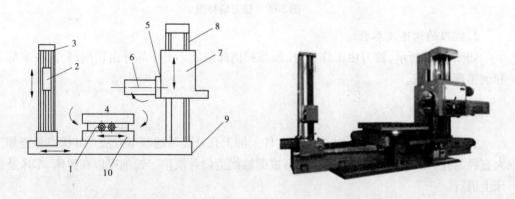

1—上滑座;2—尾座;3—后立柱;4—工作台;5—平旋盘;6—主轴;
7—主轴箱;8—前立柱;9—床身;10—下滑座
图 3-62　卧式镗床简图

　　图 3-63 所示为坐标镗床,是一种高精度的机床。其主要特点是具有坐标位置的精密测量装置;有良好的刚性和抗振性 。它主要用来镗削精密孔(IT5 级或更高),例如钻模、镗模上的精密孔。其工艺范围:可以镗孔、钻孔、扩孔、铰孔以及精铣平面和沟槽,还可以进行精密刻线和划线,以及进行孔距和直线尺寸的精密测量工作。

　　金刚镗床是一种高速精密镗床,按主轴位置可分为卧式和立式两种类型,图 3-64 所

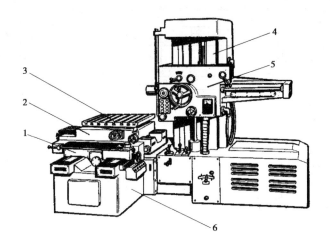

1—下滑座;2—上滑座;3—工作台;4—立柱;5—主轴箱;6—床身底座

图 3-63 坐标镗床

示为卧式金刚镗床。主要特点是主运动 v_c 很高,a_p 和 f 很小,加工精度可达 IT5 ~ IT6,Ra 值达 0.63 ~ 0.08 μm。金刚镗床的主轴短而粗,刚度较高,传动平稳,能加工出低表面粗糙度和高精度孔。主要用于加工批量较大的中小型零件的精密孔,如连杆、活塞及轴瓦等。

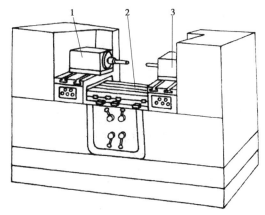

1—主轴头;2—工作台;3—主轴头

图 3-64 卧式金刚镗床

(二)镗削工艺范围

在卧式镗床上能完成的加工如图 3-65 所示。

1. 镗孔

镗孔有三种不同的加工方式:

(1)工件旋转,刀具做进给运动。如图 3-66 所示,在车床上镗孔大都属于这类镗孔方式,加工后孔的轴心线与工件的回转轴线一致,这种镗孔方式适于加工与外圆表面有同轴度要求的孔。

(2)刀具旋转,工件做进给运动。如图 3-65(a)~(c)所示,镗刀装在主轴上做主运

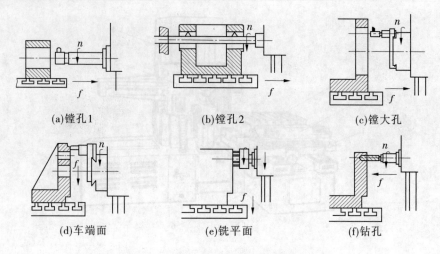

(a)镗孔1　　　　　　(b)镗孔2　　　　　　(c)镗大孔

(d)车端面　　　　　　(e)铣平面　　　　　　(f)钻孔

图 3-65　在卧式镗床上能完成的加工

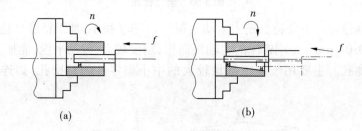

(a)　　　　　　　　　　　　(b)

图 3-66　工件旋转、刀具做进给运动的镗孔方式

动,工作台做纵向进给运动,对于浅孔,镗杆短而粗,刚性好,镗杆可悬臂安装。这种镗孔方式镗杆的悬伸长度 L 一定,镗杆变形对孔的轴向形状精度无影响,但工作台进给方向的偏斜会使孔中心线产生位置误差。镗深孔或离主轴端面较远孔时,为提高镗杆刚度和镗孔质量,镗杆由主轴前端锥孔和镗床后立柱上的尾座孔支承,如图 3-65(b)所示。

（3）刀具旋转并做进给运动。如图 3-67 所示,镗杆的悬伸长度是变化的,镗杆的受力也是变化的,镗出来的孔必然会产生形状误差,靠近主轴箱处的孔径大,远离主轴箱处的孔径小,形成锥孔。此外,镗杆悬伸长度增大,主轴因自重引起的弯曲变形也增大,孔轴线将产生相应的弯曲。这种镗孔方式只适于加工较短的孔。

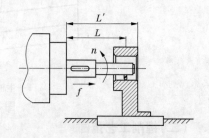

图 3-67　刀具旋转并做进给运动的镗孔的方式

2. 镗刀

按不同结构,镗刀一般可分为单刃镗刀和多刃镗刀两大类。

1）单刃镗刀

如图 3-68 所示,单刃镗刀的结构与车刀类似,只有一个主切削刃。单刃镗刀镗孔时,孔的尺寸是由操作者调整镗刀头位置保证的。结构简单,制造方便,通用性好。

(a)单刃镗刀

(b)多刃镗刀

图 3-68　镗刀

2）多刃镗刀

多刃镗刀两端都有切削刃,工作时可消除径向力对镗杆的影响,工件的孔径尺寸与精度由镗刀径向尺寸保证。多采用浮动连接结构,可减少镗刀块安装误差及镗杆径向跳动所引起的加工误差。孔的加工精度可达 IT6 ~ IT7,Ra 值达 0.8 μm。

任务六　刨削、插削、拉削加工

🔖 **学习目标:**

1. 了解刨削加工的特点及加工范围。
2. 了解刨床的性能及主要组成结构和用途、各种刨刀的特点及应用。
3. 了解由刨削加工引申的插削和拉削加工的特点及应用。

刨削、插削及拉削主要用于对水平面、垂直平面、内外沟槽以及成形表面的加工。其特点是刀具和工件的相对运动轨迹为直线。

一、刨削

在刨床上利用做直线往复运动的刨刀加工工件的过程称为刨削。主要用于加工平面、斜面、沟槽和成形面。刨削中,刀具对工件的相对往复直线运动为主运动,工件相对刀具在垂直于主运动方向的间歇运动为进给运动。

（一）刨床

根据结构和性能不同,刨床可分为牛头刨床、龙门保持、单臂刨床和专门化刨床。牛头刨床因滑枕和刀架形似牛头而得名,如图 3-69 所示。牛头刨床由床身、滑枕、横梁、工作台、刀架等组成。主要用于加工不超过 1 m 的中小型零件。

龙门刨床因由一个顶梁和两个立柱组成的龙门式框架结构而得名,如图 3-70 所示。主要应用于大型或中型零件上各种平面、沟槽及各种导轨面的加工,也可在工作台上一次装夹数个中小型零件进行多件加工。

（二）刨刀

刨刀的几何形状和结构与车刀相似,但由于刨削为断续切削,刨刀在切入时受到较大

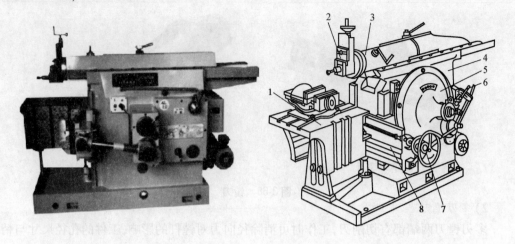

1—工作台;2—刀架;3—滑枕;4—床身;5—传动轮;6—操纵手柄;7—横向进给手柄;8—横梁

图 3-69　牛头刨床

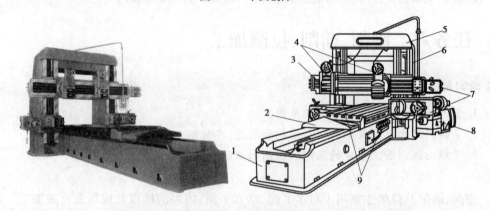

1—床身;2—工作台;3—横梁;4—垂直刀架;5—顶梁;6—立柱;7—进给箱;8—减速器;9—侧刀架

图 3-70　龙门刨床

的冲击力,这要求刨刀具有较高的强度。根据加工内容不同可分为平面刨刀、偏刀、切刀、角度刀和样板刀等。刨削主要用于加工平面、垂直面、斜面、直槽、V 形槽、燕尾槽、T 形槽、成形面。刨刀及其用途如图 3-71 所示。

（三）刨削的特点

刨削加工时,主运动为往复运动,切削过程不连续,受惯性力的影响,切削速度不可能很高（牛头刨床 $v \leqslant 80 \text{ m/min}$,龙门刨床 $v \leqslant 100 \text{ m/min}$）,并且有相当一部分时间花费在不切削的空回程上,故生产效率较低。

刨削加工的优点:适应性好,工艺成本低,加工狭长平面和薄板平面方便,并可经济地达到 IT8 级公差等级、表面粗糙度 Ra 值为 1.6 μm 及平面度 0.025 mm/500 mm（牛头刨床）或平面度 0.02 mm/1 000 mm（龙门刨床）。

二、插削

插削加工是在插床上进行的,其基本原理与刨削加工相同,不同的是插刀对工件做垂

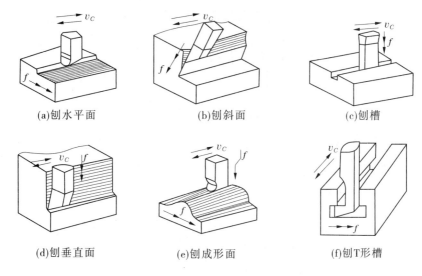

(a)刨水平面　　　　　　(b)刨斜面　　　　　　(c)刨槽

(d)刨垂直面　　　　　　(e)刨成形面　　　　　　(f)刨T形槽

图 3-71　刨刀及其用途

直往复直线主运动,因此插床也称为立式刨床,如图 3-72 所示。

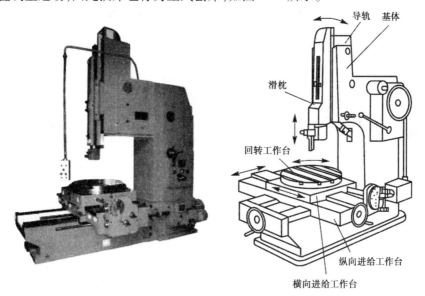

图 3-72　插床

插削主要用于加工工件的成形内表面和外表面,如方形孔、多边形孔、花键槽、内齿轮及外齿轮等。插削的生产效率低,加工精度也不高,只适于单件小批生产和修配加工。

三、拉削

拉削加工在拉床上进行,可用来加工各种截面形状的通孔、直线或曲线形状的外表面。拉削的本质是刨削。不过刨削为单刃切削,拉削属于多刃复合切削,如图 3-73 所示。

拉削加工的刀具为拉刀。拉刀是一种多刃刀具,图 3-74 所示为圆孔拉刀。拉削只能

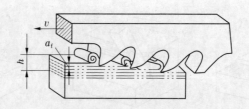

图 3-73　平面拉削示意图

加工通孔,不能加工台阶孔、不通孔及复杂形状零件上的孔(如箱体上的孔),也不适于加工薄壁孔。拉削圆孔的孔径一般为 8 ~ 125 mm,孔的深径比小于 3。

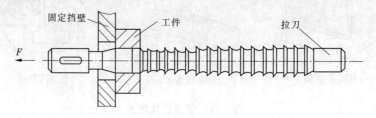

图 3-74　圆孔拉刀

拉床分为卧式拉床和立式拉床,如图 3-75 所示为拉床的常见类型。

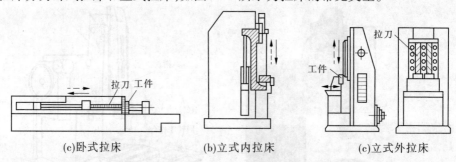

(c)卧式拉床　　　(b)立式内拉床　　　(c)立式外拉床

图 3-75　拉床的常见类型

拉削只有一个主运动(拉刀的直线运动),进给运动由相邻前后刀齿之间的齿升量实现,一次行程能够完成粗、半精及精加工,故拉削的生产效率很高,且拉床结构简单,操作方便。

拉削加工的优点是尺寸精度高、表面粗糙度值小。但因拉刀为结构复杂的专用成形刀具,制造成本高,故拉削只适于成批或大量生产时的加工。

任务七　磨削加工

学习目标:

1. 了解磨削加工的特点及加工范围。
2. 了解磨床的性能及主要组成结构和用途、各种刨刀的特点及应用。
3. 了解砂轮。

以砂轮或涂覆磨具以较高的线速度对工件表面进行加工的方法称为磨削加工,它大多在磨床上进行。磨削加工是一种精密的切削加工方法,能获得高精度和低粗糙度的表面,公差等级为 IT7 ~ IT5,表面粗糙度 Ra 值为 $0.8 \sim 0.2 \ \mu m$。能够加工硬度高的材料及某些难加工的材料,有时也可用于粗加工。磨削可加工各种外圆、内孔、平面和成形面(螺纹、齿轮、花键等)。图 3-76 所示为磨削的主要工作。

(a)平面磨削　　(b)外圆磨削　　(c)内圆磨削　　(d)无心磨削

(e)磨削花键　　(f)磨削螺纹　　(g)磨削齿轮

图 3-76　磨削的主要工作

一、磨床

磨床是使用砂轮加工的机床,可分为外圆磨床、内圆磨床、平面磨床、无心磨床、螺纹磨床和齿轮磨床等。图 3-77 所示为常用的 M1432A 型万能外圆磨床,其主参数为最大磨削直径320 mm。图 3-78 所示为内圆磨床。

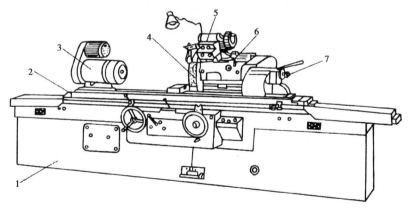

1—床身;2—工作台;3—头架;4—砂轮;5—内圆磨头;6—砂轮架;7—尾架

图 3-77　外圆磨床

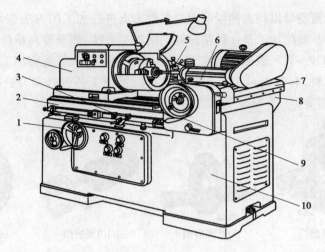

1—纵向进给手轮;2—矩形工作台;3—挡块;4—主轴箱;5—砂轮修整器;
6—磨具座;7—横托板;8—桥板;9—横向进给手轮;10—床身
图3-78 内圆磨床

二、砂轮

磨削用的砂轮是由许多细小且极硬的磨料微粒与结合剂混合成形后烧结而成的,具有许多的孔隙。因砂轮表面布满磨粒,可以将其看作为具有很多刀齿的多刃刀具。磨削过程是形状各异的磨粒在高速旋转运动中,工件表面进行切削、挤压、滑擦以及抛光的综合作用。

(一)砂轮的组成要素

砂轮是用结合剂将磨粒固结成一定形状的多孔体,如图3-79所示。

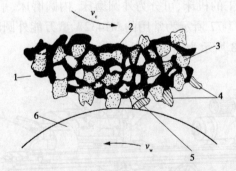

1—砂轮;2—结合剂;3—磨粒;4—磨屑;5—气孔;6—工件
图3-79 砂轮及其磨削

1. 磨料

担负磨削时的主要切削工作。磨料有天然磨料和人造磨料两大类。磨削硬材料时,选硬度高的磨料。

2. 粒度

粒度即磨粒的大小。粗磨料(筛分发区别):粒度号是以能通过的筛网上每英寸长度上的筛孔数表示的。粒度号越大,则磨粒越细。例如,60#的磨粒表示其大小刚好能通过每英寸长度上有 60 孔眼的筛网。

微粉(沉降法区别):粒度号是以磨粒的实际尺寸表示的。粒度号越大,微粉颗粒越粗。如 W20 表示微粉的实际尺寸为 20 μm。

3. 结合剂

砂轮的强度、抗冲击性、耐热性及抗腐蚀能力主要取决于结合剂的性能。

4. 组织

砂轮的组织反映组成砂轮的磨粒、结合剂、气孔三部分体积的比例关系。通常以磨粒所占砂轮体积的百分比来分级。砂轮有三种组织状态,即紧密、中等、疏松,细分成 0～14 号间,共 15 级。组织号越小,磨粒所占比例越大,砂轮越紧密;组织号越大,磨粒所占比例越小,砂轮越疏松。

5. 硬度

硬度是指砂轮表面上的磨粒在磨削力作用下脱落的难易程度。砂轮的硬度小,表示砂轮的磨粒容易脱落;砂轮的硬度大,表示磨粒较难脱落。砂轮的硬度和磨料的硬度是两个不同的概念。同一种磨料可以做成不同硬度的砂轮,它主要取决于结合剂的性能、数量以及砂轮制造的工艺。

一般来说,磨削硬材料时,选用软砂轮;磨削软材料时,选用硬砂轮。这是因为硬材料易使磨粒磨钝,需用较软的砂轮以使磨钝的磨粒及时脱落,使砂轮保持有锋利的磨粒。磨软材料时,为了充分发挥磨粒的切削作用,应选硬一些的砂轮。

(二)砂轮的形状和尺寸

砂轮的基本特性参数一般印在砂轮的端面上。其代号次序是形状—尺寸—磨料—粒度—硬度—组织—结合剂—最高工作线速度。

例如:

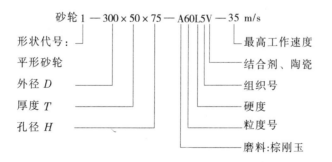

砂轮 1 — 300 × 50 × 75 — A60L5V — 35 m/s

形状代号:
平形砂轮
外径 D
厚度 T
孔径 H

最高工作速度
结合剂、陶瓷
组织号
硬度
粒度号
磨料:棕刚玉

三、磨削特点

(1)能加工硬度很高的材料。磨削能加工车、铣等其他方法所不能加工的各种硬材料,如淬硬钢、冷硬铸铁、硬质合金、宝石、玻璃和超硬材料氮化硅等。

(2)能加工出精度高、表面粗糙度值很小的表面。磨削尺寸精度可达 IT7～IT5,表面粗糙度 Ra 值为 0.8～0.2 μm。

(3)磨削温度高。磨削过程中产生的切削热多,而砂轮本身的传热性差,使得磨削区温度高。为了避免工件烧伤和变形,应施以大量的切削液进行冷却。磨削钢件时,广泛采用的是乳化液和苏打水。

(4)磨削的径向分力大。磨削时径向分力 F_y 很大,为切削力 F_z 的 1.6 ~ 3.2 倍,在 F_y 的作用下,机床砂轮工艺系统将产生弹性变形,使得实际磨削深度比名义磨削深度小。

在磨去主要加工余量以后,随着磨削力的减小,工艺系统弹性变形恢复,应继续光磨一段时间,直至磨削火花消失。光磨对于提高磨削精度和表面质量具有重要意义。

■ 项目小结

本项目主要介绍了金属切削加工的基础知识和金属切削机床的分类及型号编制方法,以及车、铣、钻、镗、刨、拉、插、磨削加工所用的各类机床、刀具及加工工艺特点。学完本项目后,应能够根据零件加工要求合理选择切削的加工方法及设备,会选择切削用量及刀具,能够选择合适的工装夹具及量具。

■ 思考与练习

一、名词解释

车刀的三面两刃、刀具寿命、切削运动、六点定位原理、积屑瘤、刀具的磨钝标准、顺铣、主运动、刀具的前角。

二、填空

1.刀具切削部分由_____、_____、_____、_____、_____和_____组成。

2.金属切削机床的基本运动有_____和_____。根据在切削中所起作用的不同,切削运动分为_____和_____两种。

3.切削用量三要素是指_____、_____和_____。

4.切屑的形状主要分为_____、_____、_____和_____四种类型。

5.车刀的切削部分共有6个独立的基本角度,即_____、_____、_____、_____、_____、_____。

6.选择刀具前角大小,既要考虑刀头的_____,又要考虑_____。加工塑形材料时,选_____的前角,加工硬度较高的材料时,选_____的前角,_____的主后角。

7.刀具磨损形式分为_____和_____两大类。

8.正常磨损情况下,刀面磨损过程大致分为三个阶段:_____、_____、_____。

9.标准麻花钻由_____、_____和_____组成。

三、选择

1.下列刀具中,(　　)是从实体材料中加工出孔的刀具。

　　A.扩孔钻　　　　B.麻花钻　　　　C.镗刀　　　　D.铰刀

2.陶瓷刀具适用于(　　)工件的加工。

　　A.断续切削　　　　　　　　B.强力切削

　　C.铝、镁、钛等合金　　　　D.连续切削

3.精加工时,切削速度选择的主要依据是(　　)。

A. 刀具耐用度　　　　　　　　　B. 加工表面质量

4. 下列刀具中,(　　)是成形车刀。

　　A. 螺纹车刀　　　　B. 圆弧形车刀　　　　C. 切断刀

5. 切削用量对刀具寿命的影响,主要是通过其对切削温度的高低来影响的,所以影响刀具寿命最大的是(　　)。

　　A. 背吃刀量　　　　B. 进给量　　　　C. 切削速度

6. 刀具材料的硬度超高,耐磨性(　　)。

　　A. 越差　　　　B. 越好　　　　C. 不变

7. 车刀测量时,设想的三个辅助平面,即切削平面、基面、主截面是相互(　　)。

　　A. 垂直的　　　　B. 平行的　　　　C. 倾斜的　　　　D. 变化的

8. 车刀的副偏角能影响工件的(　　)。

　　A. 尺寸精度　　　B. 形状精度　　　C. 表面粗糙度　　　D. 散热情况

9. 刀具容易产生积瘤的切削速度大致是在(　　)范围内。

　　A. 低速　　　　B. 中速　　　　C. 高速

10. 钻 3 ~ 20 mm 小直径深孔时,应选用(　　)比较适合。

　　A. 外排屑深孔钻　　　　　　　　B. 高压内排屑深孔钻

　　C. 喷吸式内排屑深孔钻　　　　　D. 麻花钻

四、简答题

1. 什么是切削运动? 切削运动可分成哪几种?

2. 什么叫主运动? 什么叫进给运动? 试以车削、钻削、端面铣削、龙门刨削、外圆磨削为例进行说明。

3. 什么是切削用量三要素? 在外圆车削中,它们与切削层参数有什么关系?

4. 切削用量的选择原则是什么?

5. 车刀的主要标注角度有哪些? 各在什么平面内测量? 标注角度与工作角度有何不同?

6. 刀具材料应具备哪些性能要求?

7. 按下列条件选择刀具材料类型或牌号:①45 钢锻件粗车;②HT200 铸铁件精车;③低速精车合金钢蜗杆;④高速精车调质钢长轴;⑤高速精密镗削铝合金缸套;⑥中速车削高强度淬火钢轴;⑦加工 65 HRC 冷硬铸铁或淬硬钢。

8. 分析积屑瘤的产生原因及其对加工的影响。生产中最有效的控制积屑瘤的措施有哪些?

9. 切削力是怎样产生的? 为什么要把切削力分解为三个互相垂直的分力? 各分力对切削过程有什么影响?

10. 切削液的作用有哪些? 如何正确选用切削液?

11. 什么叫刀具寿命? 刀具寿命和磨钝标准有什么关系? 磨钝标准确定后,刀具寿命是否就确定了?

12. 按照《金属切削机床型号编制方法》(GB/T 15375—2008)的规定,分析下列机床型号所代表的意义:MM7132、CG6125B、X62W、M2110、Z5125、T68。

13. 什么是机床的传动系统图？它有什么作用？

14. 定位、夹紧的定义是什么？定位与夹紧有何区别？

15. 机床夹具由哪几个部分组成？各部分的作用是什么？

16. 什么叫六点定位原理？什么叫完全定位？

17. 什么叫欠定位？为什么不能采用欠定位？

18. 常用铣刀有哪些类型？各有什么特点？用在什么场合？

19. 什么是逆铣？什么是顺铣？试分析其工艺特点。在实际的平面铣削的生产中，目前多采用哪种铣削方式？为什么？

20. 顺铣时，如果工作台上无消除丝杠螺母机构间隙的装置，为什么将会产生工作台窜动？

21. 试分析比较铣平面、刨平面、车平面、拉平面、磨平面的工艺特征和应用范围。

22. 为什么刨削、铣削只能得到中等精度和表面粗糙度？

23. 试分析比较钻头、扩孔钻和铰刀的结构特点。

24. 扩孔、铰孔为什么能达到较高的精度和较小的表面粗糙度？

25. 在车床上钻孔和在钻床上钻孔产生的"引偏"，对所加工的孔有何不同影响？在随后的精加工中哪种比较容易纠正？为什么？

26. 镗床上镗孔和车床上镗孔有何不同？分别用于什么场合？

27. 镗孔有哪几种方式？各有何特点？

28. 牛头刨床、龙门刨床、插床运动有何不同？各适用于哪些场合？

29. 简述磨削加工的主要特点。

30. 砂轮有哪些组成要素？如何选择砂轮硬度？什么是砂轮组织号？它对砂轮性能有什么影响？磨料粒度号是如何制定的？粒度主要根据什么选择？

项目四　制订机械加工工艺

【项目目标】　熟悉机械工艺过程及机械加工工艺规程涵盖内容;熟悉零件的结构工艺性,熟悉毛坯的种类及特点,掌握定位基准的选择原则、加工方法的选择、加工阶段的划分原则和加工工序的安排;掌握加工余量的确定方法、工序尺寸及公差的确定;熟悉各种工艺装备,了解切削用量的选择,了解时间定额、生产成本和工艺成本。

【项目要求】　能够进行零件的工艺性分析;能够合理选择毛坯;能够合理选择定位基准,选择合适的加工方法,合理划分加工阶段,能够拟定零件的工艺路线;能够合理选择工艺装备及切削用量;能够制订时间定额和进行工艺过程的技术经济性分析。

任务一　认识机械工艺过程及机械加工工艺规程

学习目标:

1.掌握机械工艺过程包含的内容,掌握机械加工工艺规程的概念和作用。

2.掌握机械加工工艺规程制订的原则及步骤。

机械加工工艺规程的制订,是机械制造工艺学的基本内容之一,也是机械制造技术人员的一个主要工作内容。机械加工工艺规程的制订与生产实际有着密切的联系,要求制定者有一定的生产实践知识和专业基础知识。

一、机械工艺过程

(一)生产过程

生产过程是将原材料转变为成品的全过程。这种成品可以是一台机器、一个部件,或者是某一种零件。一个产品的生产过程通常包括生产准备(如原材料的采购、运输与保管,产品的开发和设计,工艺规程的编制,专用工装设备的设计和制造,各种生产资料的准备和生产组织)、毛坯制造(如铸造、锻造等)、零件的加工(如机械加工、热处理和其他表面处理)和产品的装配、调试、检验、油漆、包装等。

为降低生产成本和从有利于生产技术发展角度考虑,现代工业生产组织中很多机器不是由一个工厂单独生产,而是由许多专业工厂协作共同完成。因此,在某厂中经历了生产过程生产出的产品,可能只是另一个企业的原材料。例如,轴承对于轴承厂来说是成品,而对于使用轴承的机器来说,采购轴承是在为机器的生产做准备。

(二)工艺过程

生产过程中,直接改变生产对象的形状、尺寸、相对位置和性质等,使其成为成品或半成品的过程称为工艺过程。如毛坯的制造、零件的机械加工及热处理、产品的装配等工作。可以看出,工艺过程是生产过程的主要组成部分。其他过程则称为辅助过程,例如运输、包装、保管、动力供应、设备维修等。

在工艺过程中采用机械加工方法直接改变毛坯的形状、尺寸和表面质量使其成为零件的过程,称为机械加工工艺过程。须针对零件的结构特点和要求,采用不同的加工方法和装备,按照一定顺序依次进行加工,才能完成由毛坯到零件的过程。因此,工艺过程是由一系列工序组成的,工序又由安装、工位、工步和走刀组成。

1. 工序

一个或一组工人在一个工作地点或一台机床上,对同一个或几个零件进行加工所连续完成的那部分工艺过程,称为工序。划分一个工序的四个要素是工作地、工人、工件和连续作业,其中任一个要素的变化即构成新的工序。

如图 4-1 所示阶梯轴,当单件小批生产时,加工工艺及工序划分如表 4-1 所示,由于加工不连续和机床变动分为 3 个工序;当加工数量较多时,加工工艺及工序划分如表 4-2 所示,分为 5 个工序。

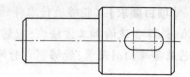

图 4-1 阶梯轴

表 4-1 单件小批生产的工艺过程

工序号	工序内容	设备
1	车一端面,打中心孔	车床
	调头车另一端面,打中心孔	
2	车大外圆及倒角	车床
	调头车小外圆及倒角	
3	铣键槽,去毛刺	铣床

表 4-2 大批大量生产的工艺过程

工序号	工序内容	设备
1	铣端面,打中心孔	机床
2	车大外圆及倒角	车床
3	车小外圆及倒角	车床
4	铣键槽	键槽铣床
5	去毛刺	钳工台

工序不仅是工艺过程的基本单元,也是制订生产计划和进行质量检验、生产管理的基本单元。

2. 安装

完成一个工序的工序内容,有时需要多次装夹工件,工件(或装配单元)经一次装夹后所完成的那一部分工序内容称为安装。在表 4-1 的工序 1 和工序 2 中都有 2 个安装,而在工序 3 中以及表 4-2 的各道工序中都只有 1 个安装。

工件加工中应尽量减少安装次数,以减少安装误差、节约辅助时间。

3. 工位

在带有转位(或移位)夹具(或工作台)的
机床上进行加工时,在一次装夹中,工件(或刀
具)相对机床要经过几个位置依次进行加工。
此时,为完成一定的工序部分,一次装夹工件
后,工件(或装配单元)与夹具或设备的可动部
分一起相对刀具或设备的固定部分所占据的每
一个位置,称为工位。如图 4-2 所示利用回转
工作台,在一次安装中按顺序完成装卸工件、钻
孔、扩孔和铰孔四个工位的加工。

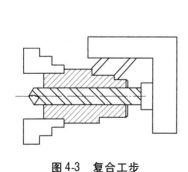

工位 Ⅰ— 装卸工件;工位 Ⅱ— 钻孔;
工位 Ⅲ— 扩孔;工位 Ⅳ— 铰孔

图 4-2　多工位加工

4. 工步

工步是划分工序的单元,在一个工序中,工
步是在加工表面(或装配时的连接表面)和加工(或装配)工具不变的情况下,所连续完成
的那一部分工序。加工表面和加工工具以及切削用量三个要素中有一个发生变化就是另
一个工步。如表 4-1 中的工序 1 和工序 2 均加工 4 个表面,所以各有 4 个工步,表 4-2 中
的工序 4 只有 1 个工步。

为提高生产率,采用在一次安装中连续加工的若干相同工步,可写成一个工步,称为
复合工步,如图 4-3 所示。

为简化工序内容叙述,对于一些在一次安装中连续进行的若干个相同的工步,通常视
为一个工步,如图 4-4 所示。

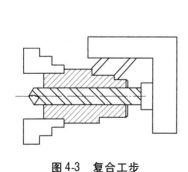

图 4-3　复合工步

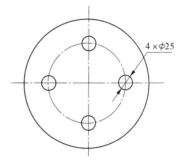

$4 \times \phi 25$

图 4-4　加工 4 个相同表面的工步

5. 走刀

在一个工步内,如果要切除的金属层很厚,需要对同一表面进行几次切削,这时刀具
以加工时的进给速度相对工件所完成的一次进给运动的工步部分,称作走刀。走刀是构
成工艺过程的最小单元。

工序是工艺过程的基本单元,从工件的安装角度分析,一道工序内可以进行一次或多
次安装,每次安装后的工件可以有一个或几个工位;从工件的加工角度分析,一道工序内

可以包含一个或几个工步,每个工步内可以有一次或多次走刀。

(三)生产纲领与生产类型

产品的加工生产方法和质量,不仅和其结构、技术要求有关,还和该产品的产量及生产的组织类型有关。

1. 生产纲领

企业在计划期内应当生产的产品产量称为生产纲领。计划期通常为一年,故生产纲领又称为年产量。确定生产纲领时,除应考虑成品零件数量外,还应考虑到备品及废品的产生,故零件的生产纲领是指包括备品和废品在内的年产量,按下式计算:

$$N = Qn(1 + \alpha)(1 + \beta) \tag{4-1}$$

式中　N——零件的生产纲领,件/年;

　　　Q——产品的生产纲领,台/年;

　　　n——每台产品含该零件数量,件/台;

　　　α——零件备品率(%);

　　　β——零件废品率(%)。

2. 生产类型

生产纲领不同,对生产企业设备的专业化和自动程度的要求就有所不同,对零件的制造组织方式也即不同,决定了零件制造的生产类型。

生产类型是指企业(或车间、工段、班组等)生产专业化程度的划分。根据专业化程度的不同,生产类型可分为单件生产、成批生产和大量生产。表4-3是不同类型产品生产类型与生产纲领的关系。

表4-3　不同类型产品生产类型与生产纲领的关系

生产类型		零件的年生产纲领(件)		
		轻型零件	中型零件	重型零件
单件生产		≤100	≤10	≤5
成批生产	小批生产	100 ~ 500	10 ~ 150	5 ~ 100
	中批生产	500 ~ 5 000	150 ~ 500	100 ~ 300
	大批生产	5 000 ~ 50 000	500 ~ 5 000	300 ~ 1 000
大量生产		>5 000	>5 000	>1 000

1)单件生产

单件生产指企业生产的同一种零件的数量很少,企业产品品种多而且很少重复,企业中各工作地点的加工对象经常改变。例如重型机器制造、专用设备制造和新产品试制都属于单件生产。

2)大量生产

大量生产指企业生产的同一种产品的数量很大,连续地大量制造同一种产品,企业中大多数工作地点固定地加工某种零件的某一道工序。例如汽车、轴承、摩托车等产品的制造。

3）成批生产

成批生产指企业按年度分批生产相同的产品,生产呈周期性重复。例如普通机床制造、纺织机械的制造等。通常企业并不是把全年产量一次投入车间生产,而是根据产品的生产周期、销售以及车间生产的均衡情况,按一定期限分次、分批投产。一次投入或产出的同一产品或零件数量称为生产批量,简称批量。

成批生产中,按照批量不同,分为小批生产、中批生产和大批生产三种。为取得好的经济效益,不同生产类型的工艺特点是不一样的,小批生产的工艺特点与单件生产相似,大批生产的工艺特点与大量生产相似,故常分别合称为单件小批生产和大批大量生产。

生产类型不同,产品制造方法不同,采用的设备、工装的生产组织形式也有不同。表4-4为各种生产类型的工艺特征。

表4-4 各种生产类型的工艺特征

工艺特点	生产类型		
	单件小批生产	中批生产	大批大量生产
零件的互换性	用修配法,缺乏互换性	多数互换,部分修配	全部互换,高精度配合件采用分组装配
毛坯情况	锻件自由锻造、铸件木工手工造型,毛坯精度低	锻件部分采用模锻,铸件部分用金属模,毛坯精度中等	广泛采用锻模、机器造型等高效方法生产毛坯,毛坯精度高
机床设备及其布置形式	通用机床,机群式布置,也可用数控机床	部分通用机床,部分专用机床、机床按零件类别分工段布置	广泛采用自动机床、专用机床,按流水线、自动线排列设备
工艺装置	通用刀具、量具和夹具,或组合夹具,找正装夹工件	广泛采用夹具,部分靠找正装夹工件,较多采用专用量具和刀具	高效专用夹具,多用专用刀具、专用量具及自动检测装置
对工人的技术要求	高	中等	对调整工人的技术水平要求高,对操作工人技术水平要求低
工艺文件	仅需要工艺过程卡	需要工艺过程卡、关键零件的工序卡	需要详细的工艺文件、工艺过程卡、工序卡、调整卡等
加工成本	较高	中等	低

二、机械加工工艺规程

机械产品的生产中,用来规定产品或零件制造工艺过程和操作方法等的工艺文件称为机械加工工艺规程。主要内容包括零件加工工序内容、切削用量、工时定额,以及各工序所采用的设备和工艺装备等。

（一）工艺规程的作用

（1）工艺规程是指导生产的重要技术文件。

工艺规程是在工艺理论和实践经验的基础上制订的,将最合理的工艺过程表格化,是指导生产的重要技术文件。按照工艺规程组织生产,可以保证产品的质量和较高的生产效率、经济效益,因此生产中一般应严格执行既定的工艺规程,工艺规程也应不断改进和完善。

（2）工艺规程是组织和管理生产的基本依据。

在生产管理中,原材料的供应、通用工艺装备的准备、专用工艺装备的设计和制造、生产计划的编排和生产成本的核算等都以工艺规程作为依据。

（3）工艺规程是新建和扩建工厂的基本资料。

新建或扩建工厂时,需要根据工艺规程确定新厂或新车间的相关数据,如生产所需机床的种类、数量、规格,车间的面积,机床的布置,辅助部门的安排等。

（二）工艺规程的格式

不同企业和生产厂的特点不同,故每个企业内部的工艺规程格式可能和其他企业略有不同,可根据具体情况自行确定,但一些基本内容都大同小异。可将工艺规程的文件根据所填内容的侧重点不同分为机械加工工艺过程卡、机械加工工艺卡和机械加工工序卡。

1. 机械加工工艺过程卡

工艺过程卡主要列出零件加工所经过的整个路线,以及工装设备等内容。由于对各工序的说明不够具体,因此多供生产管理方面使用,一般不能直接指导工人操作。工艺过程卡的基本格式见表4-5。

表4-5　机械加工工艺过程卡

工厂	机械加工工艺过程卡		产品型号		零(部)件图号			共　页	
			产品名称		零(部)件名称			共　页	
材料牌号		毛坯种类	毛坯外形尺寸		每毛坯件数		每台件数	备注	
工序号	工序名称	工序内容			车间	工段	设备	工艺设备	工时
									准终	单件
					编制(日期)	审核(日期)	会签(日期)		
标记	标记	更改文件号	签字	日期	标记	处记	更改文件号	签字	日期

2.机械加工工艺卡

工艺卡以工序为单位,详细说明零件工艺过程,用来指导工人操作,帮助管理人及技术人员掌握零件加工过程,广泛用于批量生产的零件和小批生产的重要零件。工艺卡的基本格式见表4-6。

表4-6　机械加工工艺卡

工厂	机械加工工艺卡		产品型号		零(部)件图号			共　页	
			产品名称		零(部)件名称			共　页	
材料牌号	毛坯种类		毛坯外形尺寸		每毛坯件数		每台件数		备注
工序	装夹	工步	工序内容	同时加工零件数	切削用量					设备名称及编号	工艺装备名称及编号			技术等级	工时定额	
					切削深度(mm)	切削速度(m/min)	每分钟转数或往复次数	进给量(mm或mm/双行程)			夹具	刀具	量具		单件	准终
						编制(日期)		审核(日期)		会签(日期)						
标记	处记	更改文件号	签字	日期	标记	处记	更改文件号	签字	日期							

3.机械加工工序卡

工序卡用来具体指导操作的最详细的工艺文件。卡中要画出工序简图,注明该工序的加工表面及应达到的尺寸精度和粗糙度要求、工件的安装方式、切削用量、工装设备等内容。在大批大量生产时都要采取这种卡片,其基本格式见表4-7。

(三)工艺规程的制订原则

在一定的生产条件下,确保加工质量和最少的生产成本是制订工艺规程的基本原则。在制订工艺规程时还应注意积极采用先进工艺和工艺装备,选择经济上最合理的方案使产品的能源、材料消耗和成本最低,以及注意保证良好的劳动条件。

表 4-7　机械加工工序卡

工厂	机械加工工艺卡	产品型号		零(部)件图号		共　页
		产品名称		零(部)件名称		共　页

材料牌号		毛坯种类	毛坯外形尺寸		每毛坯件数		每台件数		备注

（工序图）

车间	工序号	工序名称	材料编号
毛坯种类	毛坯外形尺寸	每坯件数	每台件数
设备名称	设备型号	设备编号	同时加工件数
夹具编号	夹具名称		冷却液
			工序工时
			准终 ｜ 单件

工序号	工步内容	工艺装备	主轴转速（r/min）	切削速度（m/min）	进给量（mm/r）	切削速度（mm/s）	进给次数	工时定额 机动 ｜ 辅助

					编制（日期）	审核（日期）	会签（日期）
标记	处记	更改文件号	签字	日期	标记 ｜ 处记 ｜ 更改文件号 ｜ 签字 ｜ 日期		

（四）工艺规程制订步骤

制订零件机械加工工艺规程的工作大致可分为下述四个阶段进行：

（1）准备性工作阶段。在拟定零件机械加工工艺路线之前，需要做必要的准备性工作，包括计算生产纲领，确定生产类型；对零件进行工艺分析；确定毛坯种类。

（2）工艺路线拟定阶段。这是制订工艺规程的核心，其主要内容是：选择定位基准；选择零件表面加工方法；划分加工阶段；安排加工顺序和工序整合等。

（3）工序设计阶段。在拟定了工艺路线后，该阶段用于确定工艺路线中每一道工序的工序内容,包括确定加工余量、工序尺寸及其公差;选择机床和工艺装备;确定切削用量、计算工时定额等。

(4)填写工艺文件。零件机械加工工艺规程经上述步骤确定后,应将有关内容填入各种不同的卡片,以便贯彻执行。这些卡片总称为工艺文件。填写工艺文件是零件工艺规程编制的最后一项工作。工艺文件的种类很多,可以根据生产实际的需要,选择相应的工艺文件作为生产中使用的工艺规程。

任务二 分析零件的工艺性

学习目标:

1.掌握零件图分析的内容。

2.理解结构工艺性的概念,能够对零件结构工艺性进行分析。

3.掌握零件图重要技术条件并能进行分析。

零件图是制订工艺规程最主要的原始资料。只有通过对零件图和装配图的分析,才能了解产品的性能、用途和工作条件,明确各零件的相互装配位置和作用,了解零件的主要技术要求,找出生产合格产品的关键技术问题。制订零件的机械加工工艺规程前,必须认真研究零件图,对零件进行工艺分析。

一、零件图分析

零件图的分析主要包括以下三项内容:

(1)检查零件图的完整性和正确性。主要检查零件视图是否表达直观、清晰、准确、充分;尺寸、公差、技术要求是否合理、齐全。如有错误或遗漏,应提出修改意见。

(2)分析零件材料的选择是否恰当。零件材料的选择应立足于国内,尽量采用我国资源丰富的材料,尽量避免采用贵重金属;同时,所选材料必须具有良好的加工性能。

(3)分析零件的技术要求。包括零件加工表面的尺寸精度、形状精度、位置精度、表面粗糙度、表面微观质量,以及热处理等要求。分析零件的这些技术要求在保证使用性能的前提下是否经济合理,在企业现有生产条件下是否能够实现。

二、结构工艺性分析

零件的结构对机械加工工艺过程的影响很大,不同结构的两个零件尽管都能满足使用要求,但它们的加工方法和制造成本却可能有很大的差别。所谓具有良好的结构工艺性,应是在不同生产类型的具体生产条件下,对零件毛坯的制造、零件的加工和产品的装配,都能以较高的生产率和最低的成本、采用较经济的方法进行,并能满足使用性能的结构。在制订机械加工工艺规程时,主要对零件切削加工工艺性进行分析。

使用性能完全相同的零件,因结构稍有不同,其制造成本就有很大的差别。表4-8列出了一些零件机械加工工艺性对比的应用实例。

表 4-8　零件机械加工工艺性对比

序号	结构工艺性		说明
	差	好	
1	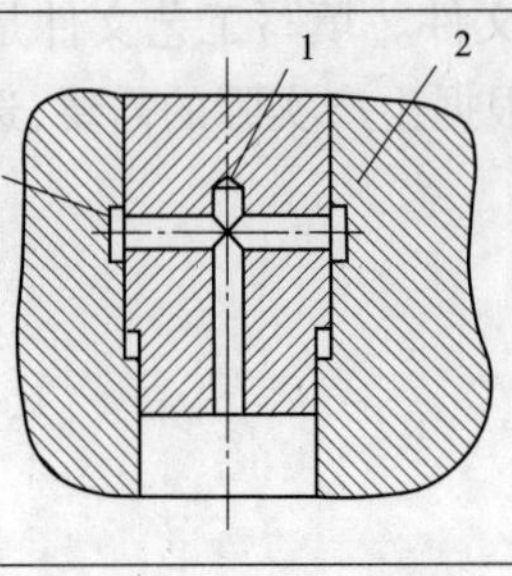	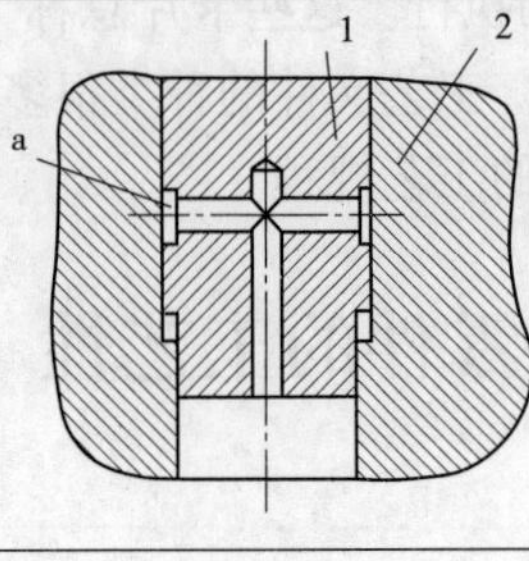	凹槽 a 在件 2 上不便于加工测量,宜将其加工在件 1 上
2	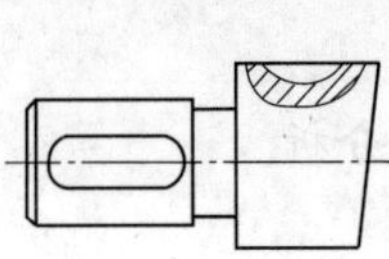	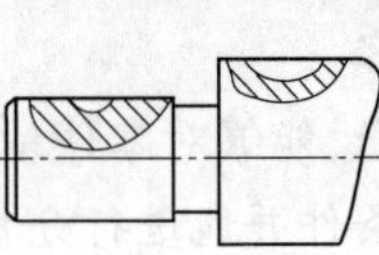	键槽的尺寸、方位相同,则可在一次装夹中加工出全部键槽,提高生产率
3	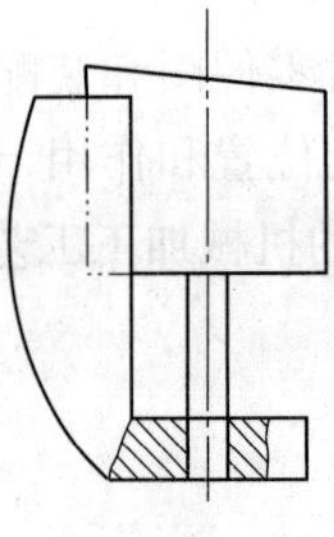	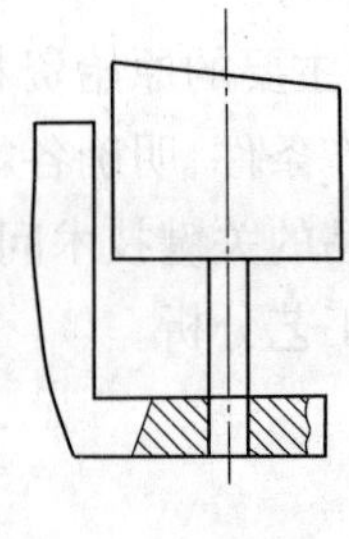	加工面应便于引进刀具,不发生干涉
4	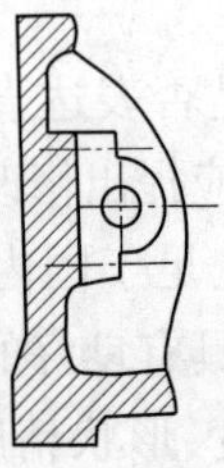	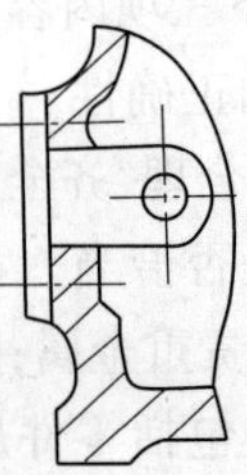	箱体类零件的外表面比内表面容易加工,应以外部连接表面代替内部连接表面
5	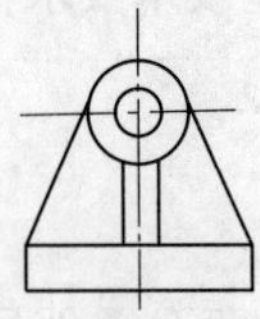	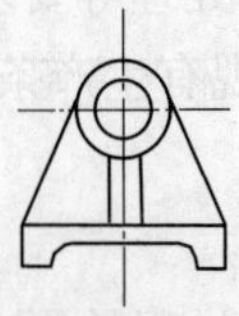	右图底面加工量较小,而且定位更稳固
6	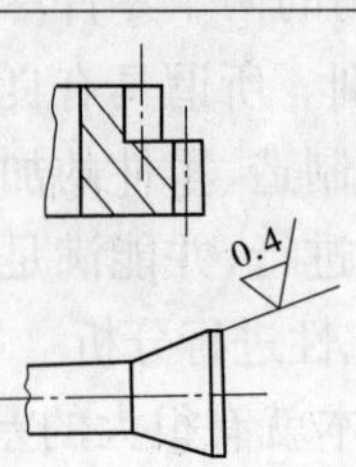	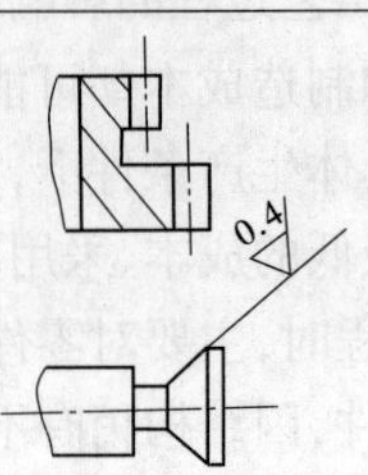	右图增加了退刀槽,保证了加工的可能性,减少刀具(砂轮)的磨损

续表 4-8

序号	结构工艺性		说明
	差	好	
7			孔的入端和出端应避免斜面,以减少刀具损坏,提高钻孔精度
8			避免深孔加工,提高钻孔精度,节约零件材料
9			加工表面长度相等或成倍数,直径尺寸沿着一个方向递减,便于布置刀具,可在多刀半自动车床上加工
10			凹槽尺寸相同,可减少刀具种类,减少换刀时间

三、重要技术条件分析

对于较复杂的零件,在进行工艺分析时必须重点研究以下三个方面的问题:

(1)主次表面的区分和主要表面的保证。零件的主要表面是指零件与其他零件相配合的表面,或是直接参与机器工作过程的表面。除主要表面外的其他表面称为次要表面。根据主要表面的质量要求,便可确定所应采用的加工方法,以及采用哪些最后加工的方法来保证实现这些要求。

(2)重要技术条件分析。零件的技术条件一般是指零件的表面形状精度和位置精度,静平衡、动平衡要求,热处理、表面处理,探伤要求和气密性试验等。重要技术条件是影响工艺过程制订的重要因素,通常会影响到基准的选择和加工顺序,还会影响工序的集中与分散。

(3)零件图上表面位置尺寸的标注。零件上各表面之间的位置精度是通过一系列工序加工后获得的,这些工序的顺序与工序尺寸和相互位置关系的标注方式直接相关,这些尺寸的标注必须做到尽量使定位基准、测量基准与设计基准重合,以减小基准不重合带来的误差。

■ 任务三　选择毛坯

✎ **学习目标:**

1. 了解毛坯的种类、特点及适用范围。
2. 能够合理选择毛坯。

一、毛坯的选择原则

在确定毛坯时应考虑以下因素:

(1)零件的材料及其力学性能。当零件的材料选定后,毛坯的类型就大体确定了。例如,材料为铸铁的零件,自然应选择铸造毛坯;而对于重要的钢质零件,力学性能要求高时,可选择锻造毛坯。

(2)零件的结构和尺寸。形状复杂的毛坯常采用铸件,但对于形状复杂的薄壁件,一般不能采用砂型铸造;对于一般用途的阶梯轴,如果各段直径相差不大、力学性能要求不高,可选择棒料做毛坯,倘若各段直径相差较大,为了节省材料,应选择锻件。

(3)生产类型。当零件的生产批量较大时,应采用精度和生产率都比较高的毛坯制造方法,这时毛坯制造增加的费用可由材料耗费减少的费用以及机械加工减少的费用来补偿。

(4)现有生产条件。选择毛坯类型时,要结合本企业的具体生产条件,如现场毛坯制造的实际水平和能力、外协的可能性等。

(5)充分考虑利用新技术、新工艺和新材料的可能性。为了节约材料和能源、减少机械加工余量、提高经济效益,只要有可能,就必须尽量采用精密铸造、精密锻造、冷挤压、粉末冶金和工程塑料等新工艺、新技术和新材料。

二、毛坯的种类

毛坯的种类很多,同一种毛坯又有多种制造方法。

(一)铸件

铸件适用于形状复杂的零件毛坯。根据铸造方法的不同,铸件又分为以下几种。

1.砂型铸造的铸件

这是应用最为广泛的一种铸件。它又有木模手工造型和金属模机器造型之分。木模手工造型铸件精度低,加工表面需留较大的加工余量;木模手工造型生产效率低,适用于单件小批生产或大型零件的铸造。金属模机器造型生产效率高,铸件精度也高,但设备费用高,铸件的质量也受限制,适用于大批量生产的中小型铸件。

2. 金属型铸造的铸件

将熔融的金属浇注到金属模具中,依靠金属自重充满金属铸型腔而获得的铸件。这种铸件比砂型铸造铸件精度高、表面质量和力学性能好,生产效率也较高,但需专用的金属型腔模,适用于大批量生产中的尺寸不大的有色金属铸件。

3. 离心铸造的铸件

将熔融金属注入高速旋转的铸型内,在离心力的作用下,金属液充满型腔而形成的铸件。这种铸件晶粒细,金属组织致密,零件的力学性能好,外圆精度及表面质量高,但内孔精度差,且需要专门的离心浇注机,适用于批量较大的黑色金属和有色金属的旋转体铸件。

4. 压力铸造的铸件

将熔融的金属在一定的压力作用下,以较高的速度注入金属型腔内而获得的铸件。这种铸件精度高,可达 IT11～IT13;表面粗糙度 Ra 值小,可达 3.2～0.4 μm;铸件力学性能好。可铸造各种结构较复杂的零件,铸件上各种孔眼、螺纹、文字及花纹图案均可铸出。但需要一套昂贵的设备和型腔模。适用于批量较大的形状复杂、尺寸较小的有色金属铸件。

5. 精密铸造的铸件

将石蜡通过型腔模压制成与工件一样的腊制件,再在腊制工件周围粘上特殊型砂,凝固后将其烘干焙烧,腊被蒸化而放出,留下工件形状的模壳,用来浇铸。精密铸造的铸件精度高,表面质量好。一般用来铸造形状复杂的铸钢件,可节省材料,降低成本,是一项先进的毛坯制造工艺。

（二）锻件

锻件适用于强度要求高、形状比较简单的零件毛坯,其锻造方法有自由锻和模锻两种。

自由锻的锻件是在锻锤或压力机上用手工操作而成形的。它的精度低,加工余量大,生产率也低,适用于单件小批生产及大型锻件。

模锻的锻件是在锻锤或压力机上,通过专用锻模锻制成形的锻件。它的精度和表面粗糙度均比自由锻造的好,可以使毛坯形状更接近工件形状,加工余量小。同时,由于模锻件的材料纤维组织分布好,锻制件的机械强度高。模锻的生产效率高,但需要专用的模具,且锻锤的吨位也要比自由锻造的大。主要适用于批量较大的中小型零件。

（三）焊接件

焊接件是根据需要将型材或钢板焊接而成的毛坯件,它制作方便、简单,但需要经过热处理才能进行机械加工。适用于单件小批生产中制造大型毛坯。其优点是制造简便,加工周期短,毛坯质量轻;缺点是焊接件抗振动性差,机械加工前须经过时效处理以消除内应力。

（四）冲压件

冲压件是通过冲压设备对薄钢板进行冷冲压加工而得到的零件,它可以非常接近成品要求,冲压零件可以作为毛坯,有时还可以直接成为成品。冲压件的尺寸精度高。适用于批量较大而零件厚度较小的中小型零件。

（五）型材

型材主要通过热轧或冷拉而成。热轧的精度低,价格较冷拉的便宜,用于一般零件的毛坯。冷拉的尺寸小,精度高,易于实现自动送料,但价格贵,多用于批量较大且在自动机床上进行加工的情形。按其截面形状,型材可分为圆钢、方钢、六角钢、扁钢、角钢、槽钢,以及其他特殊截面的型材。

（六）冷挤压件

冷挤压件是在压力机上通过挤压模具挤压而成。其生产效率高。冷挤压毛坯精度高,表面粗糙度值小,可以不再进行机械加工,但要求材料塑性好,主要为有色金属和塑性好的钢材。适用于大批量生产中制造形状简单的小型零件。

（七）粉末冶金件

粉末冶金件是以金属粉末为原料,在压力机上通过模具压制成形后经高温烧结而成。其生产效率高,零件的精度高,表面粗糙度值小,一般可不再进行精加工,但金属粉末成本较高,适用于大批大量生产中压制形状较简单的小型零件。

任务四　拟订工艺路线

学习目标:

1.掌握定位基准的概念、分类,能够合理选择定位基准。

2.了解常用的加工方法,能够合理选择加工方法。

3.掌握加工阶段及其划分原则,能够合理划分加工阶段。

4.掌握切削加工顺序的安排原则、热处理和辅助工序的安排。

5.掌握工序集中与工序分散的概念、特点和选择原则。

拟定工艺路线是制订工艺过程的关键步骤,需要提出几个方案,进行分析对比,寻求最经济合理的方案。拟定工艺路线包括:确定定位基准、划分加工阶段、工序组合原则、安排加工顺序、选择加工方法等。

一、定位基准的选择

定位基准的选择对于保证零件的尺寸精度和位置精度及合理安排加工顺序都有很大影响,当使用夹具安装工件时,定位基准的选择还会影响夹具结构的复杂程度。因此,定位基准的选择是制订工艺规程时必须认真考虑的一个重要工艺问题。

（一）基准的概念及其分类

基准是指确定零件上某些点、线、面位置时所依据的那些点、线、面,或者说是用来确定生产对象上几何要素间的几何关系所依据的那些点、线、面。

按其作用的不同,基准可分为设计基准和工艺基准两大类。

1.设计基准

设计基准是指零件设计图上用来确定其他点、线、面位置关系所采用的基准。它是标注设计尺寸的起点。如图4-5(a)所示,平面2、3的设计基准是平面1,平面5、6的设计基准均是平面4,孔7的设计基准是平面1和4;图4-5(b)所示齿轮,齿顶圆、分度圆和内控直径的设计基准均为孔轴心线。

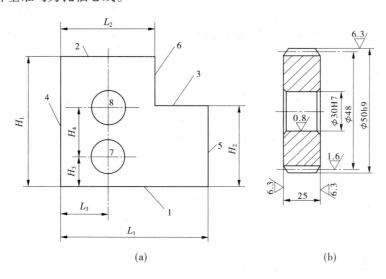

图4-5　设计基准的实例

2.工艺基准

工艺基准是指在加工或装配过程中所使用的基准。工艺基准根据其使用场合的不同,又可分为工序基准、定位基准、测量基准和装配基准四种。

(1)工序基准:在工序图上,用来确定本工序所加工表面加工后的尺寸、形状、位置的基准,即工序图上的基准。如图4-5(a)所示零件,平面3是按尺寸H_2进行加工,则平面1即为工序基准,加工尺寸H_2叫作工序尺寸。

(2)定位基准:在加工时用作定位的基准。它是工件上与夹具定位元件直接接触的点、线、面。如图4-5所示零件,加工平面3和6时是通过平面1和4放在夹具上定位的,所以平面1和4是加工平面3和6的定位基准。又如图4-5(b)所示齿轮,加工齿形时是以内孔和一个端面作为定位基准的。

(3)测量基准:在测量零件已加工表面的尺寸和位置时所采用的基准。

(4)装配基准:装配时用来确定零件或部件在产品中的相对位置所采用的基准。

(二)基准问题的分析

分析基准时,必须注意以下几点:

(1)基准是制订工艺的依据,必然是客观存在的。当作为基准的是轮廓要素,如平面、圆柱面等时,容易直接接触到,也比较直观。但是有些作为基准的是中心要素,如圆心、球心、对称轴线等时,则无法触及,然而它们却也是客观存在的。

(2)当作为基准的要素无法触及时,通常由某些具体的表面来体现,这些表面称为基面。如图4-5(b)中齿轮轴心线是通过内孔表面来体现的,内孔表面就是基面。

(3)作为基准,可以是没有面积的点、线以及面积极小的面。但是工件上代表这种基准的基面总是有一定接触面积的。

(4)不仅表示尺寸关系的基准问题如上所述,表示位置精度的基准关系也是如此。

(三)定位基准的选择

选择定位基准时应符合两点要求:

(1)各加工表面应有足够的加工余量,非加工表面的尺寸、位置符合设计要求。

(2)定位基面应有足够大的接触面积和分布面积,以保证能承受大的切削力,保证定位稳定可靠。

定位基准可分为粗基准和精基准。若选择未经加工的表面作为定位基准,这种基准被称为粗基准。若选择已加工的表面作为定位基准,则这种定位基准称为精基准。粗基准考虑的重点是如何保证各加工表面有足够的余量,而精基准考虑的重点是如何减少误差。在选择定位基准时,通常是从保证加工精度要求出发的,因而分析定位基准选择的顺序应从精基准到粗基准。

1.精基准的选择

精基准选择应考虑如何保证加工精度和装夹可靠方便,一般应遵循以下原则:

(1)基准重合原则:应尽可能选择设计基准作为定位基准。这样可以避免基准不重合引起的误差。图 4-6 所示为采用调整法加工 C 面,则尺寸 c 的加工误差 T_c 不仅包含本工序的加工误差 Δj,而且包括基准不重合带来的设计基准与定位基准之间的尺寸误差 T_a。如果能以 B 面定位加工 C 面,则可消除基准不重合误差。采用如图 4-7 所示的方式安装工件,此时尺寸 a 的误差对加工尺寸 c 无影响,加工误差只需满足:$\Delta j \leqslant T_c$。显然这种基准重合的情况能使工序允许出现的误差加大,使加工更容易达到精度要求,经济性更好。

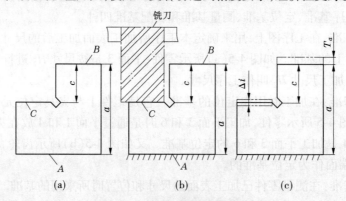

图 4-6 基准不重合误差示例

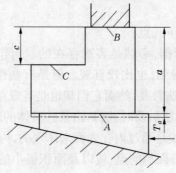

A—夹紧表面;B—定位基面;C—加工面

图 4-7 基准重合工件安装示意图

（2）基准统一原则：应尽可能采用同一个定位基准加工工件上的各个表面。采用基准统一原则，可以简化工艺规程的制订步骤，减少夹具数量，节约了夹具设计和制造费用；同时由于减少了基准的转换，更有利于保证各表面间的相互位置精度。利用两中心孔加工轴类零件的各外圆表面，即符合基准统一原则。

（3）互为基准原则：对工件上两个相互位置精度要求比较高的表面进行加工时，可以利用两个表面互相作为基准，反复进行加工，以保证位置精度要求。例如，为保证套类零件内外圆柱面较高的同轴度要求，可先以孔为定位基准加工外圆，再以外圆为定位基准加工内孔，这样反复多次，就可使两者的同轴度达到很高要求。

（4）自为基准原则：某些加工表面加工余量小而均匀时，可选择加工表面本身作为定位基准。如图 4-8 所示，在导轨磨床上磨削床身导轨面时，就是以导轨面本身为基准，用百分表来找正定位的。

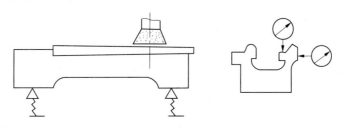

图 4-8 自为基准实例

（5）准确可靠原则：所选基准应保证工件定位准确、安装可靠；夹具设计简单、操作方便。

2. 粗基准的选择

粗基准选择应遵循以下原则：

（1）为了保证重要加工表面加工余量均匀，应选择重要加工表面作为粗基准。例如图 4-9 所示车床床身粗加工时，为保证导轨面有均匀的金相组织和较好的耐磨性，应使其加工余量适当而且均匀，因此应选择导轨面作为粗基准加工床脚面［见图 4-9(a)］，再以床面为精基准加工导轨面［见图 4-9(b)］。

（2）为了保证非加工表面与加工表面之间的相对位置精度要求，应选择非加工表面作为粗基准；如果零件上同时具有多个非加工面，应选择与加工面位置精度要求最高的非加工表面作为粗基准。如图 4-10 所示零件，以不加工的外圆 A 为粗基准，保证其壁厚均匀。

（3）有多个表面需要一次加工时，应选择精度要求最高，或者加工余量最小的表面作为粗基准。

（4）粗基准在同一尺寸方向上通常只允许使用一次。

（5）选作粗基准的表面应平整光洁，有一定面积，无飞边、浇口、冒口，以保证定位稳定、夹紧可靠。

需要认识到，无论是粗基准还是精基准的选择，上述原则都不可能同时满足，有时甚至互相矛盾，因此选择基准时，必须具体情况具体分析，权衡利弊，保证零件的主要设计要求。

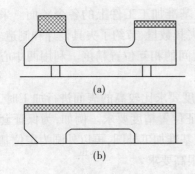

图 4-9　重要加工表面作为粗基准

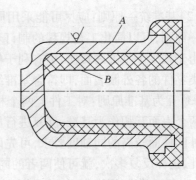

图 4-10　非加工表面作为粗基准

二、加工方法的选择

表面加工方法的选择,就是为零件上每一个有质量要求的表面选择一套合理的加工方法。在选择时,一般先根据表面精度和粗糙度要求选择最终加工方法,再确定精加工前准备工序的加工方法。选择加工方法,既要保证零件表面的质量,又要争取高生产效率,同时还应考虑以下因素:

(1)应考虑工件材料的性质。例如,淬火钢精加工应采用磨床加工,但有色金属的精加工为避免磨削时堵塞砂轮,则应采用金刚镗或高速精细车削等。

(2)要考虑工件的结构和尺寸。例如,对于 IT7 级精度的孔,采用镗、铰、拉和磨削等都可达到要求。但箱体上的孔一般不宜采用拉或磨削,大孔时宜选择镗削,小孔时则宜选择铰孔。

(3)要根据生产类型选择加工方法。大批量生产时,应采用生产率高、质量稳定的专用设备和专用工艺装备加工。单件小批生产时,则只能采用通用设备和工艺装备以及一般的加工方法。

(4)应考虑本企业的现有设备情况和技术条件,以及充分利用新工艺、新技术的可能性。应充分利用企业的现有设备和工艺手段,节约资源,发挥群众的创造性,挖掘企业潜力;同时应重视新技术、新工艺,设法提高企业的工艺水平。

(5)其他特殊要求。例如工件表面纹路要求、表面力学性能要求等。

加工时,应选择相应的能获得经济精度和经济粗糙度的加工方法,不要盲目采用高的加工精度和小的表面粗糙度的加工方法,以免增加生产成本,浪费设备资源。表 4-9 ~表 4-11 列出了平面、外圆和内孔的加工方案可供参考。

表 4-9　平面加工方案

序号	加工方案	经济精度级	表面粗糙度 Ra 值(μm)	适用范围
1	粗车—半精车	IT9	6.3 ~ 3.2	端面
2	粗车—半精车—精车	IT7 ~ IT8	1.6 ~ 0.8	
3	粗车—半精车—磨削	IT8 ~ IT9	0.8 ~ 0.2	

续表 4-9

序号	加工方案	经济精度级	表面粗糙度 Ra 值（μm）	适用范围
4	粗刨（或粗铣）—精刨（或精铣）	IT8~IT9	6.3~1.6	一般不淬硬平面（端铣表面粗糙度较细）
5	粗刨（或粗铣）—精刨（或精铣）—刮研	IT6~IT7	0.8~0.1	精度要求较高的不淬硬平面；批量较大时宜采用宽刃精刨方案
6	以宽刃刨削代替上述方案刮研	IT7	0.8~0.2	
7	粗刨（或粗铣）—精刨（或精铣）—磨削	IT7	0.8~0.2	精度要求高的淬硬平面或不淬硬平面
8	粗刨（或粗铣）—精刨（或精铣）—粗磨—精磨	IT6~IT7	0.4~0.2	
9	粗铣—拉	IT7~IT9	0.8~0.2	大量生产，较小的平面（精度视拉刀精度而定）
10	粗铣—精铣—磨削—研磨	IT6 级以上	0.1~Rz 0.05	高精度平面

表 4-10 外圆加工方案

序号	加工方案	经济精度级	表面粗糙度 Ra 值（μm）	适用范围
1	粗车	IT11 以下	50~12.5	适用于除淬火钢外的各种金属
2	粗车—半精车	IT8~IT10	6.3~3.2	
3	粗车—半精车—精车	IT7~IT8	1.6~0.8	
4	粗车—半精车—精车—滚压（或抛光）	IT7~IT8	0.2~0.025	
5	粗车—半精车—磨削	IT7~IT8	0.8~0.4	主要用于淬火钢，也可用于未淬火钢，但不宜加工有色金属
6	粗车—半精车—粗磨—精磨	IT6~IT7	0.4~0.1	
7	粗车—半精车—粗磨—精磨—超精加工（或轮式超精磨）	IT5	0.1~Rz0.1	
8	粗车—半精车—精车—金刚石车	IT6~IT7	0.4~0.025	主要用于精度要求较高的有色金属加工
9	粗车—半精车—粗磨—精磨—超精磨（或镜面磨）	IT5 以上	0.025~Rz0.05	极高精度的外网加工
10	粗车—半精车—粗磨—精磨—研磨	IT5 以上	0.1~Rz0.05	

表 4-11　内孔加工方案

序号	加工方案	经济精度级	表面粗糙度 Ra 值（μm）	适用范围
1	钻	IT11~IT12	12.5	加工未淬火钢及铸铁的实心毛坯，也可用于加工有色金属（但表面粗糙度稍大，孔径小于 15~20 mm）
2	钻—铰	IT9	3.2~1.6	
3	钻—铰—精铰	IT7~IT8	1.6~0.8	
4	钻—扩	IT10~IT11	12.5~6.3	同上，但孔径大于 15~20 mm
5	钻—扩—铰	IT8~IT9	3.2~1.6	
6	钻—扩—粗铰—精铰	IT7	1.6~0.8	
7	钻—扩—机铰—手铰	IT6~IT7	0.4~0.1	
8	钻—扩—拉	IT7~IT9	1.6~0.1	大批量生产（精度由拉刀的精度而定）
9	粗镗（或扩孔）	IT11~IT12	12.5~6.3	除淬火钢外各种材料，毛坯有铸出孔或锻出孔
10	粗镗（扩）—半精镗（精扩）	IT8~IT9	3.2~1.6	
11	粗镗（扩）—半粗镗（精扩）—精镗（铰）	IT7~IT8	1.6~0.8	
12	粗镗（扩）—半精镗（精扩）—精镗—浮动锉刀精镗	IT6~IT7	0.8~0.4	
13	粗镗（扩）—半精镗—磨孔	IT7~IT8	0.8~0.2	主要用于淬火钢，也可用于未淬火钢，但不宜用于有色金属
14	粗镗（扩）—半精镗—粗磨—精磨	IT6~IT7	0.2~0.1	
15	粗镗—半精镗—精镗—金刚镗	IT6~IT7	0.4~0.05	主要用于精度要求高的有色金属加工
16	钻—（扩）—粗铰—精铰—珩磨；钻—（扩）—拉—珩磨；粗镗—半粗镗—精镗—珩磨	IT6~IT7	0.2~0.025	精度要求很高的孔
17	以研磨代替上述方案中的珩磨	IT6 级以上		

三、加工阶段的划分

为了保证零件的加工质量和合理地使用设备、人力，往往不可能在一个工序内完成全部加工工作，而必须将整个加工过程划分为粗加工、半精加工和精加工三大阶段。

粗加工阶段的任务是高效地切除各加工表面的大部分余量，使毛坯在形状和尺寸上接近成品；半精加工阶段的任务是消除粗加工留下的误差，为主要表面的精加工做准备，并完成一些次要表面的加工;精加工阶段的任务是从工件上切除少量余量,保证各主要表面达到图纸规定的质量要求。另外,对零件上精度和表面粗糙度要求特别高的表面还应在精加工后增加光整加工,称为光整加工阶段。

划分加工阶段的主要原因有:

(1)保证零件加工质量。粗加工时切除的金属层较厚,会产生较大的切削力和切削热,所需的夹紧力也较大,因而工件会产生较大的弹性变形和热变形;另外,粗加工后内应力重新分布,也会使工件产生较大的变形。划分阶段后,粗加工造成的误差将通过半精加工和精加工予以纠正。

(2)有利于合理使用设备。粗加工时可使用功率大、刚度好而精度较低的高效率机床,以提高生产率。而精加工则可使用高精度机床,以保证加工精度要求。这样既充分发挥了机床各自的性能特点,又避免了以粗干精,延长了高精度机床的使用寿命。

(3)便于及时发现毛坯缺陷。由于粗加工切除了各表面的大部分余量,毛坯的缺陷如气孔、砂眼、余量不足等可及早被发现,及时修补或报废,从而避免继续加工而造成的浪费。

(4)避免损伤已加工表面。将精加工安排在最后,可以保护精加工表面在加工过程中少受损伤或不受损伤。

(5)便于安排必要的热处理工序。划分阶段后,在适当的时机在机械加工过程中插入热处理,可使冷、热工序配合得更好,避免因热处理带来的变形。

值得指出的是,加工阶段的划分不是绝对的。例如,对那些加工质量不高、刚性较好、毛坯精度较高、加工余量小的工件,也可不划分或少划分加工阶段;对于一些刚性好的重型零件,由于装夹、运输费时,也常在一次装夹中完成粗、精加工,为了弥补不划分加工阶段引起的缺陷,可在粗加工之后松开工件,让工件的变形得到恢复,稍留间隔后用较小的夹紧力重新夹紧工件再进行精加工。

四、加工顺序的安排

复杂零件的机械加工要经过切削加工、热处理和辅助工序,在拟定工艺路线时必须将三者统筹考虑,合理安排顺序。

(一)切削加工工序顺序的安排原则

切削加工工序安排的总原则是:前期工序必须为后续工序创造条件,做好基准准备。具体原则如下。

1.基准先行

零件加工一开始,总是先加工精基准,再用精基准定位加工其他表面。例如,对于箱体零件,一般是以主要孔为粗基准加工平面,再以平面为精基准加工孔系;对于轴类零件,一般是以外圆为粗基准加工中心孔,再以中心孔为精基准加工外圆、端面等其他表面。如果有几个精基准,则应该按照基准转换的顺序和逐步提高加工精度的原则来安排基面和主要表面的加工。

2.先主后次

零件的主要表面一般都是加工精度或表面质量要求比较高的表面,它们的加工质量好坏对整个零件的质量影响很大,其加工工序往往也比较多,因此应先安排主要表面的加工,再将其他表面加工适当安排在它们中间穿插进行。通常将装配基面、工作表面等视为主要表面,而将键槽、紧固用的光孔和螺孔等视为次要表面。

3.先粗后精

一个零件通常由多个表面组成,各表面的加工一般都需要分阶段进行。在安排加工顺序时,应先集中安排各表面的粗加工,中间根据需要依次安排半精加工,最后安排精加工和光整加工。对于精度要求较高的工件,为了减小因粗加工引起的变形对精加工的影响,通常粗、精加工不应连续进行,而应分阶段、间隔适当时间进行。

4.先面后孔

对于箱体、支架和连杆等工件,应先加工平面后加工孔。因为平面的轮廓平整、面积大,先加工平面再以平面定位加工孔,既能保证加工时孔有稳定可靠的定位基准,又有利于保证孔与平面间的位置精度要求。

(二) 热处理的安排

热处理工序在工艺路线中的安排,主要取决于零件的材料和热处理的目的。根据热处理的目的,一般可分为以下几种。

1.预备热处理

预备热处理的目的是消除毛坯制造过程中产生的内应力、改善金属材料的切削加工性能,为最终热处理做准备。属于预备热处理的有调质、退火、正火等,一般安排在粗加工前、后。安排在粗加工前,可改善材料的切削加工性能;安排在粗加工后,有利于消除残余内应力。

2.最终热处理

最终热处理的目的是提高金属材料的力学性能,如提高零件的硬度和耐磨性等。属于最终热处理的有淬火–回火、渗碳淬火–回火、渗氮等,对于仅仅要求改善力学性能的工件,有时正火、调质等也作为最终热处理。最终热处理一般应安排在粗加工、半精加工之后,精加工的前后。变形较大的热处理,如渗碳淬火、调质等,应安排在精加工前进行,以便在精加工时纠正热处理的变形;变形较小的热处理,如渗氮等,则可安排在精加工之后进行。

3.时效处理

时效处理的目的是消除内应力、减少工件变形。时效处理分自然时效、人工时效和冰冷处理三大类。自然时效是指将铸件在露天放置几个月或几年;人工时效是指将铸件以 $50\sim100$ ℃/h 的速度加热到 $500\sim550$ ℃,保温 $2\sim8$ h 或更久,然后以 $20\sim50$ ℃/h 的速度随炉冷却;冰冷处理是指将零件置于 $-80\sim0$ ℃的某种气体中停留 $1\sim2$ h。时效处理一般安排在粗加工之后、精加工之前;对于精度要求较高的零件,可在半精加工之后再安排一次时效处理;冰冷处理一般安排在回火处理之后,或者精加工之后,或者工艺过程的最后。

4.表面处理

为了表面防腐或表面装饰,有时需要对表面进行涂镀或发蓝等处理。涂镀是指在金属、非金属基体上沉积一层所需的金属或合金的过程。发蓝处理是一种钢铁的氧化处理,是指将钢件放入一定温度的碱性溶液中,使零件表面生成 $0.6\sim0.8$ μm 致密而牢固的

Fe_3O_4 氧化膜的过程,依处理条件的不同,该氧化膜呈现亮蓝色直至亮黑色,所以又称为煮黑处理。这种表面处理通常安排在工艺过程的最后。

（三）辅助工序的安排

辅助工序包括工件的检验、去毛刺、清洗、去磁和防锈等。辅助工序也是机械加工的必要工序,安排不当或遗漏,会给后续工序和装配带来困难,影响产品质量甚至机器的使用性能。例如,未去毛刺的零件装配到产品中会影响装配精度或危及工人安全,机器运行一段时间后,毛刺变成碎屑后混入润滑油中,将影响机器的使用寿命;用磁力夹紧过的零件如果不安排去磁,则可能将微细切屑带入产品中,也必然会严重影响机器的使用寿命,甚至还可能造成不必要的事故。因此,必须十分重视辅助工序的安排。

检验是最主要的辅助工序,它对保证产品质量有重要的作用。检验工序应安排在:

（1）粗加工阶段结束后。

（2）转换车间的前后,特别是进入热处理工序的前后。

（3）重要工序之前或加工工时较长的工序前后。

（4）特种性能检验,如磁力探伤、密封性检验等之前。

（5）全部加工工序结束之后。

五、工序组合原则

拟定工艺路线时,选定了各表面的加工工序和划分加工阶段之后,就可以将同一阶段中的各加工表面组合成若干工序。确定工序数目或工序内容的多少有两种不同的原则,它和设备类型的选择密切相关。

（一）工序集中与工序分散的概念

工序集中就是将工件的加工集中在少数几道工序内完成。每道工序的加工内容较多。工序集中又可分为:采用技术措施集中的机械集中,如采用多刀、多刃、多轴或数控机床加工等;采用人为组织措施集中的组织集中,如普通车床的顺序加工。

工序分散则是将工件的加工分散在较多的工序内完成。每道工序的加工内容很少,有时甚至每道工序只有一个工步。

（二）工序集中与工序分散的特点

1.工序集中的特点

（1）采用高效率的专用设备和工艺装备,生产效率高。

（2）减少了装夹次数,易于保证各表面间的相互位置精度,还能缩短辅助时间。

（3）工序数目少,机床数量、操作工人数量和生产面积都可减少,节省人力、物力,还可简化生产计划和组织工作。

（4）工序集中通常需要采用专用设备和工艺装备,使得投资大,设备和工艺装备的调整、维修较为困难,生产准备工作量大,转换新产品较麻烦。

2.工艺分散的特点

（1）设备和工艺装备简单、调整方便,工人便于掌握,容易适应产品的变换。

（2）可以采用最合理的切削用量,减少基本时间。

（3）对操作工人的技术水平要求较低。

（4）设备和工艺装备数量多、操作工人多、生产占地面积大。

工序集中与工序分散各有特点，应根据生产类型、零件的结构和技术要求、现有生产条件等综合分析后选用。当批量小时，为简化生产计划，多将工序适当集中，使各通用机床完成更多表面的加工，以减少工序数目；而批量较大时，就可采用多刀、多轴等高效机床将工序集中。由于工序集中的优点较多，现代生产的发展多趋向于工序集中。

（三）工序集中与工序分散的选择

工序集中与工序分散各有利弊，应根据企业的生产规模、产品的生产类型、现有的生产条件、零件的结构特点和技术要求、各工序的生产节拍，进行综合分析后选定。

一般说来，单件小批生产采用组织集中，以便简化生产组织工作；大批大量生产可采用较复杂的机械集中；对于结构简单的产品，可采用工序分散的原则；批量生产应尽可能采用高效机床，使工序适当集中。对于重型零件，为了减少装卸运输工作量，工序应适当集中；而对于刚性较差且精度高的精密工件，则工序应适当分散。随着科学技术的进步、先进制造技术的发展，目前的发展趋势是倾向于工序集中。

■ 任务五　确定工序尺寸

学习目标：
1.掌握加工余量的概念、影响因素及确定方法。
2.能够确定工序尺寸及公差。

工序余量的计算确定与加工成本密切相关。机床及工艺装备的选择是制订工艺规程的重要工作，它不但直接影响工件的加工质量，还影响工件的加工效率和制造成本，合理地切削余量选择是保证产品质量，提高加工效率、经济效益的重要因素。

一、加工余量

（一）加工余量的基本概念

加工余量是指在加工中被切去的金属层厚度。加工余量有工序余量、总余量之分。

1. 工序余量

工序余量指相邻两工序的工序尺寸之差。如图4-11所示。计算工序余量 Z 时，平面类非对称表面，应取单加余量：

对于外表面：

$$Z = a - b \tag{4-2}$$

对于内表面：

$$Z = b - a \tag{4-3}$$

式中　Z——本工序的工序余量；
　　　a——前道工序的工序尺寸；
　　　b——本工序的工序尺寸。

旋转表面的工序余量则是对称的双边余量：

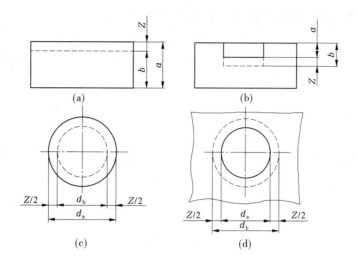

图 4-11 加工余量

对于被包容面：

$$Z = d_a - d_b \qquad (4\text{-}4)$$

对于包容面：

$$Z = d_b - d_a \qquad (4\text{-}5)$$

式中　Z——直径上的加工余量；

　　　d_a——前道工序的加工直径；

　　　d_b——本工序的加工直径。

由于工序尺寸有公差，故实际切除的余量大小不等。因此，工序余量也是一个变动量。

当工序尺寸用基本尺寸计算时，所得的加工余量称为基本余量或者公称余量。

保证该工序加工表面的精度和质量所须切除的最小金属层厚度，称为最小余量 $Z_{\min}$。该工序余量的最大值则称为最大余量 $Z_{\max}$。

图 4-12 表示了工序余量与工序尺寸及其公差的关系。

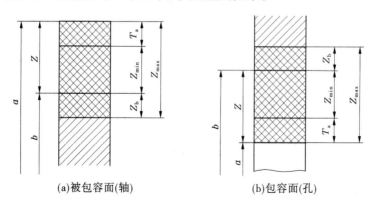

(a)被包容面(轴)　　　　　　(b)包容面(孔)

图 4-12　工序余量与工序尺寸及其公差的关系

工序余量和工序尺寸及其公差的关系式如下：

$$Z = Z_{min} + T_a \tag{4-6}$$

$$Z_{max} = Z + T_b = Z_{min} + T_a + T_b \tag{4-7}$$

由此可知，

$$T_z = Z_{max} - Z_{min} = (Z_{min} + T_a + T_b) - Z_{min} = T_a + T_b \tag{4-8}$$

式中　T_a——前道工序尺寸的公差；

　　　T_b——本工序尺寸的公差；

　　　T_z——本工序的余量公差。

即余量公差等于前道工序与本工序的尺寸公差之和。

为了便于加工，工序尺寸公差都按"入体原则"标注，即被包容面的工序尺寸公差取上偏差为零；包容面的工序尺寸公差取下偏差为零；而毛坯尺寸公差按双向布置上、下偏差。

2.总余量

工件由毛坯到成品的整个加工过程中某一表面被切除金属层的总厚度。即

$$Z_总 = Z_1 + Z_2 + \cdots + Z_n \tag{4-9}$$

式中　$Z_总$——加工总余量；

　　　Z_1、Z_2、$\cdots$、Z_n——各道工序余量。

图 4-13 表示了外圆和内孔多次加工时总加工余量、工序余量与加工尺寸的分布图。

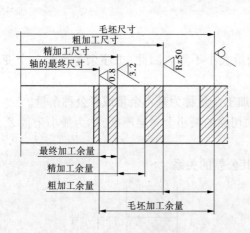
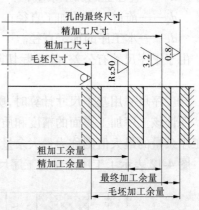

图 4-13　加工余量和加工尺寸分布

(二)影响加工余量的因素

影响加工余量的因素是多方面的，主要有：

(1)前道工序的表面粗糙度 R_a 和表面层缺陷层厚度 D_a。

(2)前道工序的尺寸公差 T_a。

(3)前道工序的形位误差 ρ_a，如工件表面的弯曲、工件的空间位置误差等。

(4)本工序的安装误差 ε_b。

因此，本工序的加工余量必须满足：

对称余量：

$$Z \geqslant 2(R_a + D_a) + T_a + 2 \mid \rho_a + \varepsilon_b \mid \tag{4-10}$$

单边余量：

$$Z \geqslant R_a + D_a + T_a + \mid \rho_a + \varepsilon_b \mid \tag{4-11}$$

（三）加工余量的确定

加工余量的大小对工件的加工质量、生产率和生产成本均有较大影响。加工余量过大，不仅增加机械加工的劳动量、降低生产率，而且增加了材料、刀具和电力的消耗，提高了加工成本；加工余量过小，则既不能消除前道工序的各种表面缺陷和误差，又不能补偿本工序加工时工件的安装误差，易造成废品。因此，应合理地确定加工余量。

确定加工余量的基本原则是：在保证加工质量的前提下，加工余量越小越好。

实际工作中，确定加工余量的方法有以下三种。

1.查表法

根据有关手册提供的加工余量数据，再结合本厂生产实际情况加以修正后确定加工余量。这是各工厂广泛采用的方法。

2.经验估计法

根据工艺人员本身积累的经验确定加工余量。一般为了防止余量过小而产生废品，所估计的余量总是偏大。常用于单件、小批量生产。

3.分析计算法

根据理论公式和一定的试验资料，对影响加工余量的各因素进行分析、计算来确定加工余量。这种方法较合理，但需要全面可靠的试验资料，计算也较复杂。一般只在材料十分贵重或少数大批大量生产的工厂中采用。

在确定加工余量时，要分别确定加工总余量（毛坯余量）和工序余量。

二、工序尺寸与公差确定

工件上的设计尺寸一般都要经过几道工序的加工才能得到，每道工序所应保证的尺寸称为工序尺寸。编制工艺规程的一个重要工作就是要确定每道工序的工序尺寸及其公差。在确定工序尺寸及其公差时，存在工序基准与设计基准重合和不重合两种情况。

（一）基准重合时工序尺寸及其公差的计算

当工序基准、定位基准或测量基准与设计基准重合，表面多次加工时，工序尺寸及其公差的计算相对来说比较简单。其计算顺序是先确定各工序的加工方法，然后确定该加工方法所要求的加工余量及其所能达到的精度，再由最后一道工序逐个向前推算，即由零件图上的设计尺寸开始，一直推算到毛坯图上的尺寸。工序尺寸的公差都按各工序的经济精度确定，并按"入体原则"确定上、下偏差。

工序尺寸与公差计算顺序：

（1）确定毛坯总余量和工序余量。

（2）确定工序公差。

（3）求工序基本尺寸。

（4）标注工序尺寸公差。

【**例 4-1**】 某主轴箱体主轴孔的设计要求为 $\phi100H7, Ra = 0.8~\mu m$。其加工工艺路线为:毛坯—粗镗—半精镗—精镗—浮动镗。试确定各工序尺寸及其公差。

解 从机械工艺手册查得各工序的加工余量和所能达到的精度,计算结果见表 4-12 中的第四、五列。

表 4-12 主轴孔工序尺寸及公差的计算

工序名称	工序余量	工序的经济精度	工序基本尺寸	工序尺寸及公差
浮动镗	0.1	$H7(^{+0.035}_{0})$	100	$\phi100^{+0.035}_{0}, Ra = 0.8~\mu m$
精镗	0.5	$H9(^{+0.087}_{0})$	100−0.1=99.9	$\phi99.9^{+0.087}_{0}, Ra = 1.6~\mu m$
半精镗	2.4	$H11(^{+0.22}_{0})$	99.9−0.5=99.4	$\phi99.4^{+0.22}_{0}, Ra = 6.3~\mu m$
粗镗	5	$H13(^{+0.54}_{0})$	99.4−2.4=97	$\phi97^{+0.54}_{0}, Ra = 12.5~\mu m$
毛坯孔	8	(±1.2)	97−5=92	$\phi92\pm1.2$

(二)基准不重合时工序尺寸及其公差的计算

加工过程中,工件的尺寸是不断变化的,由毛坯尺寸到工序尺寸,最后达到满足零件性能要求的设计尺寸。一方面,由于加工的需要,在工序图以及工艺卡上要标注一些专供加工用的工艺尺寸,工艺尺寸往往不是直接采用零件图上的尺寸,而是需要另行计算;另一方面,当零件加工时,有时需要多次转换基准,因而引起工序基准、定位基准或测量基准与设计基准不重合。这时,需要利用工艺尺寸链原理来进行工序尺寸及其公差的计算。

1.工艺尺寸链的基本概念

1)工艺尺寸链的定义

加工图 4-14 所示零件,零件图上标注的设计尺寸为 A_1 和 A_Σ。用零件的面 1 来定加工面 2,得尺寸 A_1;如图 4-14(a)所示,为使工件定位可靠,夹具结构简单,常选 1 面为定位基准,按尺寸 A_2 对刀加工 3 面,间接保证 A_Σ;如图 4-14(b)所示,因 A_Σ 不便直接测量,只能按照容易测量的 A_2 进行加工,以间接保证 A_Σ;于是 A_1、A_2 和 A_Σ 就形成了一个封闭的图形,如图 4-14(c)所示。这种由相互联系的尺寸按一定顺序首尾相接排列成的尺寸封闭图形就称为尺寸链。由单个零件在工艺过程中的有关工艺尺寸所组成的尺寸链,称为工艺尺寸链。

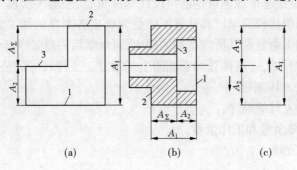

(a)   (b)   (c)

图 4-14 加工过程中的尺寸链

2)工艺尺寸链的组成

我们把组成工艺尺寸链的各个尺寸称为尺寸链的环。这些环可分为封闭环和组成环。

(1)封闭环:尺寸链中最终间接获得或间接保证精度的那个环。每个尺寸链中必有一个,且只有一个封闭环。

(2)组成环:除封闭环外的其他环。组成环又分为增环和减环。

①增环(A_i):若其他组成环不变,某组成环的变动引起封闭环随之同向变动,则该环为增环。

②减环(A_j):若其他组成环不变,某组成环的变动引起封闭环随之异向变动,则该环为减环。

工艺尺寸链一般都用工艺尺寸链图表示。建立工艺尺寸链时,应首先对工艺过程和工艺尺寸进行分析,确定间接保证精度的尺寸,并将其定为封闭环,然后从封闭环出发,按照零件表面尺寸间的联系,用首尾相接的单向箭头顺序表示各组成环,这种尺寸图就是尺寸链图。根据上述定义,利用尺寸链图即可迅速判断组成环的性质,凡与封闭环箭头方向相同的环即为减环,而凡与封闭环箭头方向相反的环即为增环。

3)工艺尺寸链的特性

通过上述分析可知,工艺尺寸链的主要特性是封闭性和关联性。

所谓封闭性,是指尺寸链中各尺寸的排列呈封闭形式。没有封闭的不能成为尺寸链。

所谓关联性,是指尺寸链中任何一个直接获得的尺寸及其变化,都将影响间接获得或间接保证的那个尺寸及其精度的变化。

2.工艺尺寸链的计算

工艺尺寸链的计算方法有两种,即极值法和概率法,这里仅介绍生产中常用的极值法。

1)封闭环的基本尺寸

封闭环的基本尺寸等于各组成环尺寸的代数和,即

$$A_\Sigma = \sum_{i=1}^{m} \overrightarrow{A}_i - \sum_{j=m+1}^{n-1} \overleftarrow{A}_j \tag{4-12}$$

式中　A_Σ——封闭环的尺寸;

$\overrightarrow{A}_i$——增环的基本尺寸;

$\overleftarrow{A}_j$——减环的基本尺寸;

m——增环的环数;

n——包括封闭环在内的尺寸链的总环数。

2)封闭环的极限尺寸

封闭环的最大极限尺寸等于所有增环的最大极限尺寸之和减去所有减环的最小极限尺寸之和;封闭环的最小极限尺寸等于所有增环的最小极限尺寸之和减去所有减环的最大极限尺寸之和。故极值法也称为极大极小法。即

$$A_{\Sigma max} = \sum_{i=1}^{m} \overrightarrow{A}_{i\,max} - \sum_{j=m+1}^{n-1} \overleftarrow{A}_{j\,min} \tag{4-13}$$

$$A_{\Sigma\min} = \sum_{i=1}^{m} \overrightarrow{A}_{i\min} - \sum_{j=m+1}^{n-1} \overleftarrow{A}_{j\max} \tag{4-14}$$

3) 计算封闭环的竖式

封闭环时还可列竖式进行解算。解算时应用口诀:增环上下偏差照抄;减环上下偏差对调、反号。封闭环竖式计算参见表 4-13。

表 4-13　封闭环竖式计算

环的类型		基本尺寸	上偏差　ES	下偏差　EI
增环	$\overrightarrow{A}_1$	$+A_1$	ES_{A1}	EI_{A1}
	$\overrightarrow{A}_2$	$+A_2$	ES_{A2}	EI_{A2}
减环	$\overleftarrow{A}_3$	$-A_3$	$-EI_{A3}$	$-ES_{A3}$
	$\overleftarrow{A}_4$	$-A_4$	$-EI_{A4}$	$-ES_{A4}$
封闭环	A_Σ	A_Σ	$ES_{A\Sigma}$	$EI_{A\Sigma}$

具体计算过程请参照后面的实例。

3. 工艺尺寸链的计算形式

(1) 正计算形式:已知各组成环尺寸求封闭环尺寸。其计算结果是唯一的。产品设计的校验常用这种形式。

(2) 反计算形式:已知封闭环尺寸求各组成环尺寸。由于组成环通常有若干个,所以反计算形式须将封闭环的公差值按照尺寸大小和精度要求合理地分配给各组成环。产品设计常用此形式。

(3) 中间计算形式:已知封闭环尺寸和部分组成环尺寸求某一组成环尺寸。该方法应用最广,常用于加工过程中基准不重合时计算工序尺寸。

(三)工艺尺寸链的分析与解算

1. 测量基准与设计基准不重合时的工艺尺寸及其公差的确定

在工件加工过程中,有时会遇到一些表面加工之后,按设计尺寸不便直接测量的情况,因此需要在零件上另选一容易测量的表面作为测量基准进行测量,以间接保证设计尺寸的要求。这时就需要进行工艺尺寸的换算。

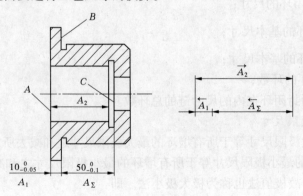

图 4-15　轴承座

【**例 4-2**】 加工图 4-15 所示轴承座,设计尺寸为 $10_{-0.05}^{0}$ mm 和 $50_{-0.1}^{0}$ mm。C 面的设计基准为 B 面,但加工 C 面时,因无法测量 A_{Σ},加工时常常线按 A_{1} 车出端面 A 和 B,然后以 A 面为测量基准,通过控制尺寸 A_{2} 加工 C 面,最后间接保证 A_{Σ}。尺寸 $50_{-0.1}^{0}$ mm、$10_{-0.05}^{0}$ mm 和 A_{Σ} 就形成了一工艺尺寸链。分析该尺寸链可知,尺寸 $50_{-0.1}^{0}$ mm 为封闭环,尺寸 $10_{-0.05}^{0}$ mm 为减环,A_{2} 为增环。

解 利用尺寸链的解算公式可知,

$A_{2} = 50 + 10 = 60 \, (\text{mm})$

$ES_{2} = 0 + (-0.05) = -0.05 \, (\text{mm})$

$EI_{2} = -0.1 - 0 = -0.1 \, (\text{mm})$

因此,$A_{2} = 60_{-0.1}^{-0.05}$ mm。

计算上面的尺寸链,由于环数少,利用尺寸链解算公式比较简便。不过,公式记忆起来有的人会感到有些困难,甚至容易弄混;如果尺寸链环数很多,利用尺寸链解算公式计算起来还会感到比较麻烦,并且容易出错。下面介绍一种用竖式解算尺寸链的方法。

利用竖式解算尺寸链时,必须用一句口诀对增环、减环的上、下偏差进行处理。这句口诀是:"增环上、下偏差照抄,减环上、下偏差对调并反号"。仍以例 4-2 为例,由尺寸链图可知,尺寸 $50_{-0.1}^{0}$ mm 为封闭环,尺寸 $10_{-0.05}^{0}$ mm 为减环,A_{2} 为增环。将该尺寸链列竖式则为

基本尺寸		ES	EI
A_{2}	60	-0.05	-0.1
A_{1}	-10	$+0.05$	0
A_{Σ}	50	0	-0.1

同样解得:$A_{2} = 60_{-0.1}^{-0.05}$ mm。

2.定位基准与设计基准不重合时的工艺尺寸及其公差的确定

采用调整法加工零件时,若所选的定位基准与设计基准不重合,那么该加工表面的设计尺寸就不能由加工直接得到,这时就需要进行工艺尺寸的换算,以保证设计尺寸的精度要求,并将计算的工序尺寸标注在工序图上。

【**例 4-3**】 加工图 4-16 所示零件,A、B、C 面在镗孔前已经过加工,镗孔时,为方便工件装夹,选择 A 面为定位基准来进行加工,而孔的设计基准为 C 面,显然,属于定位基准与设计基准不重合。加工时镗刀需按定位 A 面来进行调整,故应先计算出工序尺寸 A_{3}。

解 据题意作出工艺尺寸链简图,如图 4-16(b)所示。由于面 A、B、C 在镗孔前已加工,故 A_{1}、A_{2} 在本工序前就已被保证精度,A_{3} 为本道工序直接保证精度的尺寸,故三者均为组成环,而 A_{0} 为本工序加工后才得到的尺寸,故 A_{0} 为封闭环。由工艺尺寸链简图可知,组成环 A_{2} 和 A_{3} 是增环,A_{1} 是减环。为使计算方便,现将各尺寸都换算成平均尺寸。由此列竖式:

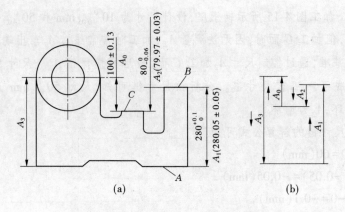

图 4-16 定位基准与设计基准不重合

基本尺寸		ES	EI
A_3	300.08	-0.07	-0.07
A_2	79.97	+0.03	-0.03
A_1	-280.05	+0.05	-0.05
A_0	100	+0.15	-0.15

解:据题意作出工艺尺寸链简图,如图 4-16(b)所示。由于面 A、B、C 在镗孔前已加工,故 A_1、A_2 在本工序前就已被保证精度,A_3 为本道工序直接保证精度的尺寸,故三者均为组成环,而 A_0 为本工序加工后才得到的尺寸,故 A_0 为封闭环。由工艺尺寸链简图可知,组成环 A_2 和 A_3 是增环,A_1 是减环。为使计算方便,现将各尺寸都换算成平均尺寸。由此列竖式:

基本尺寸		ES	EI
A_3	300.08	+0.05	-0.05
A_2	79.97	+0.03	-0.03
A_1	-280.05	+0.05	-0.05
A_0	100	+0.13	-0.13

解得:$A_3 = 300.08 \pm 0.05 = 300^{+0.13}_{+0.03}$(mm)

3.工序基准是尚需加工的设计基准时的工序尺寸及其公差的计算

从待加工的设计基准(一般为毛面)标注工序尺寸,因为待加工的设计基准与设计基准两者差一个加工余量,所以这仍然可以作为设计基准与定位基准不重合的问题进行解算。

【例 4-4】 某零件的外圆 $\phi 108_{-0.013}$ 上要渗碳,渗碳深度为 0.8～1.0 mm。外圆加工顺序安排是:先按 $\phi 108.6^{0}_{-0.03}$ 车外圆,然后渗碳并淬火,再按 $\phi 108^{0}_{-0.013}$ 磨此外圆,所留渗碳层深度要在 0.8～1.0 mm 范围内。试求渗碳工序的渗入深度应控制在多大的范围。

解 根据题意作出尺寸链图如图 4-17(c)所示,显然所留渗碳层深度 0.8～1.0 mm 是间接获得的。由尺寸链图可知,$1.6^{+0.4}_{0}$ 为封闭环。

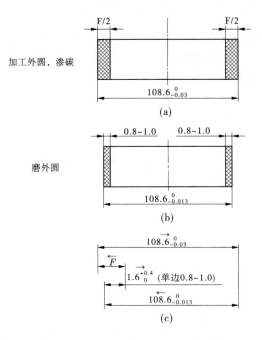

加工外圆, 渗碳

$108.6_{-0.03}^{0}$

(a)

磨外圆

$108.6_{-0.013}^{0}$

(b)

$108.6_{-0.03}^{0}$

F

$1.6_{0}^{+0.4}$ (单边0.8~1.0)

$108.6_{-0.013}^{0}$

(c)

图 4-17　保证渗碳深度的尺寸换算

列竖式求解为

基本尺寸	ES	EI
增环　108	0	−0.013
$F = 2.2$	+0.37	+0.013
减环　−108.6	+0.03	0
封闭环　1.6	+0.4	0

由此解得：$F = 2.2_{+0.013}^{+0.37}$ mm。

因此, 渗碳工序的渗入深度应控制在 1.107~1.285 mm 的范围内。

任务六　选择机床及工艺装备

学习目标：

1. 知道机床的选择方法及注意事项。

2. 知道工艺装备的内容, 能够合理选择工艺装备。

一、机床的选择

选择各工序所使用的设备及工艺装备时, 主要考虑零件的精度要求、结构尺寸和生产纲领等因素的影响, 结合工序集中或工序分散的情况来确定。如工序集中时, 可选择高效多刀、多轴机床；工序分散时, 可选用简单通用机床。一般应注意以下几点：

(1)机床的精度应与工序要求的加工精度相适应。即加工高精度的零件选择高精度的机床。

（2）机床的主要规格尺寸与加工零件的外形轮廓尺寸相适应。

（3）机床的生产率与加工零件的生产类型相适应。即单件小批量选择统一设备，大批大量选择专用设备、组合机床或自动机床。

（4）机床的选择与现有生产条件相适应。即现有设备的实际精度、类型、规格状况、设备负荷的平衡状况，以及设备等分布排列情况、操作者的设计水平等。当现有设备的条件不能满足生产要求时，应优先考虑通过设备改造，在保证精度的前提下，降低设备成本。

（5）采用数控机床或加工中心加工的可能性。在中小批生产中，对一些精度要求较高、工步内容较多的复杂工序，应尽量考虑采用数控机床加工。

二、工艺装备的选择

工装即工艺装备，指制造过程中所用的各种工具的总称。包括刀具、夹具、模具、量具、检具、辅具、钳工工具、工位器具等。

工艺装备按照其使用范围，可分为通用和专用两种。通用工艺装备（简称通用工装）适用于各种产品，如常用刀具、量具等；专用工艺装备（简称专用工装），即仅适用于某种产品、某个零部件、某道工序的工装。专用的由企业自己设计和制造，而通用的则由专业厂制造。

（一）刀具的选择

刀具是机械制造中用于切削加工的工具，又称为切削工具。刀具按工件加工表面的形式可分为五类，见表4-14。

表4-14 刀具类型

加工表面	刀具
外表面加工	车刀、刨刀、铣刀、外表面拉刀和锉刀等
内表面（孔）加工	钻头、扩孔钻、镗刀、铰刀和内表面拉刀等
螺纹加工	丝锥、板牙、自动开合螺纹切头、螺纹车刀和螺纹铣刀等
齿轮加工	滚刀、插齿刀、剃齿刀、锥齿轮和拉刀等
切断加工	镶齿圆锯片、带锯、弓锯、切断车刀和锯片铣刀等

按切削运动方式和相应的刀刃形状，刀具又可分为三类：通用刀具、成形刀具、特殊刀具。通用刀具如车刀、刨刀、铣刀（不包括成形的车刀、成形刨刀和成形铣刀）、镗刀、钻头、扩孔钻、铰刀和锯等；成形刀具的刀刃具有与被加工工件断面相同或接近相同的形状，如成形车刀、成形刨刀、成形铣刀、拉刀、圆锥铰刀和各种螺纹加工刀具等；特殊刀具加工一些特殊工件如齿轮、花键等用的刀具。

一般情况下优先采用通用刀具，以缩短刀具制造周期，减低成本。必要时也可采用各种高生产率的复合刀具和专用刀具。刀具的类型、规格及精度等级应符合加工要求。

（二）夹具的选择

夹具是指机械制造过程中用来固定加工对象，使之占有正确的位置，以接受加工或检测的装置，又称卡具（qiǎ jù）。从广义上说，在工艺过程中的任何工序，用来迅速、方便、安全地安装工件的装置,都可称为夹具。

夹具的分类、定位原理及工件的夹紧在项目三任务二中已有介绍,此处不再赘述。

加工零件时夹具需要针对机床设备进行选取。一般而言,单件小批生产应尽量选择通用夹具或组合夹具,大批大量生产应尽量根据加工要求选择或设计制造专用夹具,也可以选择组合夹具。夹具的精度应与加工精度相适应。

(三) 量具的选择

生产中为保证零件的加工质量,要对加工出来的零件按照要求进行表面粗糙度、尺寸精度、形状精度、位置精度进行测量,所使用的工具即为量具。

量具的种类很多,根据其用途和特点不同,可以分为:

(1) 万能量具:这类量具一般都有刻度,在其测量范围内可以直接测出零件和产品形状及尺寸的具体数值。如游标卡尺、千分尺、百分表和万能角度尺等。

(2) 专用量具:这类量具不能测量出实际尺寸,只能测定零件和产品的形状、尺寸是否合格,如卡规、塞规等。

(3) 标准量具:这类量具只能制成某一固定尺寸,通常用来校对和调整其他量具,也可以作为标准与被测量件进行比较,如量块、角度量块。

常用量具如图 4-18 所示。

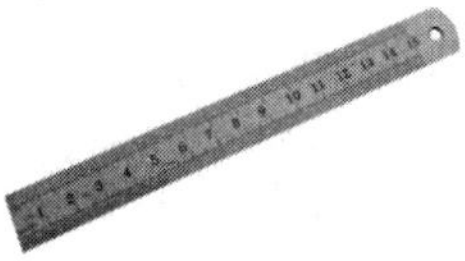

(a)钢直尺

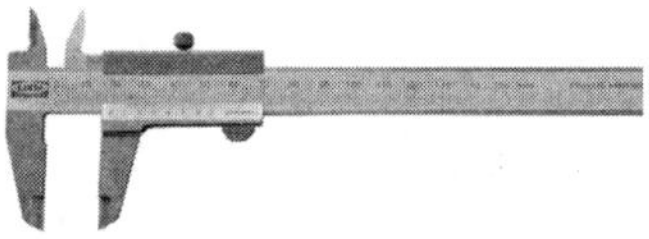

(b)游标卡尺

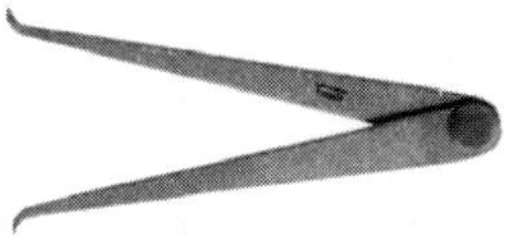

(c)内卡钳

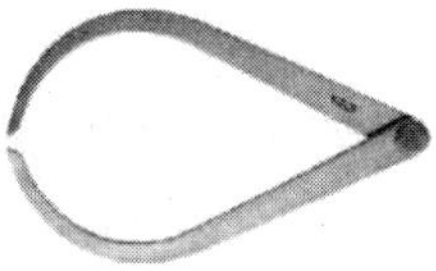

(d)外卡钳

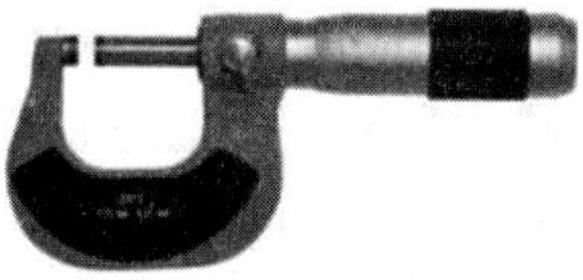

(e)螺旋测微器

(f)百分表

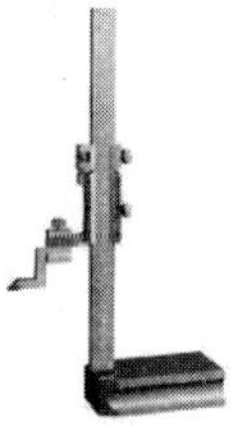

(g)高度尺

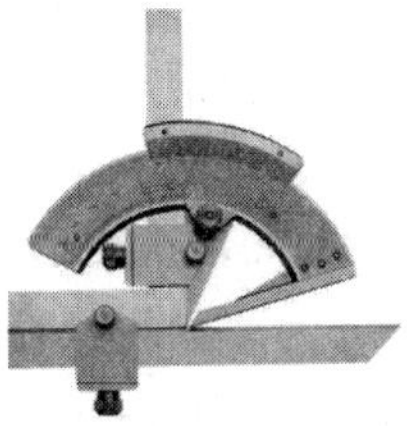

(h)角度尺

图 4-18 常用量具

(i)螺纹规

(j)圆弧规

续图 4-18　常用量具

选择量具时应使量具的精度与零件加工精度相适应。一般情况下,单件小批生产应选择通用量具,大批大量生产应选择各种量规和设计一些高生产率的专用量具。

任务七　工艺过程技术经济性分析

学习目标:

1.理解机械加工生产率和时间定额的概念,了解提高机械加工生产率的工艺措施。

2.理解生产成本和工艺成本的含义,能够进行技术经济性分析。

制订工艺规程的根本任务在于保证产品质量的前提下,提高劳动生产率和降低成本,即做到高产、优质、低消耗。要达到这一目的,制订工艺规程时,还必须对工艺过程认真开展技术经济分析,有效地采取提高机械加工生产率的工艺措施。

一、时间定额

(一)机械加工生产率与时间定额

机械加工生产率是指工人在单位时间内生产的合格产品的数量,或者指制造单件产品所消耗的劳动时间。它是劳动生产率的指标。机械加工生产率通常通过时间定额来衡量。

时间定额是指在一定的生产条件下,规定每个工人完成单件合格产品或某项工作所必需的时间。时间定额是安排生产计划、核算生产成本的重要依据,也是设计、扩建工厂或车间时计算设备和工人数量的依据。

完成零件一道工序的时间定额称为单件时间。它由下列部分组成。

1.基本时间(T_b)

基本时间指直接改变生产对象的尺寸、形状、相对位置与表面质量或材料性质等工艺过程所消耗的时间。对机械加工而言,就是切除金属所耗费的时间(包括刀具切入、切出的时间)。时间定额中的基本时间可以根据切削用量和行程长度来计算。

2.辅助时间(T_a)

辅助时间指为实现工艺过程所必须进行的各种辅助动作消耗的时间。它包括装卸工件,开、停机床,改变切削用量,试切和测量工件,进刀和退刀等所需的时间。

基本时间与辅助时间之和称为操作时间 T_B。它是直接用于制造产品或零部件所消耗的时间。

3.布置工作场地时间(T_{sw})

布置工作场地时间指为使加工正常进行,工人管理工作场地和调整机床等(如更换、调整刀具,润滑机床,清理切屑,收拾工具等)所需时间。一般按操作时间的2%~7%(以百分率α表示)计算。

4.生理和自然需要时间(T_r)

生理和自然需要时间指工人在工作班内为恢复体力和满足生理需要等消耗的时间。一般按操作时间的2%~4%(以百分率β表示)计算。

以上四部分时间的总和称为单件时间T_p,即

$$T_p = T_b + T_a + T_{sw} + T_r = T_B + T_{sw} + T_r = (1 + \alpha + \beta)T_B \qquad (4\text{-}15)$$

5.准备与终结时间(T_e)

准备与终结时间简称为准终时间,指工人在加工一批产品、零件进行准备和结束工作所消耗的时间。加工开始前,通常都要熟悉工艺文件,领取毛坯、材料、工艺装备,调整机床,安装刀具和夹具,选定切削用量等;加工结束后,需送交产品,拆下、归还工艺装备等。准终时间对一批工件来说只消耗一次,零件批量越大,分摊到每个工件上的准终时间T_e/n就越小,其中n为批量。因此,单件或成批生产的单件计算时间T_c应为

$$T_c = T_p + T_e/n = T_b + T_a + T_{sw} + T_r + T_e/n \qquad (4\text{-}16)$$

大批大量生产中,由于n的数值很大,$T_e/n \approx 0$,即可忽略不计,所以大批大量生产的单件计算时间T_c应为

$$T_c = T_p = T_b + T_a + T_{sw} + T_r \qquad (4\text{-}17)$$

(二)提高机械加工生产率的工艺措施

劳动生产率是一个综合技术经济指标,它与产品设计、生产组织、生产管理和工艺设计都有密切关系。这里讨论提高机械加工生产率的问题,主要从工艺技术的角度,研究如何通过减少时间定额,寻求提高生产率的工艺途径。

1.缩短基本时间

(1)提高切削用量。增大切削速度、进给量和背吃刀量都可以缩短基本时间,这是机械加工中广泛采用的提高生产率的有效方法。近年来国外出现了聚晶金钢石、聚晶立方氮化硼等新型刀具材料,切削普通钢材的速度可达900 m/min;加工60HRC以上的淬火钢、高镍合金钢,在980 ℃时仍能保持其红硬性,切削速度可在900 m/min以上。高速滚齿机的切削速度可达65~75 m/min,目前最高滚切速度已超过300 m/min。磨削方面,近年的发展趋势是在不影响加工精度的条件下,尽量采用强力磨削,提高金属切除率,磨削速度已超过60 m/s以上;而高速磨削速度已达到180 m/s以上。

(2)减少或重合切削行程长度。利用几把刀具或复合刀具对工件的同一表面或几个表面同时进行加工,或者利用宽刃刀具、成形刀具做横向进给同时加工多个表面,实现复合工步,都能减少每把刀的切削行程长度或使切削行程长度部分或全部重合,减少基本时间。

(3)采用多件加工。多件加工可分顺序多件加工、平行多件加工和平行顺序多件加工三种形式。

①顺序多件加工是指工件按进给方向一个接一个地顺序装夹,减少了刀具的切入、切出时间,即减少了基本时间。这种形式常见于滚齿、插齿、龙门刨、平面磨和铣削加工中。

②平行多件加工是指工件平行排列,一次进给可同时加工 n 个工件,加工所需基本时间和加工一个工件相同,所以分摊到每个工件的基本时间就减少到原来的 $1/n$,其中 n 为同时加工的工件数。这种形式常见于铣削和平面磨削中。

③平行顺序多件加工是上述两种形式的综合,常用于工件较小、批量较大的情况,如立轴平面磨削和立轴铣削加工中。

2.缩短辅助时间

缩短辅助时间的方法通常是使辅助操作实现机械化和自动化,或使辅助时间与基本时间重合。具体措施有:

(1)采用先进高效的机床夹具。这不仅可以保证加工质量,而且大大减少了装卸和找正工件的时间。

(2)采用多工位连续加工。即在批量和大量生产中,采用回转工作台和转位夹具,在不影响切削加工的情况下装卸工件,使辅助时间与基本时间重合。该方法在铣削平面和磨削平面中得到广泛的应用,可显著地提高生产率。

(3)采用主动测量或数字显示自动测量装置。零件在加工中需多次停机测量,尤其是精密零件或重型零件更是如此,这样不仅降低了生产率,不易保证加工精度,还增加了工人的劳动强度。主动测量的自动测量装置能在加工中测量工件的实际尺寸,并能用测量的结果控制机床进行自动补偿调整。该方法在内、外圆磨床上采用,已取得了显著的效果。

(4)采用两个相同夹具交替工作的方法。当一个夹具安装好工件进行加工时,另一个夹具同时进行工件装卸,这样也可以使辅助时间与基本时间重合。该方法常用于批量生产中。

3.缩短布置工作场地时间

布置工作场地时间,主要消耗在更换刀具和调整刀具的工作上。因此,缩短布置工作场地时间主要是减少换刀次数、换刀时间和调刀时间。减少换刀次数就是要提高刀具或砂轮的耐用度,而减少换刀和调刀时间是通过改进刀具的装夹和调整方法,采用对刀辅具来实现的。例如,采用各种机外对刀的快换刀夹具、专用对刀样板或样件以及自动换刀装置等。目前,在车削和铣削中已广泛采用机械夹固的可转位硬质合金刀片,既能减少换刀次数,又减少了刀具的装卸、对刀和刃磨时间,从而大大提高了生产效率。

4.缩短准备与终结时间

缩短准备与终结时间的主要方法是扩大零件的批量和减少调整机床、刀具和夹具的时间。

二、技术经济分析

制订机械加工工艺规程时,通常应提出几种方案。这些方案应都能满足零件的设计要求,但成本则会有所不同。为了选取最佳方案,需要进行技术经济分析。

（一）生产成本和工艺成本

制造一个零件或一件产品所必需的一切费用的总和,称为该零件或产品的生产成本。生产成本实际上包括与工艺过程有关的费用和与工艺过程无关的费用两类。因此,对不同的工艺方案进行经济分析和评价时,只须分析、评价与工艺过程直接相关的生产费用,即所谓工艺成本。

在进行经济分析时,应首先统计出每一方案的工艺成本,再对各方案的工艺成本进行比较,以其中成本最低、见效最快的为最佳方案。

工艺成本由两部分构成,即可变成本(V)和不变成本(S)。

可变成本(V)是指与生产纲领 N 直接有关,并随生产纲领成正比例变化的费用。它包括工件材料(或毛坯)费用、操作工人工资、机床电费、通用机床的折旧费和维修费、通用工艺装备的折旧费和维修费等。

不变成本(S)是指与生产纲领 N 无直接关系,不随生产纲领的变化而变化的费用。它包括调整工人的工资、专用机床的折旧费和维修费、专用工艺装备的折旧费和维修费等。

零件加工的全年工艺成本(E)为

$$E = VN + S \tag{4-18}$$

此式为直线方程,其坐标关系如图 4-19 所示。可以看出,E 与 N 是线性关系,即全年工艺成本与生产纲领成正比,直线的斜率为工件的可变费用,直线的起点为工件的不变费用,当生产纲领产生 ΔN 的变化时,则年工艺成本的变化为 ΔE。

单件工艺成本 E_d 可由式(4-18)变换得到,即

$$E_d = V + S \ / \ N \tag{4-19}$$

由图 4-20 可知,E_d 与 N 呈双曲线关系,当 N 增大时,E_d 逐渐减小,极限值接近可变费用。

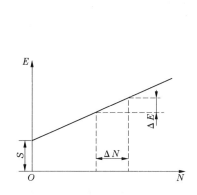

图 4-19　全年工艺成本与年产量的关系

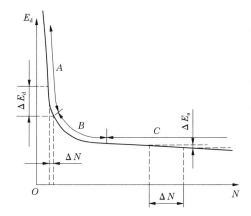

图 4-20　单件工艺成本与年产量的关系

（二）不同工艺方案的经济性比较

在进行不同工艺方案的经济分析时,常对零件或产品的全年工艺成本进行比较,这是因为全年工艺成本与生产纲领呈线性关系,容易比较。设两种不同方案分别为Ⅰ和Ⅱ,它

们的全年工艺成本分别为

$$E_1 = V_1 N + S_1 \tag{4-20}$$

$$E_2 = V_2 N + S_2 \tag{4-21}$$

两种方案比较时,往往一种方案的可变费用较大时,另一种方案的不变费用就会较大。如果某方案的可变费用和不变费用均较大,那么该方案在经济上是不可取的。

现在同一坐标图上分别画出方案Ⅰ和Ⅱ全年的工艺成本与年产量的关系,如图4-21所示。由图可知,两条直线相交于$N=N_K$处,N_K称为临界产量,在此年产量时,两种工艺路线的全年工艺成本相等。由$V_1 N_K + S_1 = V_2 N_K + S_2$可得:

$$N_K = (S_1 - S_2)/(V_2 - V_1) \tag{4-22}$$

当$N \leq N_K$时,宜采用方案Ⅱ,即年产量小时,宜采用不变费用较少的方案;当$N > N_K$时,则宜采用方案Ⅰ,即年产量大时,宜采用可变费用较少的方案。

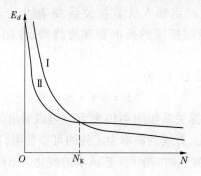

图 4-21 两种方案单件工艺成本的比较

如果需要比较的工艺方案中基本投资差额较大,还应考虑不同方案的基本投资差额的回收期。投资回收期必须满足以下要求:

(1)小于采用设备和工艺装备的使用年限。

(2)小于该产品由结构性能或市场需求等因素决定的生产年限。

(3)小于国家规定的标准回收期,即新设备的回收期应小于4~6年,新夹具的回收期应小于2~3年。

■ 项目小结

本项目设置了七个任务,主要介绍了机械加工工艺规程的制订方法。

生产过程是将原材料转变为成品的全过程。生产过程中,直接改变生产对象的形状、尺寸、相对位置和性质等,使其成为成品或半成品的过程称为工艺过程。企业的生产纲领决定了生产类型,根据生产类型组织安排产品的生产。用来规定产品或零件制造工艺过程和操作方法等的工艺文件为机械加工工艺规程。格式包括机械加工工艺过程卡、机械加工工艺卡、机械加工工序卡。在一定的生产条件下,确保加工质量和最少的生产成本是制订工艺规程的基本原则。根据步骤合理制订机械加工工艺规程。

零件图的分析包括三项内容:检查零件图的完整性和正确性,分析零件材料选择是否恰当,分析零件的技术要求。

　　毛坯的种类包括铸件、锻件、焊接件、冲压件、型材、冷挤压件和粉末冶金件。毛坯的选择应考虑零件的材料及其力学性能,零件的结构和尺寸,生产类型,现有生产条件,利用新技术、新工艺和新材料的可能性。

　　拟定工艺路线包括确定定位基准、划分加工阶段、工序组合原则、安排加工顺序、选择加工方法等。加工余量是指在加工中被切去的金属层厚度。加工余量有工序余量、总余量之分。

　　选择各工序所使用的设备及工艺装备时,主要考虑零件的精度要求、结构尺寸和生产纲领等因素的影响,结合工序集中或工序分散的情况来确定。如工序集中,可选择高效多刀、多轴机床;如工序分散,可选用简单通用机床。工装即工艺装备,指制造过程中所用的各种工具的总称,包括刀具、夹具、模具、量具、检具、辅具、钳工工具、工位器具等。

　　机械加工生产率是指工人在单位时间内生产的合格产品的数量,或者指制造单件产品所消耗的劳动时间。时间定额是指在一定的生产条件下,规定每个工人完成单件合格产品或某项工作所必需的时间。可以通过缩短基本时间、缩短布置工作场地时间、缩短与准备终结时间等途径提高机械加工生产率。

　　生产成本是制造一个零件或一件产品所必需的一切费用的总和。工艺成本是与工艺过程直接相关的生产费用。

思考与练习

一、名词解释

　　工序、工步、进给、装夹、工位、生产类型、基准、设计基准、定位基准、精基准、粗基准、时间定额。

二、填空

　　1.在机械制造中,通常将生产方式划分为(　　)、(　　)、(　　)三种类型。

　　2.根据作用的不同,基准通常可分为(　　)和(　　)两大类,定位基准属于(　　)。

　　3.为了保证加工质量,安排机加工顺序的原则是先面后孔、(　　)、(　　)、先基面后其他。

　　4.根据工序的定义,只要(　　)、(　　)、工作对象(工件)之一发生变化或对工件加工不是连续完成,则应成为另一个工序。

三、简答题

　　1.试述粗基准和精基准的选择原则。

　　2.制订工艺规程时为什么要划分加工阶段?什么情况下可不划分或不严格划分?

　　3.何谓定位误差?试切法有无定位误差?

　　4.什么是生产过程、工艺过程、工艺规程?工艺规程在生产中有何作用?

　　5.如何划分生产类型?各种生产类型的工艺特征是什么?

　　6.在加工中可通过哪些方法保证工件的尺寸精度、形状精度及位置精度?

　　7.什么是零件的结构工艺性?

8.何谓设计基准、定位基准、工序基准、测量基准、装配基准,并举例说明。

9.精基准、粗基准的选择原则有哪些? 如何处理在选择时出现的矛盾?

10.如何选择下列加工过程中的定位基准:

①浮动铰刀铰孔;②拉齿坯内孔;③无心磨削销轴外圆;④磨削床身导轨面;⑤箱体零件攻螺纹;⑥珩磨连杆大头孔。

11.试述在零件加工过程中划分加工阶段的目的和原则。

12.试述在机械加工工艺过程中,安排热处理工序的目的、常用的热处理方法及其在工艺过程中安排的位置。

13.一小轴,毛坯为热轧棒料,大量生产的工艺路线为粗车-精车-淬火-粗磨-精磨,外圆设计尺寸为$\phi 30_{-0.013}^{0}$ mm,已知各工序的加工余量和经济精度,试确定各序尺寸及其偏差、毛坯尺寸及粗车余量,并填入表 4-15。

表 4-15

工序名称	工序余量	经济精度	工序尺寸及偏差	工序名称	工序余量	经济精度	工序尺寸及偏差
精磨	0.1	0.013(IT6)		粗车	6	0.21(IT12)	
粗磨	0.4	0.033(IT8)		毛坯尺寸		±1.2	
精车	1.5	0.084(IT10)					

项目五 典型零件加工工艺

【项目目标】 了解轴类零件、套筒类零件、箱体零件及圆柱齿轮的特点、功用、技术要求、材料和毛坯种类选择;理解各种典型零件定位及夹紧方法对加工质量的影响。

【项目要求】 掌握轴类零件、套筒类零件、箱体零件及圆柱齿轮加工工艺分析、制订的方法;会根据零件的具体要求正确制订其加工工艺。

如图 5-0 所示为常见轴类零件、套筒类零件、箱体零件和圆柱齿轮的实例图,它们的形状各不相同,这些零件的加工工艺各有什么特点?

图 5-0 典型零件

任务一 轴类零件加工

学习目标:

1.了解轴类零件的特点、功用和加工的技术要求。

2.了解轴类零件的材料与热处理方法。

3.能够进行轴类零件的工艺分析与加工工艺的制订。

轴类零件是机械零件中的关键零件之一,主要用以支撑传动零件(齿轮、带轮等)、承受载荷、传递转矩,保证装在轴上零件的回转精度。

根据结构形状,轴类零件可分为光轴、阶梯轴、半轴、花键轴、十字轴、空心轴、曲轴、凸轮轴和偏心轴等,如图 5-1 所示。

根据轴的长度 L 与直径 d 之比,又可分为刚性轴($L/d \leq 12$)和挠性轴($L/d > 12$)两种。其中,以刚性光轴和阶梯轴工艺性较好。

从以上结构可以看出,轴类零件一般为回转体,其长度大于直径。轴类零件的主要加工表面是内、外旋转表面,次要表面有键槽、花键、螺纹和横向孔等。

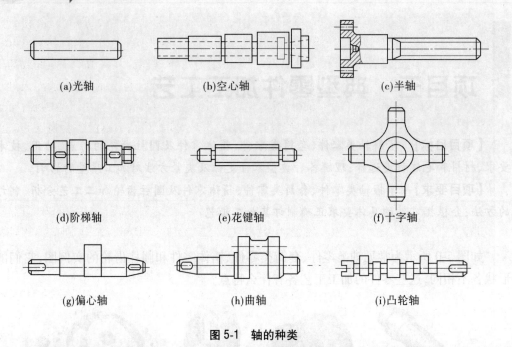

(a)光轴　　　　　　　　　(b)空心轴　　　　　　　　(c)半轴

(d)阶梯轴　　　　　　　　(e)花键轴　　　　　　　　(f)十字轴

(g)偏心轴　　　　　　　　(h)曲轴　　　　　　　　(i)凸轮轴

图 5-1　轴的种类

一、轴类零件的技术要求

（一）加工精度

（1）尺寸精度。尺寸精度包括直径尺寸精度和长度尺寸精度。精密轴颈为 IT5 级,重要轴颈为 IT6~IT8 级,一般轴颈为 IT9 级。轴向尺寸一般要求较低。

（2）相互位置精度。相互位置精度,主要指装配传动件的轴颈相对于支承轴颈的同轴度及端面对轴心线的垂直度等。通常用径向圆跳动来标注。普通精度轴的径向圆跳动为 0.01~0.03 mm,高精度轴的径向圆跳动通常为 0.005~0.01 mm。

（3）几何形状精度。几何形状精度主要指轴颈的圆度、圆柱度,一般应符合包容原则（形状误差包容在直径公差范围内）。当几何形状精度要求较高时,零件图上应单独注出规定允许的偏差。

（二）表面粗糙度

工件零件表面工作部位的不同,轴类零件的表面有相应的表面粗糙度。通常支承轴颈的表面粗糙度 Ra 值为 3.2~0.4 μm,配合轴颈的表面粗糙度 Ra 值为 0.8~0.1 μm。

二、轴类零件的材料与热处理

合理选用轴类零件的材料和热处理,对提高轴类零件的强度和使用寿命有十分重要的意义,同时,对轴的加工过程有极大的影响。

（一）轴类零件的材料

材料的选用应满足力学性能（包括材料强度、耐磨性和抗腐蚀性等）,同时,选择合理的热处理和表面处理方法（如喷丸、滚压、发蓝、镀铬等）,以使零件达到良好的强度、刚度和所需要的表面硬度。

一般轴类零件常用中碳钢,如45钢,经正火、调质及部分表面淬火等热处理,得到所要求的强度、韧性和硬度。对中等精度而转速较高的轴类零件,一般选用合金钢(如40Cr等),经过调质和表面淬火处理,使其具有较高的综合力学性能。对在高转速、重载荷等条件下工作的轴类零件,可选用20CrMnTi、20Mn2B、20Cr等低碳合金钢,经渗碳淬火处理后,具有很高的表面硬度,心部则获得较高的强度和韧性。对高精度和高转速的轴,可选用38CrMoAl钢,其热处理变形较小,经调质和表面渗氮处理,达到很高的心部强度和表面硬度,从而获得优良的耐磨性和耐疲劳性。

(二)轴类零件的毛坯

轴类零件的毛坯常采用棒料和锻件,只有某些大型、结构复杂的轴才采用铸件。由于毛坯经过加热锻造后,能使金属内部纤维组织沿表面均匀分布,从而获得较高的抗拉、抗弯及扭转强度。所以,除光轴、外圆直径相差不大的阶梯轴采用棒料外,比较重要的轴大都采用锻件。

当生产批量较小、毛坯精度要求较低时,锻件一般采用自由锻造法生产。由于不用制造锻造模型,使用工具简单、通用性较大、生产准备周期短、灵活性大,所以应用较为广泛,特别适用于单件和小批生产。

当生产批量较大、毛坯精度要求较高时,锻件一般采用模锻法生产。模锻锻件尺寸准确,加工余量小,生产率高。因须配备锻模和相应的模锻设备,一次性投入费用较高,所以适用于较大批量的生产,而且生产批量越大,成本就越低。

三、轴类零件的一般结构工艺路线

(1)一般精度调质钢的轴类零件:锻造→正火或退火→钻中心孔→粗车→调质→半精车、精车→表面淬火→粗磨→加工次要表面→精磨。

(2)一般精度整体淬火的轴类零件:锻造→正火或退火→钻中心孔→粗车→调质→半精车、精车→加工次要表面→整体淬火→粗磨→精磨。

(3)一般精度渗碳钢的轴类零件:锻造→正火或退火→钻中心孔→粗车→调质→半精车、精车→渗碳(或碳氮共渗)→淬火→粗磨→加工次要表面→精磨。

(4)精密渗碳钢的轴类零件:锻造→正火或退火→钻中心孔→粗车→调质→半精车、精车→低温时效→粗磨→氮化处理→加工次要表面→精磨→光磨。

四、阶梯轴结构工艺分析

加工图5-2所示的减速器传动轴简图,其生产批量为小批生产,材料为45热轧圆钢,零件须调质处理,该轴为没有中心通孔的阶梯轴。根据该零件工作图,其轴颈 M、N,外圆 P、Q 及轴肩 G、H、I 有较高的尺寸精度和形状位置精度,并有较小的表面粗糙度值,该轴有调质热处理要求。

图5-3为减速器传动轴部分装配示意图。由图可知,传动轴起支承齿轮、传递扭矩的作用。两 $\phi 35js6$ 外圆(轴颈)用于安装轴承,$\phi 62$ 外圆及轴肩用于安装齿轮及齿轮轴向定位,采用普通平键连接,左轴端有螺纹,用于安装锁紧螺母,以轴向固定左边齿轮。

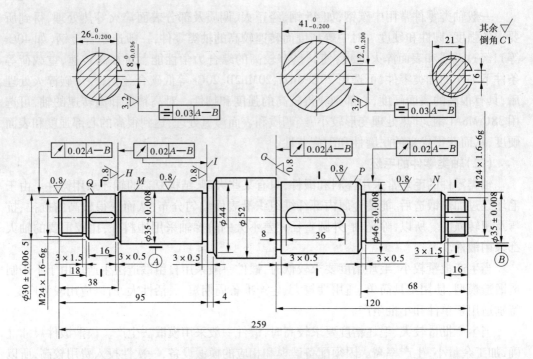

图 5-2　减速器传动轴简图

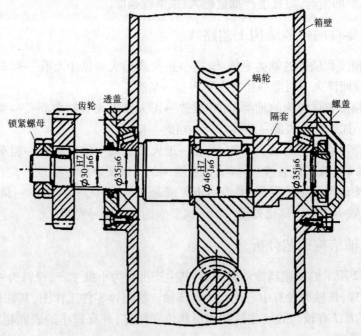

图 5-3　减速器传动轴部分装配示意图

（一）确定主要表面加工方法和加工方案

传动轴大多是回转表面，主要是采用车削和外圆磨削。由于该轴主要表面 M、N、P、Q 的公差等级较高（IT6），表面粗糙度值较小（$Ra0.8\ \mu m$），最终加工应采用磨削。其加工路线为粗车→热处理→半精车→铣键槽→精磨。表 5-1 所示为该轴加工工艺过程。

表 5-1 传动轴加工工艺过程

工序号	工种	工序内容	加工简图	设备
1	下料	$\phi 60 \times 265$		
2	车	三爪卡盘夹持工件,车端面,钻中心孔,用尾座顶尖顶住,粗车 3 个台阶,直径、长度均留 2 mm 余量	（加工简图，尺寸：$\phi 48$、$\phi 37$、$\phi 26$，14、66、118）	车床
		调头,三爪卡盘夹持工件另一端,车端面保证总长 259 mm,钻中心孔,用尾座顶尖顶住,粗车另外 4 个台阶,直径、长度均留 2 mm 余量	（加工简图，尺寸：$\phi 54$、$\phi 37$、$\phi 32$、$\phi 26$，16、36、93、250）	
3	热处理	调质处理 24~38 HRC		
4	钳	修研两端中心孔	（加工简图，手摆）	车床
5	车	双顶尖装夹。半精车 3 个台阶,螺纹大径车到 $\phi 24^{-0.1}_{-0.2}$,其余两个台阶直径留余量 0.5 mm,车槽 3 个,倒角 3 个	（加工简图，尺寸：$\phi 46^{\ 0}_{-0.2}$、$\phi 35.6^{\ 0}_{-0.2}$、$\phi 24^{-0.1}_{-0.2}$，3×0.5、3×0.5、3×1.5、16、68、120）	车床
		调头,双顶尖装夹。半精车余下的 5 个台阶,$\phi 44$ 及 $\phi 52$ 台阶车到图纸规定的尺寸,螺纹大径车到 $\phi 24^{-0.1}_{-0.2}$,其余两个台阶上留 0.5 mm 余量,车槽 3 个,倒角 4 个	（加工简图，尺寸：$\phi 52$、$\phi 44$、$\phi 35.6^{\ 0}_{-0.2}$、$\phi 30.6^{\ 0}_{-0.2}$、$\phi 24^{-0.1}_{-0.2}$，3×0.5、3×0.5、3×1.5、18、38、95、99）	

续表 5-1

工序号	工种	工序内容	加工简图	设备
6	车	双顶尖装夹。车一端螺纹到图纸规定尺寸,调头,车另一端螺纹到图纸规定尺寸		车床
7	钳	划键槽和一个止动垫圈槽加工线		
8	铣	铣两个键槽和一个止动垫圈槽,键槽深度比图纸规定尺寸深 0.25 mm,作为磨削余量		键槽铣床或立铣床
9	钳	修研两端中心孔		车床
10	磨	磨外圆 Q 和 M,并用砂轮端面靠磨 H 和 I,调头,磨外圆 N 和 P,靠磨台阶 G		外圆磨床
11	检	检验		

(二)划分加工阶段

该轴加工划分为三个加工阶段,即粗车(粗车外圆、钻中心孔),半精车(半精车各处外圆、台肩和修研中心孔等),粗精磨各处外圆。各加工阶段大致以热处理为界。

(三)选择定位基准

轴类零件的定位基面,最常用的是两中心孔。因为轴类零件各外圆表面、螺纹表面的同轴度及端面对轴线的垂直度是相互位置精度的主要项目,而这些表面的设计基准一般都是轴的中心线,采用两中心孔定位就能符合基准重合原则。而且由于多数工序都采用中心孔作为定位基面,能最大限度地加工出多个外圆和端面,这也符合基准统一原则。

(四)中心孔的应用与加工

中心孔在使用过程中,特别是精密轴类零件加工时,要注意中心孔的修磨。两顶尖孔的质量好坏,对加工精度影响很大,应尽量做到两顶尖孔轴线重合、顶尖接触面积大、表面粗糙度低。否则,将会因工件与顶尖间的接触刚度变化而产生加工误差。因此,经常注意保持两顶尖孔的质量,是轴类零件加工的关键问题之一。

中心孔在使用过程中的磨损及热处理后产生的变形都会影响加工精度。因此,在热处理之后、精加工之前,应安排研修中心孔工序,以削除误差。常用的修研方法有以下几种。

1.用铸铁顶尖研修

可在车床或钻床上进行,研磨时加适量的研磨剂(由 W10 ~ W12 氧化铝粉和机油调和而成)。用这种方法研磨的顶尖孔,其精度较高,但研磨时间较长,效率很低,除在个别情况下用来修整尺寸较大或精度要求特别高的顶尖孔外,一般很少采用。

2.用油石或橡胶砂轮顶尖研磨

用油石或橡胶砂轮夹在车床的卡盘上,用装在刀架上的金刚钻将它的前端修整成顶尖形状(60°圆锥体),接着将工件固定在油石或橡胶砂轮顶尖和车床后顶尖之间(见图 5-4),并加少量润滑油(柴油),然后开动车床使油石或橡胶砂轮转动,进行研磨。研磨时用手把持工件并连续而缓慢地转动。这种研磨中心孔方法效率高、质量好,也简便易行。

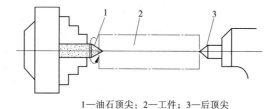

1—油石顶尖；2—工件；3—后顶尖

图 5-4　用油石研磨顶尖孔

3.用硬质合金顶尖刮研

把硬质合金顶尖的60°圆锥体修磨成角锥的形状,使圆锥面只留下 4~6 条均匀分布的刃带(见图 5-5),这些刃带具有微小的切削性能,可对顶尖孔的几何形状做少量的修整,又可以起挤光的作用。这种方法刮研的顶尖孔精度较高,表面粗糙度 Ra 达 0.8 μm 以下,并具有工具寿命较长、刮研效率比油石高的特点,所以一般主轴的顶尖孔可以用此法修研。

上述三种修磨顶尖孔的方法,可以联合应用。例如,先用硬质合金顶尖刮研,再选用油石或橡胶砂轮顶尖研磨,这样效果会更好。

(五)不能用两中心孔作为定位基面的情况

1.粗加工外圆

粗加工外圆时,为提高工件刚度,则采用轴外圆表面为定位基面,或以外圆和中心孔同作为定位基面,即一夹一顶。

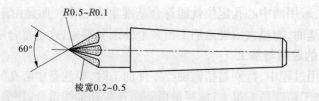

图 5-5 六棱硬质合金顶尖

2.轴为通孔零件

当轴为通孔零件时,在加工过程中,作为定位基面的中心孔因钻出通孔而消失。为了在通孔加工后还能用中心孔作为定位基面,工艺上常采用以下方法:

(1)当中心通孔直径较小时,可直接在孔口倒出宽度不大于 2 mm 的 60° 内锥面来代替中心孔。

(2)当轴有圆柱孔时,可采用图 5-6 所示的锥堵,取 1:500 锥度。当轴通孔锥度较小时,取锥堵锥度与工件两端定位孔锥度相同;当轴通孔的锥度较大时,可采用带锥堵的心轴,简称锥堵心轴,如图 5-7 所示。使用锥堵或锥堵心轴时应注意,一般中途不得更换或拆卸,直到精加工完各处加工面,不再使用中心孔时方能拆卸。

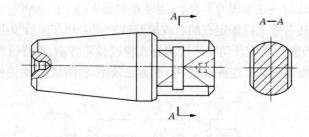

图 5-6 锥堵

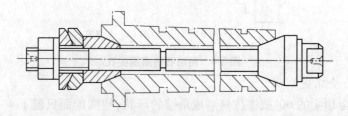

图 5-7 带有锥堵的拉杆心轴

（六）热处理工序的安排

该轴需进行调质处理,应放在粗加工后、半精加工前进行。如采用锻件毛坯,必须首先安排退火或正火处理。该轴毛坯为热轧钢,可不必进行正火处理。

（七）加工顺序安排

除应遵循加工顺序安排的一般原则,如先粗后精、先主后次等外,还应注意以下几点:

(1)外圆表面加工顺序应为,先加工大直径外圆,再加工小直径外圆,以免降低了工件的刚度。

(2)轴上的花键、键槽等表面的加工应在外圆精车或粗磨之后、精磨外圆之前。

轴上矩形花键的加工,通常采用铣削和磨削加工,产量大时常用花键滚刀在花键铣床上加工。以外径定心的花键轴,通常只磨削外径,而内径铣出后不必进行磨削,但当经过淬火而使花键扭曲变形过大时,也要对侧面进行磨削加工。以内径定心的花键,其内径和键侧均需进行磨削加工。

(3)轴上的螺纹一般有较高的精度,如安排在局部淬火之前进行加工,则淬火后产生的变形会影响螺纹的精度。因此,螺纹加工宜安排在工件局部淬火之后进行。

五、精密轴类零件的加工

(一)精加工

主轴的精加工都是用磨削的方法,安排在最终热处理工序之后进行,用以纠正在热处理中产生的变形,最后达到所需的精度和表面粗糙度。磨削加工一般能达到的经济精度和经济表面粗糙度分别为 IT6 和 Ra 为 $0.8 \sim 0.2$ μm。对于一般精度的车床主轴,磨削是最后的加工工序。而对于精密的主轴还需要进行光整加工。

(二)光整加工

光整加工用于精密主轴的尺寸公差等级 IT5 以上或表面粗糙度 Ra 低于 0.1 μm 的加工表面,其特点是:

(1)加工余量都很小,一般不超过 0.2 mm。

(2)采用很小的切削用量和单位切削压力,变形小,可获得很细的表面粗糙度。

(3)对上道工序的表面粗糙度要求高。一般都要求 Ra 低于 0.2 μm,表面不得有较深的加工痕迹。

(4)除镜面磨削外,其他光整加工方法都是"浮动的",即依靠被加工表面本身自定中心。因此,只有镜面磨削可部分地纠正工件的形状和位置误差,而研磨只可部分地纠正形状误差。其他光整加工方法只能用于降低表面粗糙度。

几种光整加工方法的工作原理和特点见表 5-2。由于镜面磨削的生产效率高。且适应性广,目前已广泛应用在机床主轴的光整加工中。

表 5-2 外圆表面的各种光整加工方法的比较

光整加工方法	工作原理		特点
镜面磨削	 砂轮　工件	加工方式与一般磨削相同,但需要用特别软的砂轮、较低的磨削用量、极小的切削深($1 \sim 2$ μm)、仔细过滤的冷却润滑液。修正砂轮时用极慢的工作台进给速度	1)粗糙度 Ra 可达 $0.012 \sim 0.006$ μm,适用范围广; 2)能够部分地修正上道工序留下来的形状和位置误差; 3)生产效率高,可配备自动测量仪; 4)对机床设备的精度要求的精度很高

续表 5-2

光整加工方法	工作原理	特点
研磨	研磨套在一定的压力下与工件做复杂的相对运动,工件缓慢转动,带动磨粒起切削作用。同时研磨剂还能与金属表面层起化学作用,加速切削作用。研磨余量为 0.01~0.02 mm	1)表面粗糙度 Ra 可达 0.025~0.006 μm,适用范围广; 2)能部分纠正形状误差,不能纠正位置误差; 3)方法简单可靠,对设备要求低; 4)生产率很低,工人劳动强度大,正为其他方法所取代,但仍用得相当广泛
超精加工	工件做低速转动和轴向进给(或工件不进给,磨头进给),磨头带动磨条以一定的频率(每分钟几十次到上千次)沿工件的轴向振动,磨粒在工件表面上形成复杂轨迹。磨条采用硬度很软的细粒度油石。冷却润滑液用煤油	1)表面粗糙度 Ra 可达 0.025~0.012 μm,适用范围广; 2)不能纠正上道工序留下来的形状误差和位置误差; 3)设备要求简单,可在普通车床上进行; 4)加工效果受石油质量的影响很大
双轮珩磨	珩磨轮相对工作轴心线倾斜 27°~30°,并以一定的压力从相对的方向压在工件表面上。工件(或珩磨轮)沿工件轴向做往复运动。在工件转动时,因摩擦力带动珩磨轮旋转,并产生相对滑动,起微量的切削作用。冷却润滑液为煤油或油酸	1)表面粗糙度 Ra 可达 0.025~0.012 μm,不适用于带肩轴类零件和锥形表面; 2)不能纠正上道工序留下来的形状误差和位置误差; 3)设备要求低,可用旧机床改装; 4)工艺可靠,表面质量稳定; 5)珩磨轮一般采用细粒度磨料自制,使用寿命长; 6)生产效率比上述三种都高

任务二　套筒类零件加工

学习目标:

1.了解套筒类零件的特点、功用和加工的技术要求。

2.了解套筒类零件的材料要求及毛坯选择。

3.能够进行套筒类零件的工艺分析。

套筒类零件是机械加工中常见的一种零件,在各类机器中应用很广,主要起支承或导向作用。由于套筒零件的功用不同,其结构和尺寸有着较大的差异,但仍有其共同特点:零件结构不太复杂,主要表面为同轴要求较高的内、外旋转表面;多为薄壁件,容易变形;零件尺寸大小各异,但长度一般大于直径,长径比大于5的深孔比较多。

常见的套筒类零件有支承回转轴的各种形式的轴承圈、轴套;夹具上的钻套和导向套;内燃机上的汽缸套和液压系统中的液压缸、电液伺服阀的阀套等。其大致的结构形式如图5-8所示。

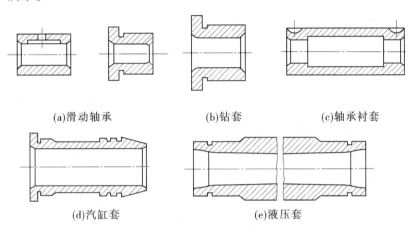

(a)滑动轴承   (b)钻套   (c)轴承衬套

(d)汽缸套   (e)液压套

图5-8 套筒类零件的结构形式

一、套筒类零件的主要技术要求

套筒类零件各主要表面在机器中所起的作用不同,其技术要求差别较大,主要技术要求大致如下。

(一)孔的技术要求

内孔是套筒类零件起支承和导向作用最主要的表面,通常与运动着的轴、刀具或活塞相配合。其直径尺寸精度一般为IT7,精密轴承套为IT6;形状公差一般应控制在孔径公差以内,较精密的套筒应控制在孔径公差的$1/3 \sim 1/2$,甚至更小。对长套筒,除有圆度要求外,还对孔的圆柱度有要求。套筒类零件的内孔表面粗糙度Ra值为$2.5 \sim 0.16$ μm,某些精密套筒要求更高,Ra值可达0.04 μm。

(二)外圆的技术要求

外圆表面一般起支承作用,通常以过渡配合或过盈配合与箱体或机架上的孔相配合。外圆表面直径尺寸精度一般为IT6~IT7,形状公差应控制在外径公差以内,表面粗糙度Ra值为$5 \sim 0.63$ μm。

(三)各主要表面间的相互位置精度

1.内、外圆之间的同轴度

若套筒是在装入机座上的孔之后再进行最终加工,这时对套筒内外圆间的同轴度要求较低;若套筒是在装配之前进行最终加工则同轴度要求较高,一般为$0.01 \sim 0.05$ mm。

2.孔轴线与端面的垂直度

套筒端面如果在工作中承受轴向载荷,或是作为定位基准和装配基准,这时端面与孔轴线有较高的垂直度或端面圆跳动要求,一般为 0.02~0.05 mm。

二、套筒类零件的材料要求与毛坯

套筒类零件常用材料是铸铁、青铜、钢等。有些要求较高的滑动轴承,为节省贵重材料而采用双金属结构,即用离心铸造法在钢或铸铁套筒内部浇注一层巴氏合金等材料,用来提高轴承寿命。

套筒类零件毛坯的选择,与材料、结构尺寸、生产批量等因素有关。直径较小(如 $d<$ 20 mm)的套筒,一般选择热轧或冷拉棒料,或实心铸件。直径较大的套筒,常选用无缝钢管或带孔铸、锻件。生产批量较小时,可选择型材、砂型铸件或自由锻件;大批量生产时,则应选择高效率、高精度毛坯,必要时可采用冷挤压和粉末冶金等先进的毛坯制造工艺。

三、套筒类零件加工工艺分析

下面以液压缸为例,说明套筒类零件的加工工艺过程及其特点。

液压系统中液压缸体是比较典型的长套筒类零件,结构简单,壁薄容易变形。如图 5-9 所示为某液压缸体,其主要技术要求为:①内孔必须光洁,无纵向刻痕;②内孔圆柱度误差不大于 0.04 mm;③内孔轴线的直线度误差不大于 0.15 mm;④端面与内孔轴线的垂直度不大于 0.03 mm;⑤内孔对两端支承外圆(ϕ82h6)的同轴度误差不大于 0.04 mm;⑥若为铸件,组织应紧密,不得有砂眼、针孔及疏松,必要时要用泵验漏。

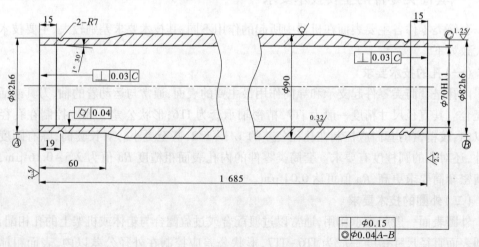

图 5-9 液压缸体简图

该液压缸体加工面比较少,加工方法变化不大,其加工工艺过程见表 5-3。

四、套筒类零件机械加工工艺分析

（一）液压缸体的技术要求

该液压缸体主要加工表面为 $\phi70H11$ mm 的内孔及 $\phi82h6$ mm 两端外圆,尺寸精度、形状精度要求较高。为保证活塞在液压缸体内移动顺利且不漏油,还特别要求内孔光洁无划痕,不许用研磨剂研磨。两端面对内孔有垂直度要求,外圆面中间为非加工面,但 A、B 两端外圆要求加工至 $\phi82h6$ mm,且 A、B 两端外圆的中心线要作为内孔的基准。

表 5-3　液压缸体加工工艺过程

序号	工序名称	工序内容	定位与夹紧
1	配料	无缝钢管切断	
2	车	车端面及倒角	三爪卡盘夹一端,搭中心架托外圆
		车 $\phi82$ mm 外圆到 $\phi88$ mm 及 M88×1.5 mm 螺纹(工艺圆)	三爪卡盘夹一端,大头顶尖顶另一端
		调头车 $\phi82$ mm 外圆到 $\phi84$ mm	三爪卡盘夹一端,大头顶尖顶另一端
		车端面及倒角取总长 1 686 mm(留加工余量 1 mm)	三爪卡盘夹一端,搭中心架托 $\phi84$ mm 处
3	深孔镗	半精推镗孔到 $\phi68$ mm	一端用 M88×1.5 mm 螺纹固定在夹具中,另一端搭中心架托 $\phi84$ mm 处
		精推镗孔到 $\phi69.85$ mm	
		精铰(浮动镗刀镗孔)到 $\phi70H11$,表面粗糙度 Ra 为 2.5 μm	
4	滚压孔	用滚压头滚 $\phi70H11$,表面粗糙度 Ra 为 0.32 μm	一端螺纹固定在夹具中,另一端搭中心架
5	车	车去工艺螺纹,车 $\phi82h6$ 到尺寸,割 R7 槽	软爪夹一端,以孔定位顶另一端
		镗内锥孔 1°30′ 及车端面	软爪夹一端,中心架托另一端(百分表找正孔)
		调头,车 $\phi82h6$ 到尺寸,割 R7 槽	软爪夹一端,顶另一端
		镗内锥孔 1°30′ 及车端面取总长 1 685 mm	软爪夹一端,中心架托另一端(百分表找正孔)

（二）加工方法的选择

从上述工艺过程中可见,套筒类零件主要表面多采用车或镗削加工;为提高生产率和加工精度也可采用磨削加工。孔加工方法的选择比较复杂,需要考虑生产批量、零件结构及尺寸、精度和表面质量的要求、长径比等因素。对于精度要求较高的孔,往往需要采用多种方法顺次进行加工,如根据该液压缸的精度需要,内孔的加工方法及加工顺序为半精车(半精推镗孔)—精车(精推镗孔)—精铰(浮动镗)—滚压孔。

(三)保证套筒类零件表面位置精度的方法

套筒类零件主要加工表面为内孔、外圆表面,其加工中主要解决的问题是如何保证内孔和外孔的同轴度,以及端面对孔轴线的垂直度要求。因此,套筒类零件加工过程中的安装是一个十分重要的问题。为保证各表面间的相互位置精度,通常要注意以下几个问题。

1.套筒类零件的粗精车(镗)方法

套筒类零件的粗精车(镗)内外圆一般在卧式车床或立式车床上进行,精加工也可以在磨床上进行。此时,常用三爪卡盘或四爪卡盘装夹工件如图 5-10(a)、(b)所示,且经常在一次安装中完成内外表面的全部加工。这种安装方式可以消除由于多次安装而带来的安装误差,保证零件内外圆的同轴度及端面与轴心线的垂直度。对于凸缘的短套筒,可先车凸缘端,然后调头夹压凸缘端,这种装夹方式可防止因套筒刚度降低而产生变形,如图 5-10(c)所示。但是,这种方法由于工序比较集中,对尺寸较大的(尤其是长径比较大)套筒安装不方便,故多用于尺寸较小套筒的车削加工。

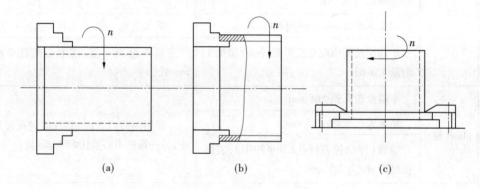

$$(a) \qquad (b) \qquad (c)$$

图 5-10　短套筒的安装

2.以内孔与外孔互为基准,反复加工以提高同轴度

以精加工好的内孔作为定位基面,用心轴装夹工件并用顶尖支承轴心。由于夹具(心轴)结构简单,而且制造安装误差比较小,因此可以保证比较高的同轴度要求,是套筒加工中常见的装夹方法。

以外圆作精基准最终加工内孔。采用这种方法装夹工件迅速可靠,但因卡盘定心精度不高,且易使套筒产生夹紧变形,故加工后工件的形状与位置精度较低。若要获得较高的同轴度,则必须采用定心精度高的夹具,如弹性膜片卡盘、液性塑料夹具、经过修磨的三爪卡盘和"软爪"等。

3.防止套筒变形的工艺措施

套筒零件由于壁薄,加工中常因夹紧力、切削力、内应力和切削热的作用而产生变形,故在加工时应注意以下几点:

(1)为减少切削力和切削热的影响,粗、精加工应分开进行,使粗加工产生的热变形在精加工中得到纠正。并应严格控制精加工的切削用量,以减小零件加工时的形变。

(2)减少夹紧力的影响,工艺上可以采取以下措施:改变夹紧力的方向,即将径向夹紧改为轴向夹紧,使夹紧力作用在工件刚性较强的部位;当需要径向夹紧时,为减小夹紧变形和使变形均匀,应尽可能使径向夹紧力沿圆周均匀分布,加工中可用过渡套或弹性套及扇形夹爪来满足要求;或者制造工艺凸边或工艺螺纹,以减小夹紧变形。

（3）为减少热处理变形的影响,热处理工序应置于粗加工之后、精加工之前,以便使热处理引起的形变在精加工中得以纠正。

（四）深孔加工

套筒类零件因使用要求与结构需要,有时会有深孔。套筒类零件的深孔加工与车床主轴的深孔加工（前述）方法及其特点基本一致,下面就其共性问题做一简要讨论。

孔的长径比 $L/D>5$ 时,一般称为深孔。深孔按长径比又可分为以下三类:

（1）$L/D = 5 \sim 20$ 属一般深孔。如各类液压刚体的孔。这类孔在卧式车床、钻床上用深孔刀具或接长的麻花钻就可以加工。

（2）$L/D = 20 \sim 30$ 属中等深孔。如各类机床主轴。这类孔在卧式车床上必须使用深孔刀具加工。

（3）$L/D = 30 \sim 100$ 属特殊深孔。如枪管、炮管、电机转子等。这类孔必须使用深孔机床或专用设备,并使用深孔刀具加工。

1.深孔加工的具体特点

钻深孔时,要从孔中排出大量切屑,同时又要向切削区注放足够的切削液。普通钻头由于排屑空间有限,切削液进出通道没有分开,无法注入高压切削液。所以,冷却、排屑是相当困难的。另外,孔越深,钻头就越长,刀杆刚性也越差,钻头易产生歪斜,影响加工精度和生产率的提高。所以,深孔加工时必须首先解决排屑、导向和冷却这几个主要问题,以保证钻孔精度,保持刀具正常工作,提高刀具寿命和生产率。

当深孔的精度要求较高时,钻削后还要进行深孔镗削或深孔铰削。深孔镗削与一般镗削不同,它所使用的机床仍是深孔钻床,在钻杆上装上深孔镗刀头,即可进行粗、精镗削。深孔铰削是在深孔钻床上对半精镗后的深孔进行精加工的方法。

2.深孔加工时的排屑方式

1）内冷外排屑方式

高压冷却液从钻杆内孔注入,由刀杆与孔壁之间的空隙汇同切屑一起排出,见图5-11（a）。

这种外排屑方式的特点是:刀具结构简单,不需要专用设备和专用辅具。排屑空间大,但切屑排出时易划伤孔壁,孔面粗糙度值较大。适合于小直径深孔钻及深孔套料钻。

2）外冷内排屑方式

高压切削液从刀杆外围与工件孔壁间流入,在钻杆内孔汇同切屑一同排出,见图5-11（b）。

内排屑方式的特点是:可增大刀杆外径,提高刀杆刚度,有利于提高进给量和生产率。采用高压切削液将切屑从刀杆中冲出来,冷却排屑效果好,也有利于刀杆的稳定,从而提高孔的精度和降低孔的表面粗糙度值。但机床必须装有受液器与液封,并须预设一套供液系统。

3.深孔加工的方式

深孔加工时,由于工件较长,工件安装常采用"一夹一托"的方式,工件与刀具的运动

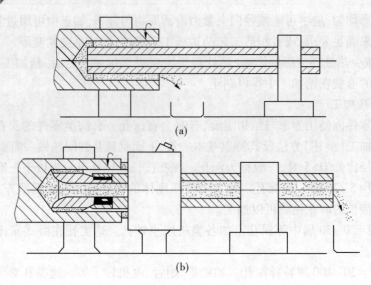

(a)

(b)

图 5-11 深孔加工时的排屑方式

形式有以下三种：

（1）工件旋转，刀具不转只做进给。这种加工方式多在卧式车床上用深孔刀具或用接长的麻花钻加工中小型套筒类与轴类零件的深孔时应用。

（2）工件旋转，刀具旋转并做进给。这种加工方式多在深孔钻镗床上用深孔刀具加工大型套筒类零件及轴类零件的深孔。这种加工方式由于钻削速度高，因此钻孔精度及生产率较高。

（3）工件不转刀，具旋转并做进给。这种钻孔方式主要应用在工件特别大且笨重，工件不宜转动或孔的中心线不在旋转中心上。这种加工方式易产生孔轴线的歪斜，钻孔精度较差。

任务三　箱体类零件加工

学习目标：

1.了解箱体类零件的特点、功用和加工的技术要求。

2.了解箱体类零件的结构工艺性。

3.能够对箱体类零件进行工艺分析。

箱体是机器的基础零件，它将机器和部件中的轴、齿轮等有关零件连接成一个整体，并保持正确的相互位置，以传递转矩或改变转速来完成规定的运动。如机床的主轴箱、进给箱、各种变速箱等，它们的尺寸大小、结构形式、外观和用图虽然各不相同，但有共同的结构特点：结构复杂，一般是中空、多孔的薄壁铸件，刚性较差，在结构上常设有加强筋、内腔凸边、凸台等；箱体壁上既有尺寸精度和形位公差要求较高的轴承支撑孔和平面，又有许多小的光孔、螺纹孔以及用于安装定位的销孔。因此，箱体类零件加工部位多且加工难度较大。图 5-12 所示为几种箱体的结构简图。

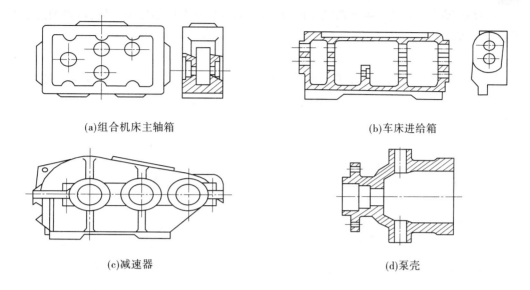

(a)组合机床主轴箱　　　　　　　　　　(b)车床进给箱

(c)减速器　　　　　　　　　　　　　(d)泵壳

图 5-12　几种箱体的结构简图

一、箱体类零件的主要技术要求、材料和毛坯

（一）箱体类零件的主要技术要求

图 5-13 为某车床主轴箱简图。由图可知，箱体类零件结构复杂，壁薄且不均匀，加工部位多，加工难度大。据统计，一般中型机床制造厂在箱体类零件的机械加工劳动量约占整个产品加工量的 15%～20%。

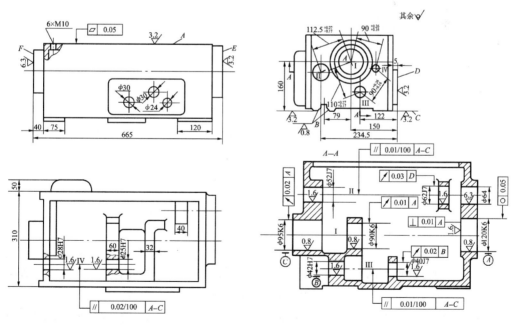

图 5-13　车床主轴箱简图

箱体类零件中以机床主轴箱的精度要求最高,现以某车床主轴箱为例,可归纳以下五项精度要求。

1.孔径精度

孔径的尺寸误差和几何形状误差会使轴承与孔配合不良。孔径过大,使配合过松,会使主轴回转轴线不稳定,并降低了支撑刚度,易产生振动和噪声;孔径过小,使配合过紧,轴承将因外界变形而不能正常运转,寿命缩短。装轴承的孔不圆,也使轴承外环变形而引起主轴的径向跳动。

从以上分析可知,主轴箱对孔的精度要求较高。主轴孔的尺寸精度约为 IT6 级,其余孔为 IT6~IT7 级。孔的几何形状精度除有特殊规定外,一般都在尺寸公差范围内。

2.孔与孔的位置精度

同一轴线上各孔的同轴度误差和孔端面对轴线垂直度误差,会使轴和轴承装配到箱体上后产生歪斜,致使主轴产生径向跳动和轴向窜动,同时也使温度升高,加剧轴承磨损。孔系之间的平行度误差会影响齿轮的啮合质量。一般同轴上各孔的同轴度约为最小孔尺寸公差的一半。

3.孔与平面的位置精度

一般都要规定主要孔和主轴箱安装基面的平行度要求,它们决定了主轴与床身导轨的相互位置关系。这项精度是在总装过程中通过刮研达到的。为减少刮研工作量,一般都要规定主轴轴线对安装基面的平行度公差。在垂直和水平两个方向上只允许主轴前端向上和向前偏。

4.主要平面的精度

装配基面的平面度误差影响主轴箱与床身连接时的接触刚度,若在加工过程中作为定位基准,还会影响轴孔的加工精度。因此,规定底面和导向面必须平直和相互垂直。其平面度、垂直度公差等级为 5 级。

5.表面粗糙度

重要孔和主要表面的表面粗糙度会影响连接面的配合性质或接触刚度,其具体要求一般用 Ra 值来评价。主轴孔 Ra 为 0.4 μm,其他各纵向孔 Ra 为 1.6 μm,孔的内端面 Ra 为 3.2 μm,装配基准面和定位基准面 Ra 为 0.63~2.5 μm,其他平面 Ra 为 2.5~10 μm。

(二)箱体的材料及毛坯

箱体材料一般选用 HT200~HT400 的各种牌号的灰铸铁,最常用的为 HT200,这是因为灰铸铁不仅成本低,而且具有较高的耐磨性、可铸性、可切削性和阻尼特性。在单件生产或某些简易机床的箱体,为了缩短生产周期和降低成本,可采用钢材焊接结构。此外,精度要求较高的坐标镗床主轴箱可选用耐磨铸铁,负荷大的主轴箱也可采用铸钢件。

毛坯的加工余量与生产批量、毛坯尺寸、结构、精度和铸造方法等因素有关,有关数据可查有关资料及数据具体情况决定。如Ⅱ级精度灰铸铁件,在大批大量生产时,平面的总加工余量为 6~10 mm,孔的半径余量为 7~12 mm;单件小批生产时,平面的总加工余量为 7~12 mm,孔的半径余量为 8~14 mm;成批生产时,小于 ϕ30 mm 的孔和单件小批生产小于 ϕ50 mm 的孔不铸出。

毛坯铸造时,应防止砂眼和气孔的产生。为了减少毛坯制造时产生残余应力,应使箱

体壁厚尽量均匀,箱体铸造后应安排退火或时效处理工序。

二、箱体类零件结构工艺性

箱体的结构复杂,加工表面数量多,要求高,机械加工量大。因此,箱体机械加工的结构工艺性对提高产品质量、降低成本和提高劳动生产率都有重要意义。箱体机械加工的结构工艺性要注意以下几方面的问题。

(一)基本孔

箱体的基本孔可分为通孔、阶梯孔、盲孔、交叉孔等几类。通孔工艺性最好,通孔内又以孔长 L 与孔径 D 之比 $L/D \leqslant 1 \sim 1.5$ 的短圆柱孔工艺性为最好;$L/D > 5$ 的孔,称为深孔,若深度精度要求较高、表面粗糙度值较小,加工就很困难。

阶梯孔的工艺性与孔径比有关。孔径相差越小,则工艺性越好;孔径相差越大,且其中最小的孔径又很小,则工艺性越差。

相贯通的交叉孔的工艺性也较差,如图 5-14(a)所示,$\phi 100^{+0.035}_{0}$ 孔与 $\phi 70^{+0.03}_{0}$ 孔贯通相交,在加工主轴孔时,刀具走到贯通部分时,由于刀具径向受力不均,孔的轴线就会偏移。为此可采取工艺如图 5-14(b)所示,$\phi 70$ 孔不铸通,加工 $\phi 100^{+0.035}_{0}$ 主孔后再加工 $\phi 65$ 孔即可。

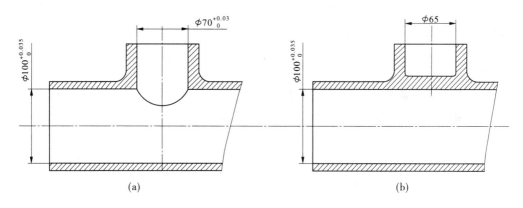

(a)　　　　　　　　　　　　　　　　(b)

图 5-14　交叉孔的工艺性

盲孔的工艺性最差,因为在精铰或精镗盲孔时,刀具送进难以控制,加工情况不便于观察。此外,盲孔的内端面的加工也特别困难,故应尽量避免。

(二)同轴线上的孔

同一轴线上孔径大小向一个方向递减,便于镗孔时镗杆从一端伸入,逐个加工或同时加工同轴线上几个孔,以保证较高的同轴度和生产率,单件小批生产时一般采用这种分布形式,如图 5-15(a)所示。同孔径大小从两边向中间递减,加工时便于组合机床以两边同时加工,镗杆刚度好,适合大批大量生产,如图 5-15(b)所示。

同轴线上的孔的直径的分布形式,应尽量避免中间壁上的孔径大于外壁的孔径。因为加工这种孔时,要将刀杆伸进箱体后装刀和对刀,结构工艺性差,如图 5-15(c)所示。

(三)箱体的内端面孔

箱体的内端面孔加工比较困难,如果结构上要求必须加工,应尽可能使内端面的尺寸

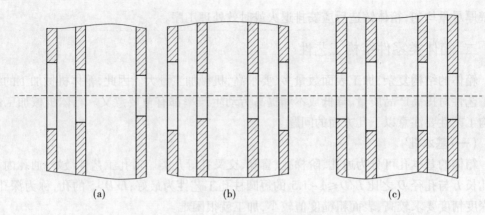

图 5-15 同轴孔径的排列方式

小于刀具须穿过的孔加工前的直径,这样便于镗杆直接穿过该孔而到达加工端面处。

(四)箱体外壁上的凸台

箱体外壁上的凸台应尽可能在一个平面上,以便可以在一次走刀中加工出来,而无须调整刀具的位置,使加工简单方便。

(五)箱体的装配基面

箱体的装配基面尺寸应尽量大,形状应力求简单,以便于加工、装配和检验。箱体上的紧固孔和螺孔的尺寸规格应尽量一致,以减少刀具数量和换刀次数。

三、箱体零件加工工艺过程分析

(一)箱体类零件机械加工工艺过程

箱体类零件的结构复杂,加工表面多,但主要加工表面是平面和孔。通常平面的加工精度相对来说较易保证,而精度要求较高的支承孔以及孔与孔之间、孔与平面之间的相互位置精度则较难保证,往往是箱体加工的关键。所以,在制订箱体加工工艺过程中,应重点考虑如保证孔的自身精度及孔与孔、平面之间的相互位置精度,尤其要注意重要孔与重要的基准平面(常作为装配基面、定位基准、工序基准)之间的关系。当然,所制订的工艺过程还应适合箱体生产批量和工厂具备的条件。

表 5-4 为车床主轴箱(见图 5-13)的大批生产工艺过程。

表 5-4　主轴箱大批生产工艺过程

序号	工序内容	定位基准	序号	工序内容	定位基准
1	铸造		10	精镗各纵向孔	顶面 A 及两工艺孔
2	时效		11	精镗主轴孔 I	顶面 A 及两工艺孔
3	油漆		12	加工横向孔及各面上的次要孔	
4	铣顶面 A	I 孔与 II 孔	13	磨 B、C 导轨面及前面 D	顶面 A 及两工艺孔

续表 5-4

序号	工序内容	定位基准	序号	工序内容	定位基准
5	钻、扩、铰 2-ϕ8H7工艺孔	顶面 A 及外形	14	将 2-ϕ8H7 mm 及 4-ϕ7.8 mm 均扩钻至ϕ8.5 mm，攻 6-M10	
6	铣两端面 E、F 及前面 D	顶面 A 及两个工艺孔			
7	铣导轨面 B、C	顶面 A 及两个工艺孔	15	清洗、去毛刺、倒角	
8	磨顶面 A	导轨面 B、C	16	检验	
9	粗镗各纵向孔	顶面 A 及两个工艺孔			

（二）箱体类零件机械加工工艺过程分析

1.拟定箱体类零件机械加工工艺过程的基本原则

1）先面后孔的加工顺序

箱体类零件的加工顺序均为先加工面，以加工好的平面定位，再来加工孔。因为箱体孔的精度要求高，加工难度大，先以孔为粗基准加工好平面，再以平面为精基准加工孔，这样既能为孔的加工提供稳定可靠的精基准，同时可以使孔的加工余量均匀。由于箱体上的孔一般分布在外壁和中间隔壁的平面上，先加工平面，可切去铸件表面的凹凸不平及夹砂等缺陷，这不仅有利于以后工序的孔加工（例如，钻孔时可减少钻头引偏），也有利于保护刀具、对刀和刀具的调整。

表 5-4 中主轴箱大批生产时，先将顶面 A 磨好后才能加工孔系。

2）加工阶段粗、精分开

箱体重要加工表面都要分为粗、精加工两个阶段，这样可以减小或避免粗加工产生的内应力和切削热对加工精度的影响，以保证加工质量；粗、精加工分开还可以根据不同的加工特点和要求，合理选择加工设备，便于低精度、高功率设备充分发挥其功能，而高精度设备则可以延长使用寿命，提高了经济效益；粗、精加工分开也可以及时发现毛坯缺陷，避免浪费。

但是，对单件小批量的箱体加工，如果从工序上严格区分粗、精加工，则机床、夹具数量要增加，工件运输工作量也会增加，所以实际生产中多将粗、精加工在一道工序内完成，但要采取一定的工艺措施，如粗加工后将工件松开一点，再用较小的夹紧力夹紧工件，使工件因夹紧力而产生的弹性变形在精加工前得以恢复。

3）工序间安排时效处理

箱体毛坯结构复杂，铸造内应力较大。为了消除内应力、减少变形、保持精度的稳定，铸造之后要安排人工时效处理。主轴箱体人工时效的规范为：加热到 500～550 ℃，加热速度 50～120 ℃/h，保温 4～6 h，冷却速度 ≤30 ℃/h，出炉温度 ≤200 ℃。

普通精度的箱体，一般在铸造之后安排一次人工时效处理。对一些高精度的箱体或形状特别复杂的箱体，在粗加工之后还要安排一次人工时效处理，以消除粗加工造成的残余应力。有些精度要求不高的箱体毛坯,有时不安排时效处理,而是利用粗、精加工工序间的停放和运输时间,使之进行自然时效。

4)选择箱体上的重要基准孔作粗基准

箱体类零件的粗基准一般都采用它上面的重要孔作粗基准,如主轴箱都用主轴孔作粗基准。

2.箱体类零件加工的具体工艺问题

1)粗基准的选择

虽然箱体类零件一般都采用重要孔为粗基准,随着生产类型不同,实现以主轴孔为粗基准的工件装夹方式是不同的。

中小批生产时,由于毛坯精度较低,一般采用划线装夹,加工箱体平面时,按线找正装夹工件即可。

大批大量生产时,毛坯精度较高,可采用图 5-16 所示的夹具装夹。先将工件放在支承 1、3、5 上,使箱体侧面紧靠支架 4,箱体一端紧靠挡销 6,这就完成了预定位。此时将液压控制的两短轴 7 伸入主轴孔中,每个短轴上的三个活动支柱 8 分别顶住主轴孔内的毛面,将工件抬起。离开 1、3、5 支承面,使主轴孔轴线与夹具的两短轴轴线重合,此时主轴孔即为定位基准。为了限制工件绕两短轴 7 转动的自由度,在工件抬起后,调节两可调支承 10,通过用样板校正 I 轴孔的位置,使箱体顶面基本成水平。再调节辅助支承 2,使其与箱体底面接触,使得工艺系统刚度得到提高。然后将液压控制的两夹紧块 11 伸入箱体两端孔内压紧工件,即可进行加工。

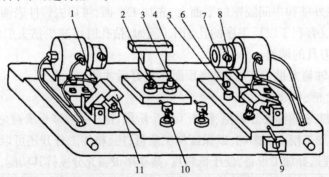

1、3、5—支承;2—辅助支承;4—支架;6—挡销;7—短轴;8—活动支柱;
9—操纵手柄;10—可调支承;11—夹紧块

图 5-16　以主轴孔为粗基准铣顶面的夹具

2)精基准的选择

箱体加工精基准的选择与生产批量大小有关。单件小批生产用装配基准作定位基准。图 5-13 所示车床主轴箱单件小批加工孔系时,选择箱体底面导轨 B、C 面作为定位基准。B、C 面既是主轴孔的设计基准,也与箱体的主要纵向孔系、端面、侧面有直接的位置关系,故选择导轨面 B、C 作为定位基准,不仅消除了基准不重合误差,而且在加工各孔时,箱口朝上,便于安装调整刀具、更换导向套、测量孔径尺寸、观察加工情况和加注切削液等。

这种定位方式的不足之处是刀具系统的刚度较差。加工箱体中间壁上的孔时,为了提高刀具系统的刚度,应当在箱体内部相应的部位设计镗杆导向支承。由于箱体底部是封闭的,中间支承只能用如图 5-17 所示的吊架从箱体顶面的开口处伸入箱体内,每加工一件须装卸一次,吊架刚性差,制造精度较低,经常装卸也容易产生误差,且使加工的辅助时间增加,因此这种定位方式只适用于单件小批生产。

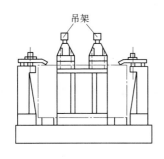
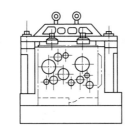
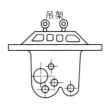

图 5-17　吊架式镗模夹具

大批量生产时采用一面两孔作定位基准,大批量生产的主轴箱常以顶面和两定位销孔为精基准,如图 5-18 所示。

这种定位方式,箱口朝下,中间导向支架可固定在夹具上。由于简化了夹具结构,提高了夹具的刚度,同时工具的装卸也比较方便,因而提高了孔系的加工质量和劳动生产率。

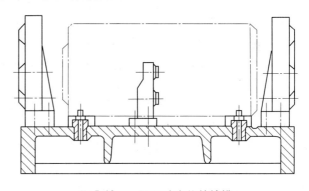

图 5-18　一面两孔定位的镗模

这一定位方式也存在一定的问题,由于定位基准与设计基准不重合,产生了基准不重合误差。为保证箱体的加工精度,必须提高作为定位基准的箱体顶面和两定位销孔的加工精度。因此,大批大量生产的主轴工艺过程中,安排了磨 A 面工序,要求严格控制顶面 A 的平面度和 A 面至底面、A 面至主轴孔轴心线的尺寸精度与平行度,并将两定位销孔通过钻、扩、铰等工序使其直径精度提高到 H7,增加了箱体加工的工作量。此外,这种定位方式的箱口朝下,还不便在加工中直接观察加工情况,也无法在加工中测量尺寸和调整刀具(实际生产中采用定孔径刀具直接保证加工精度)。

3)所用设备因批量不同而异

单件小批生产一般都在通用机床上加工,各工序原则上靠工人技术熟练程度和机床工作精度来保证。除个别必须用专用夹具才能保证质量的工序(如孔系加工)外,一般很少采用专用夹具。而大批量箱体的加工则广泛采用组合加工机床、专用镗床等。专用夹具也用得很多,这就大大地提高了生产率。

■ 项目小结

通过本项目的学习,了解轴类零件、套筒类零件、箱体类零件及圆柱齿轮的特点、功用、技术要求、材料和毛坯种类选择,理解各种典型零件定位及夹紧方法对加工质量的影响,掌握轴类零件、套筒类零件、箱体类零件及圆柱齿轮加工工艺分析、制订的方法,会根据零件的具体要求正确制订其加工工艺。

思考与练习

1.主轴结构特点和技术要求有哪些?

2.车床主轴毛坯常用的材料有哪几种? 对于不同的毛坯材料,在加工各个阶段应如何安排热处理工序? 这些热处理工序起什么作用?

3.试分析车床主轴加工工艺过程中,如何体现"基准重合""基准统一"等精基准选择原则?

4.顶尖孔在主轴机械加工工艺过程中起什么作用? 为什么要对顶尖孔进行修磨?

5.轴类零件上的螺纹、花键等的加工一般安排在工艺过程的哪个阶段?

6.箱体类零件的结构特点和主要技术要求有哪些? 为什么要规定这些要求?

7.选择箱体类零件的粗、精基准时应考虑哪些问题?

8.孔系有哪几种? 其加工方法有哪些?

9.如何安排箱体类零件的加工顺序? 一般应遵循哪些原则?

10.套筒类零件的深孔加工有何工艺特点? 针对其特点应采取什么工艺措施?

11.薄壁套筒类零件加工时容易因夹紧不当产生变形,应如何处理?

12.编制图 5-19 所示传动轴的机械加工工艺规程。其生产类型为中批生产,材料 45 钢,需调质处理。

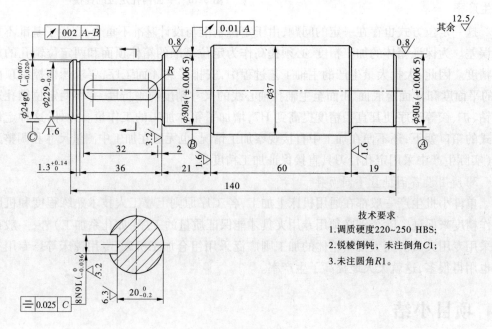

技术要求
1.调质硬度220~250 HBS;
2.锐棱倒钝, 未注倒角C1;
3.未注圆角R1。

图 5-19　传动轴

项目六 零件的表面精度及质量

【项目目标】 了解机械加工过程中工艺系统各环节存在的原始误差;理解加工质量、零件表面质量的含义。

【项目要求】 掌握影响加工质量、零件表面质量的因素分析控制方法;会根据生产加工条件制定提高加工质量、零件表面质量的工艺措施。

观察与思考

如图 6-0 所示为同一机床上,当使用不同的刀具或采用不同的切削用量时,加工出来的同一个零件的加工精度、表面质量各不相同。这其中的变化有什么规律? 应如何利用这些规律来保证加工精度和表面质量、提高切削效率、降低生产成本?

图 6-0 不同精度的零件

任务一 认识加工精度

学习目标:

1.知道加工精度的含义,了解加工误差的产生原因。

2.理解加工误差的影响因素。

3.知道提高加工精度的工艺措施。

机械加工精度是指零件加工后的实际几何参数(尺寸、形状和位置)与理想几何参数的相符合程度。它们之间的差异称为加工误差。加工误差越小,符合程度越高,加工精度就越高;加工误差越大,符合程度越低,加工精度就越低。加工精度与加工误差是一个问题的两种提法。所以,加工误差的人小反映了加工精度的高低。研究加工精度的目的,就是要分析影响加工精度的各种因素及其存在的规律,从而找出减少加工误差、提高加工精度的有效途径。

加工精度包括以下三个方面:

(1)尺寸精度:加工后零件的实际尺寸与零件尺寸的公差带中心的相符合程度。

(2)形状精度：加工后零件表面的实际几何形状与理想几何形状的相符合程度。

(3)位置精度：加工后零件有关表面之间的实际位置与理想位置的相符合程度。

一、加工误差的产生

在机械加工中，机床、夹具、工件和刀具构成了一个完整的系统，称为工艺系统。由于工艺系统本身的结构和状态、操作过程以及加工过程中的物理力学现象而产生刀具和工件之间的相对位置关系发生偏移所产生的误差称为原始误差。它可以如实、放大或缩小地反映给工件，使工件产生加工误差而影响零件加工精度。一部分原始误差与工艺系统本身的初始状态有关；一部分原始误差与切削过程有关。这两部分误差又受环境条件、操作者技术水平等因素的影响。

（一）与工艺系统本身初始状态有关的原始误差

1. 原理误差

原理误差即加工方法原理上存在的误差。

2. 工艺系统几何误差

工艺系统几何误差可归纳为两类：

(1)工件与刀具的相对位置在静态下已存在的误差，如刀具和夹具制造误差、调整误差以及安装误差。

(2)工件与刀具的相对位置在运动状态下存在的误差，如机床的主轴回转运动误差、导轨的导向误差、传动链的传动误差等。

（二）与切削过程有关的原始误差

(1)工艺系统力效应引起的变形，如工艺系统受力变形、工件内应力的产生和消失而引起的变形等造成的误差。

(2)工艺系统热效应引起的变形，如机床、刀具、工件的热变形等造成的误差。

二、工艺系统的几何误差对加工精度的影响

工艺系统的各部分组成，包括机床、刀具、夹具的制造误差、安装误差、使用中的磨损都直接影响工件的加工精度。这里着重分析对工件加工精度影响较大的主轴回转运动误差、导轨导向误差和传动链传动误差和刀具、夹具的制造误差及磨损等。

（一）主轴回转运动误差

1. 主轴回转精度的概念

在理想状态下，主轴回转时，主轴回转轴线在空间的位置应是稳定不变的，但是，由于主轴、轴承、箱体的制造和装配误差以及受静力、动力作用引起的变形、温升热变形等，主轴回转轴线瞬时都在变化(漂移)。通常以各瞬时回转轴线的平均位置作为平均轴线来代替理想轴线。主轴回转精度是指主轴的实际回转轴线与平均回转轴线相符合的程度，它们的差异就称为主轴回转运动误差。主轴回转运动误差可分解为三种形式：纯轴向窜动、纯径向跳动和纯角度摆动。如图 6-1 所示。

2. 影响主轴回转运动误差的主要因素

实践和理论分析表明，影响主轴回转精度的主要因素有主轴的误差、轴承的误差、床

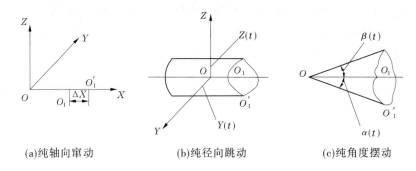

(a)纯轴向窜动　　　　　(b)纯径向跳动　　　　　(c)纯角度摆动

图 6-1　主轴回转精度误差

头箱体主轴孔的误差,以及与轴承配合零件的误差等。当采用滑动轴承时,影响主轴回转精度的因素有主轴颈和轴瓦内孔的圆度误差,以及轴颈和轴瓦内孔的配合精度。对于车床类机床,轴瓦内孔的圆度误差对加工误差影响很小。因为切削力方向不变,回转的主轴轴颈总是与轴瓦内孔的某固定部分接触,因而轴瓦内孔的圆度误差几乎对主轴回转运动误差影响为零,如图 6-2(a)所示。

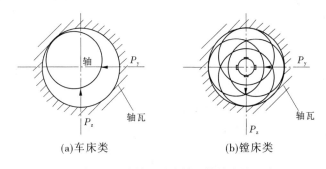

(a)车床类　　　　　　　　　(b)镗床类

图 6-2　滑动轴承对主轴回转精度的影响

对于镗床类机床,因为切削力方向是变化的,轴瓦的内孔总是与主轴颈的某一固定部分接触。因而,轴瓦内孔的圆度误差对主轴回转精度影响较大,主轴轴颈的圆度误差对主轴回转精度影响较小,如图 6-2(b)所示。

采用滚动轴承的主轴部分影响主轴回转精度的因素很多,如内圈与主轴颈的配合精度,外圈与箱体孔配合精度,外圈、内圈滚道的圆度误差,内圈孔与滚道的同轴度,以及滚动体的形状精度和尺寸精度。

床头箱体的轴承孔不圆,使外圈滚道变形;主轴轴颈不圆,使轴承内圈滚道变形,都会产生主轴回转误差。主轴前后轴颈之间、床头箱体的前后轴承孔之间存在同轴度误差,会使滚动轴承内外圈相对倾斜,主轴产生径向跳动和端面跳动。此外,主轴上的定位轴套、锁紧螺母端面的跳动等也会影响主轴的回转精度。

3. 提高主轴回转精度的措施

(1)提高主轴、箱体的制造精度。主轴回转精度只有 20% 取决于轴承精度,而 80% 取决于主轴和箱体的精度和装配质量。

(2)高速主轴部件要进行动平衡,以消除激振力。

(3)滚动轴承采用预紧。轴向施加适当的预加载荷(径向载荷的 20% ~ 30%),消除轴承间隙,使滚动体产生微量弹性变形,可提高刚度、回转精度和使用寿命。

(4)采用多油楔动压轴承(限于高速主轴)。上海机床厂生产的 MGB1432 高精度半自动外圆磨床采用三块瓦式三油楔动压轴承,轴心漂移量可控制在 1 μm 以下。

(5)采用静压轴承。静压轴承由于是纯液体摩擦,摩擦系数为 0.000 6,因此摩擦阻力较小,可以均化主轴颈与轴瓦的制造误差,具有很高的回转精度。

(6)采用固定顶尖结构。如果磨床前顶尖固定,不随主轴回转,则工件圆度只和一对顶尖及工件顶尖孔的精度有关,而与主轴回转精度关系很小。主轴回转只起传递动力、带动工件转动的作用。

(二)导轨导向误差

导轨在机床中起导向和承载作用。它既是确定机床主要部件相对位置的基准,也是运动的基准。导轨的各项误差直接影响工件的加工质量。

1. 水平面内导轨直线度的影响

由于车床的误差敏感方向在水平面(Y 方向),所以这项误差对加工精度影响极大。导轨误差为 ΔY,引起尺寸误差 $\Delta d = 2\Delta Y$。当导轨形状有误差时,造成圆柱度误差,当导轨中部向前凸出时,工件产生鞍形(中凹形);当导轨中部向后凸出时,工件产生鼓形(中凸形)。

2. 垂直面内导轨直线度的影响

对车床来说,垂直面内(Z 方向)不是误差的敏感方向,但也会产生直径方向误差。

3. 机床导轨面间平行度误差的影响

车床两导轨的平行度产生误差(扭曲),使鞍座产生横向倾斜,刀具产生位移,因而引起工件形状误差。由图 6-3 所示关系可知,其误差值 $\Delta Y = H\Delta / B$。

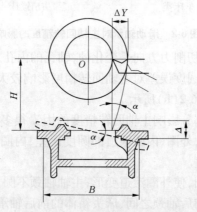

图 6-3　车床导轨面间的平行度误差

(三)传动链传动误差

切削过程中,工件表面的成形运动,是通过一系列的传动机构来实现的。传动机构的传动元件有齿轮、丝杆、螺母、蜗轮及蜗杆等。这些传动元件由于其加工、装配和使用过程中磨损而产生误差,这些误差就构成了传动链的传动误差。传动机构越多,传动路线越长,则传动误差越大。为了减小这一误差,除提高传动机构的制造精度和安装精度外,还可采用缩短传动路线或附加校正装置。

（四）工艺系统的其他几何误差

（1）一般刀具（如车刀、镗刀及铣刀等）的制造误差，对加工精度没有直接的影响。

（2）定尺寸刀具（如钻头、铰刀、拉刀及槽铣刀等）的尺寸误差，直接影响被加工零件的尺寸精度。同时刀具的工作条件，如机床主轴的跳动或因刀具安装不当引起径向或端面跳动等，都会影响加工面的尺寸。

（3）成形刀具（成形刀、成形铣刀以及齿轮滚刀等）的误差，主要影响被加工面的形状精度。

（4）夹具的制造误差一般指定位元件、导向元件及夹具体等零件的加工和装配误差。这些误差对被加工零件的精度影响较大。所以，在设计和制造夹具时，凡影响零件加工精度的尺寸都控制较严。

（5）刀具的磨损会直接影响刀具相对被加工表面的位置，造成被加工零件的尺寸误差；夹具的磨损会引起工件的定位误差。所以，在加工过程中，上述两种磨损均应引起足够的重视。

三、工艺系统的受力变形引起的加工误差

由机床、夹具、工件、刀具组成的工艺系统是一个弹性系统，在加工过程中由于切削力、传动力、惯性力、夹紧力以及重力的作用，会产生弹性变形，产生相应的变形和振动，从而会破坏刀具和工件之间的成形运动的位置关系和速度关系，影响切削运动的稳定性，从而产生各种加工误差和表面粗糙度。图 6-4 所示为车削细长轴时受力变形引起的加工误差。

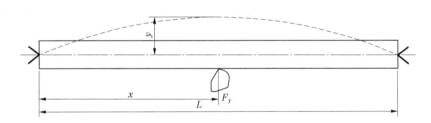

图 6-4 车削细长轴时受力变形引起的加工误差

（一）切削过程中受力点位置变化引起的加工误差

切削过程中，工艺系统的刚度随切削力着力点位置的变化而变化，引起系统变形的差异，使零件产生加工误差。

（1）在两顶尖车削粗而短的光轴时，由于工件刚度较大，在切削力作用下的变形，相对机床、夹具和刀具的变形要小得多，故可忽略不计。此时，工艺系统的总变形完全取决于机床头、尾架（包括顶尖）和刀架（包括刀具）的变形。工件产生的误差为双曲线圆柱度误差。

（2）在两顶尖间车削细长轴时，由于工件细长、刚度小，在切削力作用下，其变形大大超过机床、夹具和刀具的受力变形。因此，机床、夹具结合刀具承受力变形可忽略去不计，工艺系统的变形完全取决于工件的变形。加工中当车刀处于如图 6-4 所示的位置时，工

件的轴线将会产生弯曲变形,根据材料力学的计算公式可得其变形量为 $y = F_y/3EI = (L-x)^2 x^2/L$。其中 EI 为弯曲刚度。由式中可以看出,车刀车至 $x = L/2$ 处时工件产生的变形最大,工件呈中间粗、两头细的腰鼓形。

(二)切削力大小变化引起的加工误差——复映误差

工件的毛坯外形虽然具有粗略的零件形状,但它在尺寸、形状以及表面层材料硬度上都有较大的误差。毛坯的这些误差在加工时使切削深度不断发生变化,从而导致切削力的变化,进而引起工艺系统产生相应的变形,使得零件在加工后还保留与毛坯表面类似的形状或尺寸误差。当然,工件表面残留的误差比毛坯表面误差要小得多。这种现象称为"误差复映规律",所引起的加工误差称为"复映误差"。

除切削力外,传动力、惯性重力、夹紧力等其他作用力也会使工艺系统的变形发生变化,从而引起加工误差,影响加工质量。

(三)减小工艺系统受力变形的措施

减小工艺系统受力变形,不仅可以提高零件的加工精度,而且有利于提高生产率。因此,生产中必须采取有力措施,减小工艺系统受力变形。

1. 提高工艺系统各部分的刚度

1)提高工件加工时的刚度

有些工件因其自身刚度很差,加工中将产生变形而引起加工误差,因此必须设法提高工件自身刚度。

例如,车削细长轴时,为提高细长轴刚度,可采用如下措施:

(1)减小工件支承长度 L。为此,常采用跟刀架或中心架及其他支承架。

(2)减小工件所受法向切削力 F_y。通常可采取增大前角 γ_0、主偏角 κ_r 选为 90°,以及适当减小进给量 f 和切削深度 a_p 等措施减小 F_y。

(3)采用反向走刀法,使工件从原来的轴向受压变为轴向受拉。

2)提高工件安装时的夹紧刚度

对于薄壁件,夹紧时应选择适当的夹紧方法和夹紧部位,否则会产生很大的形状误差。

如图 6-5 所示为薄板工件。由于工件本身有形状误差,用电磁吸盘吸紧时,工件产生弹性变形,磨削后松开工件,因弹性恢复工件表面仍有形状误差(翘曲)。解决办法是在工件和电磁吸盘之间垫入一薄橡皮(0.6 mm 以下)。当吸紧时,橡皮被压缩,工件变形减小,经几次反复磨削逐渐修正工件的翘曲,将工件磨平。

3)提高机床部件的刚度

机床部件的刚度在工艺系统中占有很大的比重,在机械加工时常用一些辅助装置提高其刚度。如图 6-6(a)所示为六角车床上提高刀架刚度的装置。该装置的导向加强杆与辅助支承导套或装于主轴孔内的导套配合,从而使刀架刚度大大提高,如图 6-6(b)所示。

2. 提高接触刚度

由于部件的接触刚度远远低于实体零件本身的刚度,因此提高接触刚度是提高工艺系统刚度的关键,常用的方法有:

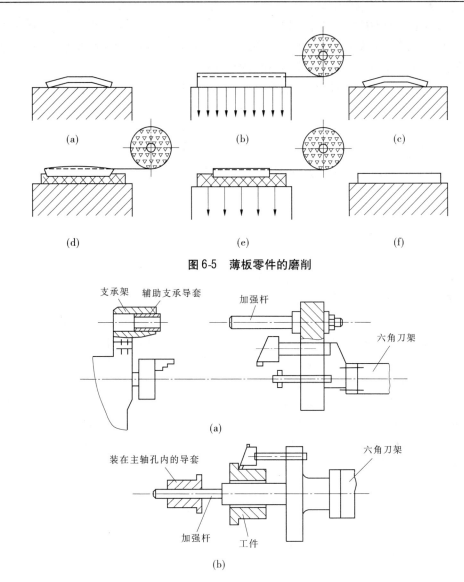

图 6-5　薄板零件的磨削

图 6-6　提高刀架刚度的装置

（1）改善工艺系统主要零件接触面的配合质量。如机床导轨副、锥体与锥孔、顶尖与顶尖等配合面采用刮研与研磨，以提高配合表面的形状精度，降低表面粗糙度。

（2）预加载荷。由于配合表面的接触刚度随所受载荷的增大而不断增大，所以对机床部件的各配合表面施加预紧载荷不仅可以消除配合间隙，而且可以使接触表面之间产生预变形，从而大大提高了连接表面的接触刚度。例如，为了提高主轴部件的刚度，常常对机床主轴轴承进行预紧等。

四、工艺系统受热变形引起的加工误差

机械加工中，工艺系统在各种热源的作用下会产生一定的热变形。由于工艺系统热源分布的不均匀性及各环节结构、材料的不同，工艺系统各部分的变形会产生差异，从而

破坏了刀具与工件的准确位置及运动关系,产生加工误差。尤其对于精密加工,热变形引起的加工误差占总加工误差的一半以上。因此,在近代精密自动化加工中,控制热变形对加工精密的影响已成为一项重要的任务和研究课题。

加工过程中,工艺系统的热源主要有内部热源和外部热源两大类。内部热源来自于切削过程,主要包括切削热、摩擦热、派生热源。外部热源主要来自于外部环境,主要包括环境温度和热辐射这些热源产生的热造成工件、刀具和机床的热变形。

(一)机床热变形

由于机床的结构和工作条件差别很大,因此引起热变形的主要热源也不大相同,大致分为以下三种:

(1)主要热源来自于机床的主传动系统。如普通机床、六角机床、铣床、卧式镗床、坐标镗床等。

(2)主要热源来自于机床导轨的摩擦。如龙门刨床、立式车床等。

(3)主要热源来自于液压系统。如各种液压机床。

热源的热量,一部分传给周围介质,一部分传给热源近处的机床零部件和刀具,以致产生热变形,影响加工精度。由于机床各部分的体积较大,热容量也大,因而机床热变形进行得缓慢,如车床主轴箱一般不高于 60 ℃。实践表明,车床部件中受热最多而变形最大的是主轴箱,其他部分如刀架、尾座等温升不高,热变形较小。

图 6-7 所示的虚线表示车床的热变形。可以看出,车床主轴前轴承的温升最高。对加工精度影响最大的因素是主轴轴线的抬高和倾斜。实践表明,主轴轴线抬高是主轴轴承温度升高而引起主轴箱变形的结果,它约占总抬高量的 70%。由床身热变形所引起的抬高量一般小于 30%。影响主轴轴线倾斜的主要原因是床身的受热弯曲,它约占总倾斜量的 75%。主轴前后轴承的温差所引起的主轴倾斜只占 25%。

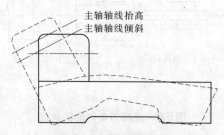

图 6-7 车床的热变形

(二)刀具热变形

切削过程中,一部分切削热传给刀具,尽管这部分热量很少(高速车削时只占 1% ~ 2%),但由于刀体较小,热容量较小,因此刀具的温度仍然很高,高速钢车刀的工作表面温度可达 700 ~ 800 ℃。刀具受热伸长量一般情况下可达到 0.03 ~ 0.05 mm,从而产生加工误差,影响加工精度。

当刀具连续工作时,如车削长轴或在立式车床车大端面,传给刀具的切削热随时间不断增加,刀具产生热变形而逐渐伸长,工件产生圆度误差或平面度误差。

刀具间歇工作时,例如,当采用调整法加工一批短轴零件时,由于每个工件切削时间较短,刀具的受热与冷却间歇进行,故刀具的热伸长比较缓慢。

总的来说,刀具能够迅速达到热平衡,刀具的磨损又能与刀具的受热伸长进行部分的补偿,故刀具热变形对加工质量影响并不显著。

(三)工件热变形

1. 工件均匀受热

当加工比较简单的轴、套、盘类零件的内外圆表面时,切削热比较均匀地传给工件,工件产生均匀热变形。

加工盘类零件或较短的轴套类零件,由于加工行程较短,可以近似认为沿工件轴向方向的温升相等。因此,加工出的工件只产生径向尺寸误差而不产生形位误差。若工件精度要求不高,则可忽略热变形的影响。对于较长工件(如长轴)的加工,开始走刀时,工件温度较低,变形较小。随着切削的进行,工件温度逐渐升高,直径逐渐增大,因此工件表面被切去的金属层厚度越来越大,冷却后不仅产生径向尺寸误差,而且会产生圆柱度误差。若该长轴(尤其是细长轴)工件用两顶尖装夹,且后顶尖固定锁紧,则加工中工件的轴向热伸长使工件产生弯曲并可能引起切削不稳。因此,加工细长轴时,工人经常车一刀后转一下后顶尖,再车下一刀,或后顶尖改用弹簧顶尖,目的是消除工件热应力和弯曲变形。

对于轴向精度要求较高的工件(如精密丝杠),其热变形引起的轴向伸长将产生螺距误差。因此,加工精密丝杠时必须采用有效冷却措施,减少工件的热伸长。

2. 工件不均匀受热

当工件进行铣、刨、磨等平面的加工时,工件单侧受热,上下表面温升不等,从而导致工件向上凸起,中间切去的材料较多。冷却后被加工表面呈凹形。这种现象对于加工薄片类零件尤为突出。

为了减小工件不均匀变形对加工精度的影响,应采取有效的冷却措施,减小切削表面温升。

3. 控制温度变化,均恒温度场

由于工艺系统温度变化,工艺系统热变形变化,从而产生加工误差,并且具有随机性。因而,必须采取措施控制工艺系统温度变化,保持温度稳定。使热变形产生的加工误差具有规律性,便于采取相应措施给予补偿。

对于床身较长的导轨磨床,为了均衡导轨面的热伸长,可利用机床润滑系统回油的余热来提高床身下部的温度,使床身上下表面的温差减小,变形均匀。

五、加工过程中的其他原始误差

(一)加工原理误差

加工原理误差是由于采用了近似的加工运动方式或者近似的刀具轮廓而产生的误差。因为它在加工原理上存在误差,故称原理误差。原理误差在允许范围内是可行的。

1. 采用近似的加工运动造成的误差

在许多场合,为了得到要求的工件表面,必须在工件或刀具的运动之间建立一定的联系。从理论上讲,应采用完全准确的运动联系。但是,采用理论上完全准确的加工原理有时使机床或夹具极为复杂,致使制造困难,反而难以达到较高的加工精度,有时甚至是不可能做到的。如在车削或磨削模数螺纹时,由于其导程 $p = \pi m$,式中 π 为无理因子,在用配换齿轮来得到导程数值时,就存在原理误差。

2. 采用近似的刀具轮廓造成的误差

用成形刀具加工复杂的曲面时,要使刀具刃口做得完全符合理论曲线的轮廓,有时非常困难,往往采用圆弧、直线等简单近似的线型代替理论曲线。如用滚刀滚切渐开线齿轮,为了滚刀的制造方便,多用阿基米德基本蜗杆或法向直廓基本蜗杆来代替渐开线基本蜗杆,从而产生了加工原理误差。

(二)调整误差

零件加工的每一个工序中,为了获得被加工表面的形状、尺寸和位置精度,总得对机床、夹具、刀具进行调整,任何调整工作必然会带来一些原始误差,这种原始误差即调整误差。

调整误差与调整方法有关。

1. 试切法调整

试切法调整,就是对被加工零件进行"试切—测量—调整—再试切",直至到达要求的精度。其调整误差主要来源于测量误差、微量进给时机构灵敏度引起的误差、最小切削深度引起的误差。

2. 用定程机构调整

在半自动机床、自动机床和自动生产线上,广泛应用行程挡块、靠模及凸轮机构来保证加工精度。这些机构的制造精度和刚度,以及与其配合使用的离合器、控制阀等的灵敏度就成了影响调整误差的主要因素。

3. 用样板或样件调整

在各种仿形机床、多刀机床和专用机床中,常采用专门的样件或样板来调整刀具、机床与工件之间的相对位置,以此保证零件的加工精度。在这种情况下,样板或样件本身的制造误差、安装误差、对刀误差就成了影响调整误差的主要因素。

(三)工件残余应力引起的误差

残余应力也称内应力,是指当外部载荷去掉以后仍存留在工件内部的应力。残余应力是由于金属内部组织发生了不均匀的体积变化而产生的。其外界因素来自于热加工和冷加工。具有残余应力的零件处在一种不稳定状态。一旦其内应力的平衡条件被打破,内应力的分布就会发生变化,从而引起新的变形,影响加工精度。

1. 残余应力产生的原因

(1)毛坯制造中产生的残余应力。在铸、锻、焊及热处理等加工过程中,由于工件各部分热胀冷缩不均匀以及金相组织转变时的体积变化,使毛坯内部产生了相当大的残余应力。毛坯的结构愈复杂,各部分壁厚愈不均匀,散热条件差别愈大,毛坯内部产生的残余应力也愈大。具有残余应力的毛坯在短时间内还看不出有什么变化,残余应力暂时处于相对平衡的状态,但当切去一层金属后,就打破了这种平衡,残余应力重新分布,工件就明显地出现了变形。

(2)冷校直产生的残余应力。一些刚度较差、容易变形的工件(如丝杠等),通常采用冷校直的办法修正其变形。如图 6-8(a)所示,当工件中部受到载荷 F 作用时,工件内部产生应力,其轴心线以上产生压应力,轴心线以下产生拉应力,如图 6-8(b)所示。而且两条虚线之间为弹性变形区,虚线之外为塑性变形区。当去掉外力后,工件的弹性恢复受到塑性变形区的阻碍,致使残余应力重新分布,如图6-8(c)所示。由此可见,工件经冷校直后内部产生残余应力,处于不稳定状态,若再进行切削加工,工件将重新发生弯曲。

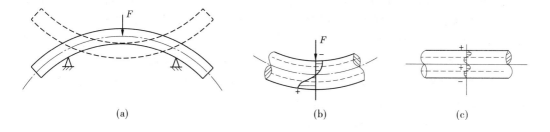

(a)   (b)   (c)

图6-8 冷校直引起的残余应力

(3)切削加工中产生的残余应力。工件切削加工时,在各种力和热的作用下,其各部分将产生不同程度的塑性变形及金相组织变化,从而产生残余应力,引起工件变形。

实践证明,在加工过程中切去表面一层金属后,会引起残余应力的重新分布,变形最为强烈。因此,粗加工后,应将被夹紧的工件松开使之有时间使残余应力重新分布。否则,在继续加工时,工件处于弹性应力状态下,而在加工完成后,必然要逐渐产生变形,致使破坏最终工序所得到的精度。因而,机械加工中常将粗、精加工分开,以消除残余应力对加工精度的影响。

2.减少或消除残余应力的措施

(1)采用适当的热处理工序。对于铸、锻、焊接件,常进行退火、正火或人工时效处理,再进行机械加工。对重要零件,在粗加工和半精加工后还要进行时效处理,以消除机械加工中的内应力。

(2)给工件足够的变形时间。对于精密零件,粗、精加工分开;对于大型零件,由于粗、精加工一般安排在一个工序内进行,故粗加工后,先将工件松开,使其自由变形,再以较小的夹紧力夹紧工件进行精加工。

(3)合理设计零件结构。设计零件结构时,应注意简化零件结构,提高其刚度,减小壁厚差,如果是焊接结构,则应使焊缝均匀,以减小残余应力。

六、提高加工精度的工艺措施

保证和提高加工精度的方法,大致可概括为以下几种:减少误差法、误差补偿法、误差分组法、误差转移法、就地加工法,以及误差平均法等。

(一)减少误差法

这种方法是生产中应用较广的一种方法,是在查明产生加工误差的主要因素之后,设法消除或减少误差的。例如细长轴的车削,现在采用了大走刀反向车削法,基本消除了轴向切削力引起的弯曲变形。若辅之以弹簧顶尖,则可进一步消除热变形引起的加工误差。又如在加工薄壁套筒内孔时,采用过渡圆环以使夹紧力均匀分布,避免夹紧变形所引起的加工误差。

（二）误差补偿法（或误差抵消法）

误差补偿法，是人为地造出一种新的误差，去抵消原来工艺系统中固有的原始误差，或者是利用一种原始误差去抵消另一种原始误差，从而达到提高加工精度的目的。

例如，用预加载荷法精加工磨床床身导轨，借以补偿装配后受部件自重而产生的变形。磨床床身是一个狭长结构，刚性比较差。虽然在加工时床身导轨的各项精度都能达到，但装上横向进给机构、操纵箱以后，往往发现导轨精度超差。这是因为这些部件的自重引起床身变形的缘故。为此，某些磨床厂在加工床身导轨时采取用配重代替部件重量，或者先将该部件装好再磨削的办法，使加工、装配和使用条件一致，以保持导轨高的精度。

（三）误差分组法

在加工中，上一道工序毛坯误差的存在，造成了本工序的加工误差。毛坯误差的变化，对本工序的影响主要有两种情况：复映误差和定位误差。如果上述误差太大，不能保证加工精度，而且通过提高毛坯精度或上一道工序加工精度是不经济的。这时可采用误差分组法，即把毛坯或上一道工序尺寸按误差大小分成 n 组，每组毛坯误差范围就缩小为原来的 $1/n$。然后按各组分别调整刀具与工件的相对位置或调整定位元件，就可大大地缩小整批工件的尺寸分散范围。

（四）误差转移法

误差转移法实质上是转移工艺系统的几何误差、受力变形和热变形等。

误差转移的实例很多。如当机床精度达不到零件加工要求时，常常不是一味地提高机床精度，而是在工艺上或夹具上想办法，创造条件，使机床的几何误差转移到不影响加工精度的方面。如磨削主轴锥孔保证其和轴颈的同轴度，不是靠机床主轴的回转精度保证，而是靠夹具保证。当机床主轴与工件主轴之间用浮动连接以后，机床主轴的原始误差就被转移掉了。

在箱体的孔系加工中，介绍过用坐标法在普通镗床上保证孔系的加工精度。其要点就是采用了精密量棒、内径千分尺和百分表等进行精密定位。这样，镗床上因丝杠、刻度盘和刻线尺而产生的误差就不再反映到工件的定位精度上。

（五）就地加工法

在加工和装配中有些精度问题牵扯到零部件间的相互关系，相当复杂，如果一味地提高零、部件本身精度，有时不仅困难，甚至不可能，若采用就地加工的方法，就可能很方便地解决了看起来非常困难的精度问题。

例如，在转塔车床制造中，转塔上六个安装刀架的大孔，其轴心线必须保证和主轴旋转中心线重合，而六个面又必须和主轴中心线垂直。如果把转塔作为单独零件，加工出这些表面后再装配，要想达到上述两项要求是很困难的，这是因为包含了很复杂的尺寸链关系。因此，实际生产中采用了就地加工法，这些表面在装配前不进行精加工，等它装配到机床上以后，再加工六个大孔及端面。

（六）误差平均法

对配合精度要求很高的轴和孔，常采用研磨方法来达到。研具本身并不要求具有高精度，但它却能在和工件相对运动过程中对工件进行微量切削，最终达到很高的精度。这种工件和研具表面间的相对摩擦和磨损的过程也是误差不断减少的过程，此即称为误差平均法。

如内燃机进排气阀门与阀座的配合的最终加工,船用气、液阀座间配合的最终加工,常用误差平均法消除配合间隙。

利用误差平均法制造精密零件,在机械行业中由来已久,在没有精密机床的时代,用三块平板合研的误差平均法刮研制造出号称原始平面的精密平板,平面度达几微米。像平板一类的基准工具,如直尺、角度规、多棱体、分度盘及标准丝杠等高精度量具和工具,当今还采用误差平均法来制造。

任务二 认识表面质量

学习目标:

1.理解表面质量的含义及其对零件使用性能的影响。

2.理解影响表面粗糙度的因素及其改善措施。

一、表面质量的基本概念

机器零件的加工质量,除加工精度外,还包括零件在加工后的表面质量。表面质量的好坏对零件的使用性能和寿命影响很大。机械加工表面质量包括以下两个方面的内容。

(一)表面层的几何形状特性

1.表面粗糙度

它是指加工表面的微观几何形状误差,在图 6-9(a)中 Ra 表示轮廓算术平均偏差。表面粗糙度通常是由机械加工中切削刀具的运动轨迹所形成的。

2.表面波度

它是介于宏观几何形状误差与微观几何形状误差之间的周期性几何形状误差。图 6-9(b)中,A 表示波度的高度。表面波度通常是由于加工过程中工艺系统的低频振动所造成的。

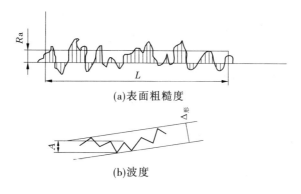

(a)表面粗糙度

(b)波度

图 6-9 表面粗糙度与波度

(二)表面层的物理机械性能

表面层的物理机械性能主要是指下列三个方面:

1.表面层冷作硬化

表面层冷作硬化是由于机械加工时,工件表面层金属受到切削力的作用,产生强烈的塑性变形,使金属的晶格被拉长、扭曲,甚至破坏而引起的。其结果是引起材料的强化,表面硬度提高,塑性降低,物理机械性能发生变化。另外,机械加工中产生的切削热在一定条件下会使金属在塑性变形中产生回复现象(已强化的金属回复到正常状态),使金属失去冷作硬化中所得到的物理机械性能,因此机械加工表面层的冷硬是强化作用与回复作用综合结果。

2.表面层金相组织的变化

对于一般的切削加工,切削热大部分被切屑带走,加工表面温升不高,故对工件表面层的金相组织的影响不甚严重。而磨削时,磨粒在高速(一般是 36 m/s)下以很大的负前角切削薄层金属,在工件表面引起很大的摩擦和塑性变形,其单位切削功率消耗远远大于一般切削加工。由于消耗的功率大部分转化为磨削热,其中约 80% 的热量将传给工件,所以磨削是一种典型的容易产生加工表面金相组织变化(磨削烧伤)的加工方法。

磨削烧伤分为回火烧伤、淬火烧伤和退火烧伤,它们的特征是在工件表面呈现烧伤色,不同的烧伤色表明表面层具有不同的温度与不同的烧伤深度。

表面层烧伤将使零件的物理机械性能大为降低,使用寿命也可能成倍下降,因此工艺上必须采取措施,避免烧伤的出现。

3.表面层残余应力

表面层残余应力是指工件经机械加工后,由于表面层组织发生形状或组织变化导致在表面层与基体材料的交界处产生互相平衡的内部应力。表面层残余压应力可提高工件表面的耐磨性和疲劳强度,而残余拉应力则降低工件表面的耐磨性和疲劳强度,且当拉应力值超过工件材料的疲劳强度极限值时,工件表面会产生裂纹,加速工件损坏。

二、表面质量对零件使用性能的影响

(一)表面质量对零件耐磨性的影响

零件的使用寿命常常是由耐磨性决定的,而零件的耐磨性不仅和材料及热处理有关,而且与零件接触表面的粗糙度有关。若两接触表面产生相对运动,则最初只在部分凸峰处接触,因此实际接触面积比理论接触面积小得多,从而使得单位面积上的压力很大。当其超过材料的屈服点时,就会使凸峰部分产生塑性变形甚至被折断或因接触面的滑移而迅速磨损,这就是零件表面的初期磨损阶段(如图 6-10 中第Ⅰ阶段)。以后,随接触面积的增大,单位面积上的压力减小,磨损减慢,进入正常磨损阶段(如图 6-10 中第Ⅱ阶段)。此

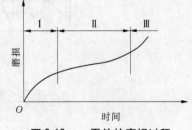

图 6-10　零件的磨损过程

阶段零件的耐磨性最好,持续的时间也较长。最后,由于凸峰被磨平,粗糙度值变得非常小,不利于润滑油的储存,且使接触表面之间的分子亲和力增大,甚至发生分子粘合,使摩擦阻力增大,从而进入急剧磨损阶段(如图 6-10 中第Ⅲ阶段)。零件表面层的冷作硬化或经淬硬,可提高零件的耐磨性。

（二）表面质量对零件疲劳强度的影响

零件由于疲劳而破坏都是从表面开始的，因此表面层的粗糙度对零件的疲劳强度影响很大。在交变载荷作用下，表面上微观不平的凹谷处容易形成应力集中，产生和加剧疲劳裂纹，以致疲劳损坏。实验证明，表面粗糙度值从 0.02 μm 降到 0.2 μm，其疲劳强度下降约为 26%。

零件表面的冷硬层，有助于提高疲劳强度，这是因为强化过的表面冷硬层具有阻碍裂纹继续扩大和新裂纹产生的能力。此外，当表面层具有残余压应力时，能使疲劳强度提高；当表面层具有残余拉应力时，则使疲劳强度进一步降低。

（三）表面质量对零件耐腐蚀性的影响

零件的耐腐蚀性在很大程度上取决于表面粗糙度。表面粗糙度值越大，越容易积聚腐蚀性物质，凹谷越深，渗透与腐蚀作用越强烈，故减小表面粗糙度值，可提高零件的耐蚀性。此外，残余压应力使零件表面紧密腐蚀性物质不易进入，可增强零件的耐蚀性。

（四）表面质量对配合性质的影响

在间隙配合中，如果配合表面粗糙，则在初期磨损阶段由于配合表面迅速磨损，使配合间隙增大，改变了配合性质。在过盈配合中，如果配合表面粗糙，则装配后表面的凸峰将被挤压，而使有效过盈量减少，降低了配合强度。

三、影响表面粗糙度的因素及改善措施

机械加工时，表面粗糙度形成原因大致归纳为两个方面：一是刀刃与工件相对运动轨迹所形成的表面粗糙度——几何因素；二是与被加工材料性质及切削机制有关的因素——物理因素。

（一）切削加工中影响表面粗糙度的因素

1. 几何因素

切削加工时，由于刀具切削刃的形状和进给量的影响，不可能把余量完全切除，而在工作表面上留下一定的残余面积，残留面积高度愈大，表面愈粗糙。残留面积高度 R_z 与进给量、刀具主偏角等有关。

2. 物理因素

切削加工时，影响表面粗糙度的物理因素主要表现为以下几种。

1）积屑瘤

用中等或较低的切削速度（一般 $v < 80$ m/min）切削塑性材料时，易于产生积屑瘤。合理选择切削量，采用润滑性能优良的切削液，都能抑制积屑瘤产生，降低表面粗糙度。

2）刀具表面对工件表面的挤压与摩擦

在切削过程中，刀具切削刃总有一定的钝圆半径，因此在整个切削厚度内会有一薄层金属无法切去，这层金属与刀刃接触的瞬间，先受到剧烈的挤压而变形，当通过刀刃后又立即弹性恢复与后刀面强烈摩擦，再次受到一次拉伸变形，这样往往在已加工表面上形成鳞片状的细裂纹（称为鳞刺）而使表面粗糙度值增大。降低刀具前、后刀面的表面粗糙度，保持刀具锋利及充分施加润滑液，可减小摩擦，有利于降低工件表面粗糙度。

3）工件材料性质

切削脆性金属材料，往往出现微粒崩碎现象，在加工表面上留下麻点，使表面粗糙度值增大。降低切削用量并使用切削液有利于降低表面粗糙度。切削塑性材料时，往往挤压变形而产生金属的撕裂和积屑瘤现象，增大了表面粗糙度。此外，被加工材料的金相组织对加工表面粗糙度也有较大的影响。实验证明，在低速切削时，片状珠光体组织较粒状珠光体能获得较低的表面粗糙度；在中速切削时，粒状珠光体组织则比片状珠光体好；高速切削时，工件材料性能对表面粗糙度的影响较小。加工前如对工件材料调质处理，降低材料的塑性，也有利于降低表面粗糙度。

（二）磨削加工中影响表面粗糙度的因素

磨削加工是由砂轮的微刃切削形成的加工表面，单位面积上刻痕越多，且刻痕细密均匀，则表面粗糙度越低。磨削加工中影响表面粗糙度的因素有以下几个方面：

1. 磨削用量

砂轮速度 v_s 对表面粗糙度的影响较大，v_s 大时，参与切削的磨粒数增多，可以增加工件单位面积上的刻痕数，同时高速磨削时工件表面塑性变形不充分，因而提高 v_s 有利于降低表面粗糙度。

磨削深度与进给速度增大时，将使工件表面塑性变形加剧，因而使表面粗糙度值增大。为了提高磨削效率，通常在开始磨削时采用较大的磨削深度，而后采用小的磨削深度或光磨，以减小表面粗糙度值。

2. 砂轮

砂轮的粒度愈细，单位面积上的磨粒数愈多，使加工表面刻痕磨粒数多、加工表面刻痕细密，则表面粗糙度值愈小。但粒度过细，容易堵塞砂轮而使工件表面塑性变形增加，影响表面粗糙度。

砂轮硬度应适宜，使磨粒在磨钝后及时脱落，露出新的磨粒来继续切削，即具有良好的自砺性，工件就能获得较低的表面粗糙度。

砂轮应及时修整，以去除已钝化的磨粒，保证砂轮具有等高微刃，砂轮上的切削微刃越多，其等高性越好，磨出的表面越细。

3. 工件材料

工件材料的硬度、塑性、韧性和导热性能等对表面粗糙度有显著影响，工件材料太硬时，磨粒易钝化；太软时容易堵塞；韧性大和导热性差的材料，使磨粒早期崩落而破坏了微刃的等高性，因此均使表面粗糙度值增大。

4. 冷却润滑液

冷却润滑液对减少磨削力、温度及砂轮磨损等都有良好的效果。正确选用冷却液有利于减小表面粗糙度值。

（三）影响表面层物理机械性能的因素

1. 影响表面层冷作硬化的因素

1）切削用量

（1）切削速度 v。随着切削速度的增大，被加工金属塑性变形减小，同时由于切削温度上升使回复作用加强，因此冷硬程度下降。当切削速度高于 100 m/min 时，由于切削热的作用时间减小,回复作用降低,故冷硬程度反而有所增加。

(2)进给量 f。进给量增大使切削厚度增大,切削力增大,工件表面层金属的塑性变化增大,故冷硬程度增加。

2)刀具

(1)刀具刃口圆弧半径 r_{ε}。刀具刃口圆弧半径增大,表面层金属的塑性变形加剧,导致冷硬程度增大。

(2)刀具后刀面磨损宽度 VB。一般地说,随后刀面磨损宽度 VB 的增大,刀具后刀面与工作表面摩擦加剧,塑性变形增大,导致表面层冷硬程度增大。但当磨损宽度超过一定值时,摩擦热急剧增大,从而使得樱花的表面得以回复,所以显微硬度并不继续随 VB 的增大而增高。

(3)前角 γ_0。前角增大,可减小加工表面的变形,故冷硬程度减小。实验表明,当前角在 $\pm16°$ 范围内变化时,对表面层冷硬程度的影响很小,前角小于 $-20°$ 时,表面层冷硬程度将急剧增大。

刀具后角 α_0、主偏角 κ_r、副偏角 κ_r' 及刀尖圆角半径 r_{ε} 等对表面层冷硬程度影响不大。

3)工件材料

工件材料的塑性越大,加工表面层的冷硬程度越严重,碳钢中含碳量越高,强度越高,其冷硬程度越小。

有色金属熔点较低,容易回复,故冷硬程度要比结构钢小得多。

2. 加工表面的金相组织变化

加工表面金相组织产生变化主要发生在磨削加工中,故以下讨论影响磨削表面金相组织变化的因素。

1)磨削用量

(1)磨削深度 α_p。当磨削深度增加时,无论是工件表面温度,还是表面层下不同深度的温度,都随之升高,故烧伤的可能性增大。

(2)纵向进给量 f_a。纵向进给量增大,热作用时间减少,使金相组织来不及变化,磨削烧伤减轻。但 f_a 增大时,加工表面的粗糙度增大,一般可采用宽砂轮来弥补。

(3)工件线速度 v_w。工件线速度增大,虽使发热量增大,但热作用时间减少,故对磨削烧伤影响不大。提高工件线速度会导致工件表面更为粗糙。为了弥补这一缺陷而又能保持高的生产率,一般可提高砂轮速度。

2)砂轮的选择

砂轮的粒度越细、硬度越高、自砺性越差,则磨削温度也增高。砂轮组织太紧密时磨削堵塞砂轮,易出现烧伤。

砂轮结合剂最好采用具有一定弹性的材料,磨削力增大时,砂轮磨粒能产生一定的弹性退让,使切削深度减小,避免烧伤。

3)工件材料

工件材料对磨削区温度的影响主要取决于它的硬度、强度、韧性和导热系数。

工件的强度、硬度越高或韧性越大,磨削时磨削力越大,功率消耗也大,造成表面层温度增高,因而容易造成磨削烧伤。

导热性能较差的材料,如轴承钢、高速钢以及镍铬钢等,受热后更易磨削烧伤。

4)冷却润滑

采用切削液带走磨削区热量可以避免烧伤。但是磨削时,由于砂轮转速较高,在其周围表面会产生一层强气流,用一般冷却方法,切削液很难进入磨削区。目前采用的比较有效的冷却方法有内冷却法、喷射法和含油砂轮等。

3.影响加工表面的残余应力的因素

切削加工的残余应力与冷作硬化及热塑性变形密切相关。凡是影响冷作硬化及热塑性变形的因素,如工件材料、刀具几何参数、切削用量等,都将影响表面残余应力,其中影响最大的是刀具前角和切削速度。

■ 项目小结

通过本项目学习,了解机械加工过程中工艺系统各环节存在的原始误差;理解加工质量、零件表面质量的含义;掌握影响加工质量、零件表面质量的因素分析控制方法;会根据生产加工条件制订提高加工质量、零件表面质量的工艺措施。

■ 思考与练习

1.加工精度、加工误差、公差的概念是什么? 它们之间有什么区别? 零件的加工精度包括哪三个方面? 它们之间的联系和区别是什么?

2.表面质量包括哪几方面的含义?

3.工艺系统受力变形对加工精度有何影响?

4.工艺系统受热变形对加工精度有何影响?

5.表面质量对产品使用性能有何影响?

6.什么叫表面硬化? 什么是磨削烧伤? 采取什么措施可以减少或避免?

7.什么是主轴回转精度? 为什么外圆磨床头夹中的顶尖不随工件一起回转,而车床主轴箱中的顶尖则是随工件一起回转的?

8.在镗床上镗孔时(刀具做旋转主运动,工件做进给运动),试分析加工表面产生椭圆形误差的原因。

9.为什么卧式车床床身导轨在水平面内的直线度要求高于垂直面内的直线度要求?

10.在三台车床上分别加工三批工件的外圆表面,加工后经测量,三批工件分别产生了如图 6-11 所示的形状误差,试分析产生上述形状误差的主要原因。应分别采取何种工艺措施以减小或消除误差?

11.何谓复映误差? 误差复映系数的大小与哪些因素有关?

12.为什么提高工艺系统刚度首先要从提高薄弱环节的刚度入手才有效? 试举一实例说明。

13.如果卧式车床床身铸件顶部和底部残留有压应力,床身中间残留有拉应力,试用简图画出粗刨床身顶面后床身顶面的纵向截面形状,并分析其原因。

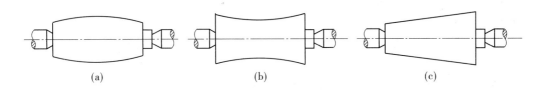

图 6-11

14. 图 6-12 所示板状框架铸件,壁 3 薄,壁 1 和壁 2 厚,用直径为 D 的立铣刀铣断壁 3 后,毛坯中的内应力要重新分布,问断口尺寸 D 将会变大还是变小?为什么?

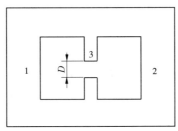

图 6-12

15. 为什么机器零件一般都是从表面层开始破坏的?

16. 试以磨削为例,说明磨削用量对磨削表面粗糙度的影响。

17. 加工后,零件表面层为什么会产生加工硬化和残余应力?

18. 试分析图 6-13 所示的三种加工情况,加工后工件表面会产生何种形状误差?假设工件的刚度很大,且车床床头刚度大于尾座刚度。

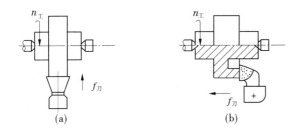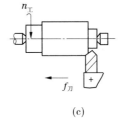

图 6-13

项目七　机械装配工艺

【项目目标】　熟悉装配的生产类型及特点;了解保证装配精度的工艺方法;掌握装配工艺规程的内容及制订步骤。

【项目要求】　能够划分装配单元;能够绘制装配单元系统图;编制组件装配工艺过程卡。

任务一　装配生产类型及特点

学习目标:

1.了解装配的概念及基本作业流程。

2.知道装配单元的划分和组织形式。

一、装配的概念及基本作业流程

装配是零件成为机器产品的最后一个过程,通过装配,把无序的零件有序地组合在一起,控制好装配的质量使机器达到的一定的性能要求。装配质量的好坏须从装配方法、装配精度、装配工艺等多方面合理地选择或确定来保证。

装配的一般工作流程如图 7-1 所示。

装配的基本作业内容包括清洗、连接、校正、调整、配作、平衡、检测。

(一)清洗

零件的表面附着任何微小的粉尘、油污或杂质等都会影响到产品的装配质量,装配精度越高的轴承、密封件、精密配件、相互接触或相互配合表面以及有特殊要求的零件对清洗就更严格。因此,装配前必须对零件进行清洗。表 7-1 列出了常用的零件清洗方法。

表 7-1　常用的零件清洗方法

清洗方法	清洗工艺特点
擦洗	用棉布或棉纱蘸清洗液擦拭零件表面,将油污洗净
浸洗	将零件浸渍于清洗液中晃动或静置,清洗时间较长
喷洗	靠压力将清洗液喷淋在零件表面上
气相清洗	利用清洗液加热生成的蒸气在零件表面冷凝而将油污洗净
超声波清洗	利用超声波清洗装置使清洗液产生空化效应,以清除零件表面的油污

清洗时常用以下几种清洗液:

(1)碱性溶液。碱或碱性盐类的水溶液,主要利用乳化剂对不可皂化油的乳化作用

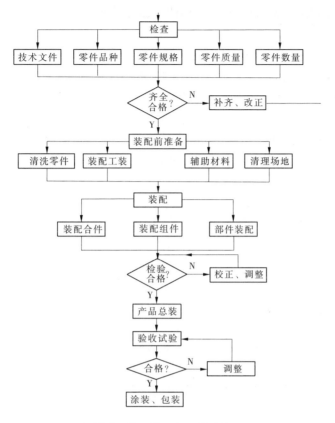

图 7-1 装配的一般工作流程

除油,是一种应用最广的除污清洗液。对金属有腐蚀作用,尤其对铝的腐蚀性较强,选择清洗液时一定要加以注意。用碱性溶液清洗时,一般须将溶液加热到 80 ~ 90 ℃。除油后用热水冲洗,去掉表面残留碱液,防止零件被腐蚀。

(2)有机溶剂。常见的有煤油、轻柴油、汽油、丙酮、酒精和三氯乙烯等。可溶解各种油脂,不需加热,使用简便,对金属无损伤,清洗效果好。但多数为易燃物,成本高,适于精密件和不宜用热碱溶液清洗的零件,如牛皮、尼龙、塑料、毛毡等非金属零件等,注意橡胶不能用有机溶剂清洗。

(3)化学清洗液。一种化学合成的水基金属清洗剂配置的水溶液,金属清洗剂中以表面活性剂为主,具有很强的去污能力。此外,清洗剂本身含一些辅助剂,能提高或增加金属清洗剂的防腐、防锈、去积炭等综合性能。

(二)连接

将两个或两个以上的零件结合在一起的工作称为连接。连接的方式一般有可拆卸和不可拆卸两种。

1.可拆卸连接

可拆卸连接即被连接的零件可多次拆装,但零件不受损坏。常见的可拆卸连接有螺纹连接、键连接和销连接,其中螺纹连接用得较多。连接时应注意根据被连接零件的形状和螺栓分布情况,合理确定各螺栓的拧紧顺序且施力要均匀,以免引起被连接件的变形。

对重要螺纹还要规定拧紧力矩的大小,用测力矩扳手来拧紧。

2. 不可拆卸连接

不可拆卸连接即被连接的零件连接后不再拆分,否则损坏某些零件。常见的不可拆卸连接有过盈配合连接、焊接、铆接等。其中,过盈配合常用于轴与孔的连接,连接方法有:

(1)压装法。压装法是将有过盈量(过盈量较小)配合的零件压到配合位置的装配过程。分为手工锤击压装和压力机压装。锤击压装一般多用于销、键、短轴等的过度配合连接,以及单件小批生产中的滚动轴承、轴套的装配,锤击压装的质量一般不易保证;压力机压装的导向性好,压装质量和效率较高,一般多用于各种盘类零件内的衬套、轴、轴承等过盈配合连接。

(2)温差法。即利用热胀冷缩的原理进行装配,主要有两种:热装和冷装。热装是装配时先将包容件加热胀大,再将被包容件装配到配合位置的过程;冷装就是指装配时先将被包容件用冷却剂冷却,使其尺寸收缩,再装入包容件中达到配合要求的过程。

(3)液压套装。液压套装是利用高压油使包容件胀大和将被包容件压入的方法,这种方法适合于过盈量较大的大中型零件连接。

(三)校正、调整、配作

在产品的装配过程中,通过提高零件的精度来保证装配精度是不经济的,特别是在单件小批生产的情况下,还需要进行校正、调整或配作才能获得所需要的装配精度。

校正就是在装配过程中通过找正、找平及相应的调整工作来确定相关零件的相互位置关系,是保证装配质量的重要环节。常用的工具有平尺、角尺、水平仪、光学准直仪,以及相应的检验棒等。

调整即调节相关零件间的相互位置,可以是配合校正所做的调整,还有各运动副间隙如轴承间隙、导轨间隙和齿轮齿条间隙的调整等。

配作是指配钻、配铰、配刮以及配磨等,是装配过程中所附加的一些钳工和机加工工作。连接两零件的定位销孔、连接螺孔常采用配钻、配铰加工,运动副配合表面的精加工采用配刮加工,以保证获得较高的配合精度。特别指出配作的前提是经过校正、调整后才能进行,否则,无法达到提高装配精度的目的。配作不宜过多采用,会影响生产率,不利于流水装配作业。

(四)平衡

机器中有些转速要求高或运转平稳性要求高的部位(例如柴油机、发电机组、精密磨床等),如果旋转件的质量不均衡,旋转时产生的惯性力会使机器产生振动。解决的方法就是对旋转零件进行平衡,甚至是对整机进行平衡。

平衡的方法有静平衡和动平衡。用平衡试验机或平衡试验装置进行静平衡或动平衡实验,测量出不平衡量的大小和相位,用去重、加重或调整零件位置的方法,使之达到规定的平衡精度。对于长度比直径小很多的盘盖类零件一般采用静平衡,而对于长度较大的轴类零件如机床主轴、电机转子等则要用动平衡。

(五)检测

检测是装配的一个必要环节,它贯穿整个装配过程,在组件、部件及总装过程中,在重要工序的前后往往需要进行中间检验。总装完成后,要根据有关的技术标准(国家行业标准、产品设计标准)进行全面检验和实验,合格的才能进行涂装、包装入库工作。检测的方法根据项目、标准的不同有不同的方法。

二、装配单元的划分

(一)装配单元

在装配过程中,零件是最小的装配单元。为了方便机械的拆装,合理安排装配顺序和划分装配工序,方便组织流水线作业,产品的装配并不都是以最小单元进行的,而是先将零件组成为可拆或不可拆的独立装配单元,再参与产品的装配。这些装配单元有套件、组件和部件,相应地形成了几种不同的装配过程:套装、组装、部装和总装。无论何种装配,均需要选择一个装配基准件,可以是某一个零件或选择低一级的装配单元。基准件通常选择有较大体积、较大支承面和质量的基体件或主干零部件,保证能方便、稳当地陆续装入零、部件,并使补充加工的工作量要尽量少,或不再进行后续加工。还要考虑装配中方便地进行装配检验、工序转换等。

1.套装

套装是套件形成的过程,即在一个基准零件上连接一个或若干个零件构成一个套件,并保证各零件间的相对位置,一般不能再分开为单个零件,而作为一个整体直接或加工后参与后续的装配。

2.组装

组装是组件形成的过程,即在一个基准零件上连接若干套件及零件构成一个组件的过程,并保证套件或零件间的相对位置。组件在以后的装配中是可拆卸的。组件可以由套件构成,也可由零件构成。

3.部装

部装是部件形成的过程,即在一个基准件上连接若干组件、套件和零件,并保证它们之间的相对位置。部件在产品中已具备一定的完整的功用。

4.总装

总装是产品的形成过程,即在一个基准零件上连接若干部件、组件、套件和零件,并保证它们之间的相对位置。

根据产品的装配过程,将各零部件的形成再加注上装配时的工艺说明,例如焊接、配钻、配刮、冷压、热压、铰孔、攻螺纹、调整及检验等,就形成了一张装配工艺系统图,如图7-2所示。装配系统图能较全面地反映装配的划分、顺序和装配方法,是装配工艺中的一项重要工艺文件。

(二)装配的组织形式

装配的组织形式是确定装配方法、工作地点布置、工序安排以及工序内容的一个依据。装配的组织形式有移动式和固定式两种。

1.移动式装配

根据装配顺序、装配工位的安排,用输送带或物料小车将所需零部件依次送到各装配点,每个装配点只完成装配中的一部分工作,所有装配点共同来完成产品的全部装配工作,这种组织形式称移动式装配。

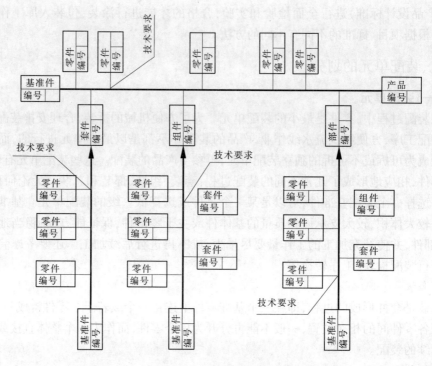

图 7-2 装配工艺系统图

零部件的移动可采用间歇移动、连续移动和变节奏移动三种方式实现。移动式装配工序相对分散,多用于大批大量生产中,易实现流水线作业或自动化作业。

2. 固定式装配

将需要的零部件布置在某一个工作区附近,全部的装配工作固定在这一个工作区进行,且产品的位置不做改变,这种组织形式称为固定式装配。固定式装配工序相对集中,多用于单件小批量生产以及体积大、质量大、不便于移动的大型机械产品的装配,或是机体刚性较差、频繁移动会影响装配精度的产品装配。

任务二　保证装配精度的工艺方法

学习目标:

1. 了解装配精度的概念,掌握其包含内容和保证装配精度的方法。

2. 知道装配尺寸链,能够依据装配方法计算装配尺寸链。

一、装配精度

机械产品要达到性能要求必须保证装配的精度。装配精度是靠装配来实现的,不同的装配方法获得的精度高低、难易程度也各不相同。实际生产中,保证装配精度的方法通常有完全互换、不完全互换、分组装配、修配、调整等装配方法。

装配精度是零件连接后所得到的零件、部件间的尺寸精度、位置精度、相对运动精度和接触精度。

（一）尺寸精度

尺寸精度指装配后相关连零部件间的距离精度，包括零部件间的尺寸精度和轴孔配合中的配合精度（间隙量、过盈量）。

（二）位置精度

位置精度指装配后相关连零部件之间的平行度、垂直度、同轴度及各种跳动量等指标。

（三）相对运动精度

相对运动精度指装配后产品中有相对运动的零、部件间在运动方向的直线度、平行度和垂直度，以及在运动位置上相对移动或转角精度。

（四）接触精度

接触精度指装配产品中配合表面、接触表面和连接表面间达到规定的接触面积的大小和接触点的分布情况。最常见的有轴孔配合，以及导轨之间的接触精度等。

一般情况下，装配精度是由有关组成零件的加工精度来保证的。对于某些装配精度要求高的项目，或组成零件较多的部件，装配精度完全由相关零件的加工精度来直接保证时，对各零件的加工精度要求很高，加工困难，成本高，甚至无法加工。一般情况下采用经济加工精度来确定零件的精度，通过装配的一些工艺措施，例如修配、调整等方法保证装配精度，降低了零件加工难度，同时也获得了较高的装配精度。

二、装配尺寸链及装配方法

（一）装配尺寸链

在机械产品或部件的装配中，由相关零件的长度尺寸、形位公差以及配合间隙等组成的封闭尺寸链称为装配尺寸链。例如，键与轴上键槽间的配合，键的宽度尺寸为 A_1、键槽的宽度尺寸 A_2 与配合后所形成的配合间隙 A_0 三者就构成了一个最简单的装配尺寸链，如图 7-3 所示。

装配尺寸链中，装配精度或技术要求是装配后形成的，这种由装配后间接获取的装配精度或技术要求称为封闭环，其余尺寸是零部件的尺寸或位置关系，称为组成环，直接影响装配精度。组成环根据对装配精度的影响分为增环和减环，组成环中的某一尺寸增大使封闭环变大时，该组成环称为增环，反之称为减环。例如，键与轴上键槽间的配合中，配合间隙 A_0 为封闭环，键的宽度尺寸 A_1 为减环，键槽的宽度尺寸 A_2 为增环。

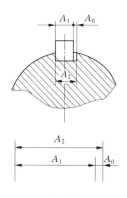

图 7-3　装配尺寸链

为了保证获得所要求的装配精度，一般通过装配尺寸链的计算来确定相关组成环的尺寸。因此，需要确定对装配精度有影响的组成环，建立装配尺寸链。

封闭环是确定组成环的依据，而封闭环是在装配后所形成的装配精度或技术要求，因此，对装配系统进行分析是建立装配尺寸链的第一步，通过分析确定装配精度要求，即确定了封闭环。

组成环是对装配精度有着直接影响的零件、部件的有关尺寸或相互位置精度,确定封闭环后,查找出相应的组成环,根据尺寸链封闭的原则,可有两种查找的方法:一是从封闭环的一端开始,依次查找相关零件的尺寸,直到与封闭环的另一端相接;二是从封闭环两端的零件开始,逐个查找,直到找到同一个基准零件或基准面。

在建立装配尺寸链时,要注意以下原则:

(1)装配尺寸链的简化原则。对于影响装配精度因素较多、结构复杂的机械产品,建立装配尺寸链时,忽略一些对装配精度影响较小的因素,简化装配尺寸链的组成环。

(2)装配尺寸链的环数最少原则。建立装配尺寸链时,应使影响封闭环的零件尽量少,每一个有关的零件仅以一个组成环来参加装配尺寸链,这样分配到每一个零件上的公差就越大,从零件加工性来看就越容易、越经济。

(二)装配方法

1. 完全互换装配法

装配过程中,同一零件或部件参与装配时,不做任何挑选、调整或修配就可以装入机器或部件中,并能达到机器或部件的装配精度要求,这种装配方法称为完全互换装配法。采用完全互换装配法可使装配过程简单化,操作方便,质量稳定,方便组织流水线生产,生产效率高。但要实现完全互换装配就必须对零件提出高的要求,使零件的加工难度提高、成本增加。

采用完全互换法进行装配时,要获得所要求的装配精度,就须使尺寸链中的所有组成环的公差之和小于或等于装配精度(封闭环的公差值)。用 T_0 表示封闭环的公差值(装配精度),T_i 表示第 i 个组成环的公差,m 表示组成环个数,则有

$$\sum_{i=1}^{m} T_i \leq T_0 \tag{7-1}$$

根据"等公差"原则,取组成环的平均极值公差 T_{av} 作为确定各组成环极值公差的基础。即

$$T_{av} = T_0/m \tag{7-2}$$

【例7-1】 如图 7-4 所示的一齿轮箱体部件,装配后要求保证轴向间隙为 0.2 ~ 0.7 mm,其他相关零件的基本尺寸为 $A_1 = 28$、$A_2 = 122$、$A_3 = A_5 = 5$、$A_4 = 140$。试确定各组成环公差和极限偏差,保证全部零件能够完全互换的装配。

解 要采用完全互换法装配,则采用极值法计算该装配尺寸链。

(1)分析装配关系,画出装配尺寸链,检验各环基本尺寸。

根据题意,装配后要求保证轴向间隙为 0.2 ~ 0.7 mm,因此封闭环尺寸:$A_0 = 0_{+0.2}^{+0.7}$ mm,其余尺寸为组成环,可得此装配尺寸链如图 7-5 所示。

由装配尺寸链图可知共有 5 个组成环,其中 A_1、A_2 为增环,A_3、A_4、A_5 为减环。判断的方法是与工艺尺寸链中增环、减环的判断方法相同。

封闭环的基本尺寸为

$$A_0 = \sum_{i=1}^{m} \vec{A_i} - \sum_{j=m+1}^{n-1} \overleftarrow{A_j} = (A_1 + A_2) - (A_3 + A_4 + A_5) = (28 + 122) - (5 + 140 + 5) = 0$$

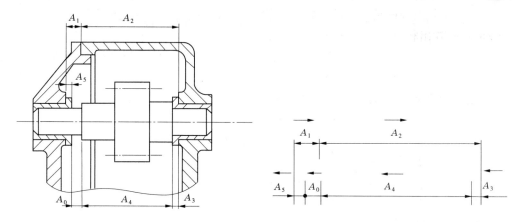

图7-4　双联转子泵的轴向装配关系简图　　　　图7-5　齿轮箱部件装配尺寸链

由此可知,各环的基本尺寸是合理的,确定无误。

(2)确定各组成环的公差。各组成环的公差之和应该小于或等于封闭环的尺寸公差,即

$$\sum_{i=1}^{m} T_i \leqslant T_0 = 0.7 - 0.2 = 0.5$$

由式(7-2)确定各组成环的平均极值公差为

$$T_{av} = \frac{T_0}{m} = \frac{0.5}{5} = 0.1$$

在平均极值公差的基础上,根据各组成环基本尺寸的大小、加工的难易程度进行调整,但总原则是组成环公差的总和 $\sum T_i$ 不得超过封闭环公差。

调整的原则有:

①对于标准件,如轴承厚度、垫圈厚度、挡圈厚度等零件的公差选取标准值。

②对于零件表面粗糙度要求高($Ra \leqslant 0.8 \ \mu m$)的,可取较小的公差值。

③对于加工困难的零件和测量不方便的零件,尽量取大的公差值。

④对于尺寸相近,加工方法相近的零件,尽量取相等的公差值。

⑤在所有的组成环中取一个作为协调环,即该零件的尺寸公差最后确定,主要用于协调由于大多数组成环的尺寸公差选取标准值后可能产生的不标准公差。一般选取易于加工、不需要用定尺寸刀具加工、不需要用极限量规检验的零件尺寸作为协调环。

在此齿轮箱部件装配中,A_4 为轴线长度方向尺寸,加工容易,可选择作为协调环,A_3、A_5 均为轴套厚度,零件结构、尺寸相同,可取相同公差,并取较小值;尺寸 A_1、A_2 均为壳体内腔深度尺寸,加工困难,公差适当取大值。

查标准公差数值表确定 A_3、A_5、A_1 和 A_2 的公差值(不超过0.1),具体取值如下:

$$T_3 = T_5 = 0.048$$

$$T_1 = 0.084$$

$$T_2 = 0.1$$

由于 $\sum_{i=1}^{m} T_i \leqslant T_0 = 0.1$，取 $\sum_{i=1}^{m} T_i = T_0 = 0.1$ 时，协调环的公差为

$$T_4 = T_0 - (T_1 + T_2 + T_3 + T_5) = 0.5 - (2 \times 0.048 + 0.084 + 0.1) = 0.22$$

（3）确定各组成环的极限偏差。

各组成环的公差带位置一般按以下原则确定：

①有配合的轴孔，其尺寸的公差带位置按配合性质查相关手册确定。

②一般的组成环，无具体要求的情况下，一般按"入体原则"选取，对相当于轴的被包容尺寸，注成单向负偏差；对相当于孔的包容尺寸，注成单向的正偏差。

③对于孔间距尺寸，其公差带位置按对称形式标注。

④协调环的公差带位置则通过尺寸链的计算确定。

因此，根据以上原则，A_1、A_2、A_3 和 A_5 分别为

$$A_1 = 28^{+0.084}_{0}, A_2 = 122^{+0.1}_{0}, A_3 = A_5 = 5^{0}_{-0.048}$$

协调环的极限偏差可根据相应的公式进行计算：

$$ESA_0 = \sum_{i=1}^{m} \overrightarrow{ESA_i} - \sum_{j=m+1}^{n-1} \overleftarrow{EIA_j}$$

所以： $$ESA_0 = ESA_1 + ESA_2 - EIA_3 - EIA_4 - EIA_5$$

$$EIA_4 = 0.084 + 0.1 - (-0.048) - (-0.048) - 0.7 = -0.42$$

由 $T_4 = 0.22$ 得：

$$EIA_4 = ESA_4 + T_4 = -0.42 + 0.22 = -0.20$$

则 $A_4 = 140^{-0.20}_{-0.42}$。

2. 不完全互换法

装配过程中，同一零件或部件参与装配时，不做任何挑选、调整或修配就可以装入机器或部件中，绝大多数产品能达到装配精度要求，这种装配方法称为不完全互换法，也称为大数互换法。这种装配方法下，产品的不合格率只为 0.27%，对零件精度要求降低，零件加工容易，成本随之降低，虽然不能达到 100% 的合格，但由于加工难度降低，生产稳定，没有大量返工的现象出现，对装配影响不大，适合流水线、协作等生产模式。

【例 7-2】 仍以图 7-4 所示的齿轮箱部件装配为例，采用不完全互换法进行装配，确定各组成环公差和极限偏差。

解 要采用不完全互换法装配，则采用概率法计算该装配尺寸链。

（1）分析装配关系，画出装配尺寸链，检验各环基本尺寸，与例 7-1 相同。

（2）确定各组成环的公差。

取各组成环的平均公差为

$$T_{av} = \frac{T_0}{\sqrt{m}} \tag{7-3}$$

得： $$T_{av} = \frac{T_0}{\sqrt{m}} = \frac{0.5}{\sqrt{5}} = 0.22$$

可见，用不完全互换法得到的平均公差值比完全互换法的结果扩大了 1 倍，这就是不完全互换法使零件加工容易的原因。

根据组成环中各环的特点,依然选择 A_4 作为协调环,参照公差平均值调整各组成环的公差,查公差标准确定 A_3、A_5、A_1 和 A_2 的公差值(不超过 0.22),具体取值如下:

$$T_3 = T_5 = 0.075$$
$$T_1 = 0.21$$
$$T_2 = 0.25$$

根据概率法:

$$T_0 = \sqrt{\sum_{i=1}^{m} T_i^2} \tag{7-4}$$

所以,协调环的公差为

$$T_4 = \sqrt{T_0^2 - (T_1^2 + T_2^2 + T_3^2 + T_5^2)} = \sqrt{0.5^2 - (2 \times 0.075^2 + 0.21^2 + 0.25^2)}$$
$$= 0.36$$

(3)确定各组成环公差带的位置(上、下极限)。

根据"入体原则",A_1、A_2、A_3 和 A_5 分别为

$$A_1 = 28_{0}^{+0.21}, A_2 = 122_{0}^{+0.25}, A_3 = A_5 = 5_{-0.075}^{0}$$

计算协调环的中间偏差值:

$$\Delta_0 = \sum_{i=1}^{m} \overrightarrow{\Delta_i} - \sum_{j=m+1}^{n-1} \overleftarrow{\Delta_j} = \Delta_1 + \Delta_2 - \Delta_3 - \Delta_4 - \Delta_5$$

因此:$\Delta_4 = \Delta_1 + \Delta_2 - \Delta_3 - \Delta_5 - \Delta_0 = 0.105 + 0.125 - (-0.0375 \times 2) - 0.25 = 0.055$

协调环的上、下偏差则为

$$ESA_4 = \Delta_4 + T_4/2 = 0.055 + 0.36/2 = 0.235$$
$$EIA_4 = \Delta_4 - T_4/2 = 0.055 - 0.36/2 = -0.125$$

所以:$A_4 = 140_{-0.125}^{+0.235}$。

3. 选配装配法

选配装配方法有直接选配、分组选配和复合选配三种不同的装配方法。

在装配过程中,凭借装配工人的经验在一批待装配零件中,挑选出合格的零件,试凑进行装配,并满足装配精度要求的方法称为直接选配法。

在成批生产或大量生产时,先将被加工零件的制造公差放宽几倍(一般放宽 3 ~ 4 倍),零件加工后按实测尺寸进行分组(公差放宽几倍分几组),装配时按组进行互换装配,并保证达到装配精度的方法,称为分组选配法。

零件生产完成后预先测量分组,装配时,在各对应组内凭装配工人的经验直接选配。即将直接选配与分组装配的综合装配法,称为复合选配法。

如图 7-6 所示,汽车发动机连杆与活塞销的连接

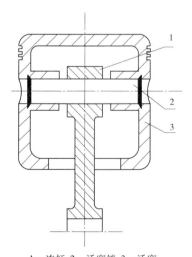

1—连杆;2—活塞销;3—活塞

图 7-6　活塞与活塞销连接

情况。根据装配技术要求,连杆孔与活塞销外径在冷态装配时应有 0.000 5 ~ 0.005 5 mm 的配合间隙,基本尺寸为 $\phi 25$ mm。销为标准件,采用基轴制,用完全互换法装配,并且公差按"等公差"分配时,销的尺寸为 $d = \phi 25_{-0.002\,5}^{0}$ mm,$D = \phi 25_{+0.000\,5}^{+0.003\,0}$ mm,公差值很小,精度要求高,加工困难,且不经济。

当采用分组选配进行装配时,即可将公差值都增大 4 倍,即:

$$d = \phi 25_{-0.01}^{0} \text{ mm} \qquad\qquad D = \phi 25_{+0.000\,5}^{+0.003\,0} \text{ mm}$$

加工完成并将零件测量后,按尺寸以原公差 0.002 5 为间距分 4 组,并涂上不同的颜色,方便按组进行装配。具体分组情况见表 7-2。

表 7-2 连杆与活塞销直径分组 （单位:mm）

组别	标志颜色	活塞销直径 $d = \phi 25_{-0.01}^{0}$	连杆孔直径 $D = \phi 25_{-0.007\,0}^{+0.003\,0}$	配合情况	
				最小间隙	最大间隙
I	红	$\phi 25_{-0.002\,5}^{0}$	$\phi 25_{+0.000\,5}^{+0.003\,0}$		
II	白	$\phi 25_{-0.005\,0}^{-0.002\,5}$	$\phi 25_{-0.002\,0}^{+0.000\,5}$	0.000 5	0.005 5
III	黄	$\phi 25_{-0.007\,5}^{-0.005\,0}$	$\phi 25_{-0.004\,5}^{-0.002\,0}$		
IV	蓝	$\phi 25_{-0.010\,0}^{-0.007\,5}$	$\phi 25_{-0.007\,0}^{-0.004\,5}$		

分组选配法把零件的尺寸公差扩大了几倍,使零件的加工变得容易,依然能获得高的装配精度。但生产后要进行测量、分组,工作量增加;并且只能同组的零件进行装配,当同组零件数目不相等时,会造成零件的浪费。因此,分组装配法通常用于参与装配的零件少而且不便于进行调整的场合。例如,中小柴油机的缸套与活塞、活塞与活塞销、轴承内外圈与滚动体间的装配。

采用分组选配时的注意事项如下所述:

(1)配合件的公差应当相等,公差增大的方向要相同,增大的倍数与分组的组数要相等。而零件的其他技术要求不能改变,如表面粗糙度、形位公差须保持原设计要求。

(2)配合件的尺寸分布为相同的对称分布(如同为正态分布),保证零件分组后在装配时各组数量接近,避免造成零件积压浪费。

(3)分组数不宜多,放大到经济精度即可,若过多会增加零件的测量和分组工作量,并使零件的储存、运输及装配等工作复杂化。

4.修配法

零件在生产时按照经济加工精度制造,装配精度的保证则通过装配中对零件指定的修配量进行修整,最终达到装配精度的方法称为修配法。

采用修配法时,选取一个零件(组成环)作为指定的修整零件,称为修配环或补偿环,其作用是用来补偿由于按经济精度加工零件使装配中累积在封闭环上的总误差超出公差的量,使产品达到规定的装配精度。作为修配环的零件应具有方便拆卸、结构简单、修配量小、方便加工,且零件表面不需要进行表面处理等特点,除此之外,修配环不能是多个尺寸链的公共环,否则对它进行修整会影响到其他尺寸链的装配精度。

修配法的常用的形式有以下三种:

(1)单件修配法。在多环尺寸链中,预先将一个零件作为固定修配件(修配环),装配时只对此零件进行修整加工,以达到装配的精度要求。

(2)合并修配法。预先将两个或两个以上的零件合并在一起,形成一个组成环参与装配,作为修配环进行加工修配使装配达到精度要求。合并后的零件是一个整体,减少了组成环数,有利于减小修配量。

(3)自身加工修配法。通过加工自身的某一部分来达到装配精度方法。广泛地应用于成批生产的机床装配中,可以获得较高的相对位置精度。

5.调整法

与修配法相同,调整装配法也是按经济精度加工零件,选择一个零件作为调整环,装配时通过更换零件或调整该环的位置来达到装配精度的要求。常用的调整方法有以下两种:

(1)固定调整法。在一个尺寸链中选择一个组成环零件作为调整环,并按一定的尺寸间隔加工出一组专门的零件,装配时,根据各组成环所形成的累积误差大小,选择一个合适的调整件,以此来保证装配精度要求。常用的调整件有轴套、垫圈、圆环等。

如图7-7所示,要保证齿轮 A_1 与挡圈 A_5 在轴线方向的装配间隙,将 A_5 作为调整环,加工出一组不同厚度的挡圈,然后根据实际装配时的间隙选用,批量大、精度要求高时,也可加工出一组薄金属片,配合使用。

(2)可动调整法。装配时,通过改变调整环的位置来保证装配精度。常见的调整件有螺栓、斜块等。例如,图7-8通过调节螺钉来保证轴承的轴向间隙。这种调整方法简单、不用拆卸,常用于由于磨损、热变形、弹性变形等所引起的误差补偿,并可获得较高的装配精度。

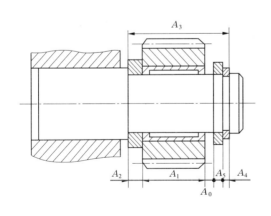

图7-7　固定调整保证装配精度

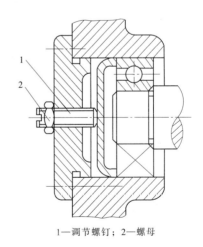

1—调节螺钉；2—螺母

图7-8　可动调整保证装配精度

（三）装配方法的选择

不同的装配方法都有其适用的场合，在选择装配方法时，主要考虑生产纲领、产品的结构特点、产品的装配工艺性和装配精度要求等方面的因素。一般的选用原则如表7-3所示。

表7-3　装配方法的适用范围

装配方法	适用范围	应用举例
完全互换法	零件的加工精度经济可行，零件数目较少，批量较大时	中小型柴油机、小型电动机部件、汽车部件等
不完全互换法	零件数目较多，批量大，且零件加工精度可适当放宽时	机床、仪表等的部分部件
选配法	装配精度要求较高，零件数目较少，成批大量生产时	活塞与缸套、轴承内外圈与滚动体
修配法	单件、中小批量生产，装配精度要求较高时	车床尾座垫板、滚齿机分度蜗轮与工作台装配后加工齿形
调整法	装配精度要求较高，零件数目较多，成批大量生产时	滚动轴承的轴向间隙调整用的挡圈、机床导轨的楔形镶条

任务三　装配工艺规程制订

学习目标：

1. 知道装配的基本原则；掌握装备工艺规程包含的内容及其制订步骤。
2. 能够进行装配工艺规程的制订。

一、装配基本原则

在装配过程中，要保证装配的质量、提高装配效率、减轻劳动强度、降低生产成本，必须按规则进行产品的装配，装配工艺规程就是指导装配生产的技术性文件。

制订装配工艺规程时需遵循装配基本原则，为使装配工艺规程能有效地指导生产，应满足以下要求：

（1）要达到产品的装配精度及产品预定的使用寿命。

（2）提高生产率、降低成本。

（3）最大程度地利用已有的装配设备、工具，合理地安排装配顺序，避免过多的钳工装配量，提高装配的自动化程度，达到高效、低成本的目的。

二、装配工艺规程的内容及制订步骤

（一）制订装配工艺规程的准备工作

1. 相关的原始资料

相关的原始资料主要有产品的装配图和产品验收的技术标准，其中装配图要给出全部零件的明细表、各零件间的相对位置关系和装配时要获得的精度要求，产品的验收标准则包括产品的验收技术条件、检验的内容和方法等。必要时还可配备一些重要的零件图，方便对某些零件机械加工方法的了解和核算装配尺寸链。

2. 产品的生产纲领

产品的装配和机械加工一样，也可分为大批生产、成批生产与单、小批生产三个类型。不同的生产类型选用不同的装配组织形式、工艺方法、工艺装备，适当地划分工艺过程，可实现在保证较高的装配精度的同时获得好的经济效益。

3. 现有的生产条件

工艺规程作为实际生产的指导性文件，应在实际装配条件的基础上制定相应的工艺规程，如：装配工艺设备和装备、工人技术水平、装配场地的大小等，使装配工艺规程更能适应生产实际，而不增加额外的、不必要的生产成本。

（二）制订装配工艺规程的步骤

1. 研究产品的原始材料

制订装配工艺规程前，要充分研究原始资料，分析产品的结构特征、尺寸和装配的验收技术要求，并结合产品的生产批量，确定可以达到装配精度的装配方法。

2. 确定装配方法及组织形式

综合考虑产品的结构特征、生产纲领以及实际的生产条件，在选择装配的组织形式后，相应地确定装配方式、工作点的布置、工序的分散与集中，以及每道工序的具体内容。

3. 划分装配单元

划分装配单元是制订装配工艺规程的一个重要步骤，是合理安排工序的重要前提，特别是对于大批生产、结构复杂的产品装配更为重要。具体划分要从装配工艺角度出发，将产品分解为可独立装配的零件、套件、部件等单元参与产品的总装，这样的单元称为装配单元。

4. 确定装配顺序

划分装配单元后，即可在此基础上合理地安排装配顺序。安排装配的顺序时，通常考虑零部件清洗、除锈、去毛刺等工作先进行，然后选择一个装配的基准件，一般选择体积、质量较大，有足够支承面，并能保证装配时稳定的零件或部件。基准件最先进入装配，随后根据从下到上、从内到外、从重到轻、从大到小、从精密到一般、从难到易、从复杂到简单，具有破坏性的工序先行，电线电路与相应工序同步，中间穿插必要的检验工序等原则综合地进行安排装配。

为清晰地表示出装配顺序，通常将装配系统图画出以方便指导装配工作。

5. 确定装配工序

根据工序集中或分散的原则，在已经确定好的装配顺序基础上，将装配工艺过程划分为若干装配工序，并确定各工序的内容、工装设备、操作规程以及时间定额等。装配工序还应该包括检验工序，确定出各工序装配质量的要求和检测项目、检测方法。

6. 编制装配工艺文件

装配工艺文件包括装配工艺卡和装配工序卡。单件小批生产时，一般只编写装配工艺过程卡，有时还可用装配工艺流程图代替。成批生产中，通常制订出部件及总装的装配工艺卡，如表7-4所示。生产批量较大时，除编写装配工艺卡外，还需编写详细的工序卡及工艺规程，用以直接指导工人进行装配作业。

表 7-4 装配工艺卡

装配工艺卡片	产品代号	部、组(整)件代号	部、组(整)件名称	工艺文件编号			G25a
	单套产品中装配件数量	未批装配件生产总数		交往何处	工时定额(h)		
					准结	单件	总计
车间	工序号	工序名称	工序内容	专用仪器、仪表及工艺装备	辅助材料		
会签			编制	审核		阶段标记	
			校对	标检		C	
				批准		共 2 页 第 1 页	
产品工号	更改标记	更改单号	签名	日期		第 页	

1

7. 制定产品的试验、验收规范

产品装配完成后,均要进行相应的试验或验收的工作。应根据产品的要求和验收标准制定出验收的规范,内容包括试验验收的项目、质量标准、检测方法、检测环境、所需检测工具装备、质量分析方法和处理方法等。

三、减速器装配工艺

(一)减速器的结构

减速器是由封闭在箱体内的齿轮传动或蜗杆传动所组成的传动装置,装在原动机和工作机之间,用来降低转速和增大转矩。减速器具有结构紧凑、外廓尺寸较小、降速比大、工作平稳和噪声小等特点,应用较广泛。

减速器的结构随其类型和要求不同而异,但减速器一般均由齿轮、轴、轴承、箱体和附件等组成。箱体一般由箱盖和箱座组成,用紧固螺栓连接。为方便减速器的制造、装配及使用,还在减速器上设置一系列附件,如检查孔、透气孔、油标尺或油面指示器、吊钩及起盖螺钉等。图7-9为常用的二级圆柱齿轮减速器结构。

(二)减速器装配的主要技术要求

(1)所有零件和组件必须正确安装在规定位置。

(2)齿轮副须正确啮合,必须符合图样上规定的相应技术要求。

(3)装配后,必须严格保证各轴线之间相互位置精度(如平行度、垂直度)等。

(4)装配后,回转件运转要灵活;滚动轴承游隙合适,润滑良好,不漏油。

(5)各固定联接件必须将零件或组件牢固、可靠地连接在一起。

(三)减速器的拆卸

进行减速器的拆卸时,须先仔细观察减速器的外形与箱体附件,了解附件的功能、结构特点和位置,分析工作情况、装配关系,画机构简图。

减速器的拆卸流程如图7-10所示。

拆卸减速器时注意:

(1)按拆卸顺序并给所有零部件编号、登记名称和数量,然后分类、分组保管,避免产生混乱和丢失,并记录减速器零部件的相关内容。

(2)拆卸时避免随意敲打造成破坏,并防止碰伤、变形等,以便再装配时仍能保证减速器正常运转。

(四)减速器的装配工艺过程

减速器的装配工作包括装配前期工作、零件的试装、组装、部件总装、调整等。

装配前期工作:检查箱体内有无零件或杂物,对零件清洗、整形和补充加工等。

零件的试装:为了保证装配精度,某些相配合的零件需要进行试装,例如键的连接必须进行试配;对未满足装配要求的,须进行调整或更换零件。

轴系组件装配:减速器的轴系零部件通常有齿轮、轴承、轴套、密封圈等。装配时按从内到外的顺序进行装配。如图7-11所示。

(1)选配好键,轻打装配在轴上。

(2)从右端压装入齿轮,装上挡油环,压装右轴承。

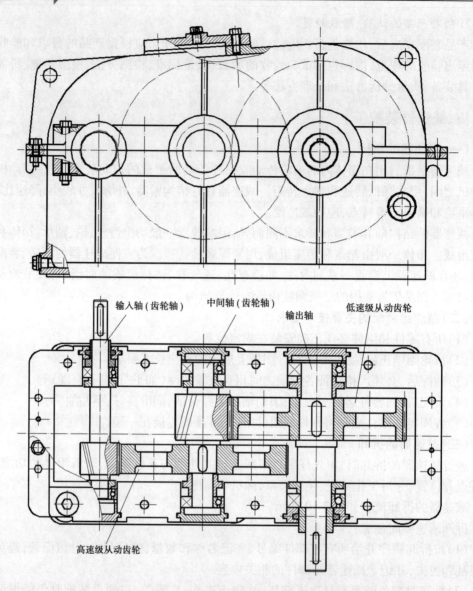

图 7-9　常用的二级圆柱齿轮减速器的部件装配图

图 7-10　减速器的拆卸流程

（3）在轴的左端装上挡油环，压装左轴承。

（4）装入轴套。

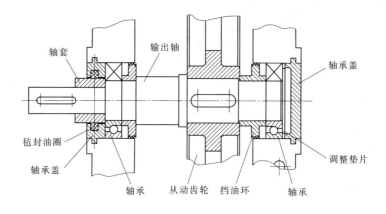

图 7-11　减速器输出轴组件

（5）在左轴承盖槽中放入毡封油圈，并将其套在轴上。

输入轴为齿轮轴，只需要在轴上装配挡油环、轴承等零件，装配顺序与输出轴组件装配的基本一致。

减速器部件总装和调整：减速器部件总装的基准件是箱体，主要过程是：

（1）将箱座的附件装入箱座。

（2）将各传动轴的组件装入箱体孔内。

（3）将嵌入式端盖装入轴承压槽内，并用调整垫圈调整好轴承的工作间隙。

（4）将箱内各零件用棉纱擦净，并上机油防锈后装入箱体，再用手转动高速轴，观察各齿轮传动中有无零件干涉现象。

（5）安装箱盖部装，松开起盖螺钉。将箱盖安放于箱座上，装上定位销，并打紧；装上螺栓、螺母用手逐一拧紧后，再用扳手分多次均匀拧紧。

（6）运转试验。总装完成后，对减速器部件进行运转试验，检查各安装部分无误后，注入润滑油，使各部位均匀润滑；连接电动机，并用手回转减速器，在一切符合要求后，接通电源进行空载试车。运转中齿轮应无明显噪声，传动性能符合规定要求，运转 30 min 后检查轴承温度应不超过规定要求。

▌项目小结

本项目介绍了装配的生产类型及特点、保证装配精度的工艺方法和装配工艺规程的制订。

装配是按规定的技术要求和精度，将构成机器的零件结合成组件、部件或产品的工艺过程。装配的基本作业内容包括：清洗；连接；校正、调整、配作；平衡；检测。装配单元有套件、组件和部件，相应地形成了几种不同的装配过程：套装、组装、部装和总装。装配的组织形式是确定装配方法、工作地点布置、工序安排以及工序内容的一个依据。装配的组织形式有移动式和固定式两种。

装配精度是零件连接后所得到的零件、部件间的尺寸精度、位置精度、相对运动精度和接触精度。在机械产品或部件的装配中,由相关零件的长度尺寸、形位公差以及配合间隙等组成的封闭尺寸链称为装配尺寸链。装配的方法有完全互换装配法、不完全互换法、选配装配法、修配法、调整法。

制订装配工艺规程的准备工作包括了解相关的原始资料、产品的生产纲领和现有的生产条件。制订装配工艺规程的步骤为:①研究产品的原始材料;②确定装配方法及组织形式;③划分装配单元;④确定装配顺序;⑤确定装配工序;⑥编制装配工艺文件;⑦制定产品的试验、验收规范。

■ 思考与练习

1. 装配的基本作业包括什么?对装配各有什么作用?

2. 常用的可拆卸连接有哪些?不可拆卸连接有哪些?

3. 什么是装配精度?机械装配精度主要包括哪几个方面?

4. 装配尺寸链是如何构成的?在查找装配尺寸链时应注意哪些原则?

5. 保证装配精度的方法有哪几种?各适用于什么装配场合?

6. 分组装配法在什么情况下使用?使用时应该注意什么?

7. 在使用选配法进行装配时,修配环的作用是什么?根据什么原则来选取修配环?

8. 什么是装配工艺规程?在装配中起什么作用?

9. 如图 7-12 所示某轴上零件的尺寸为 $A_1 = 40$ mm, $A_2 = 36$ mm, $A_3 = 4$ mm,要求装配后齿轮轴向间隙 $A_0 = 0^{+0.25}_{+0.10}$ mm(用一个公式)。试用完全互换法和不完全互换法分别确定 A_1、A_2、A_3 的公差及其极限偏差。

10. 如图 7-13 所示为车床横向刀架座压板与床身导轨的装配图,为保证横刀架座在床身导轨上灵活移动,压板与床身下导轨面间隙须保持在 0.1～0.3 mm 范围内,如选用修配法装配,试确定修配环 A 及各尺寸的极限偏差。

11. 如图 7-14 所示的主轴部件,为保证弹性挡圈能够顺利装入,要求保证轴向间隙 $A_0 = 0.05～0.42$ mm。已知 $A_1 = 33$ mm, $A_2 = 35$ mm, $A_3 = 2$ mm。试确定各组成环尺寸的上下偏差。

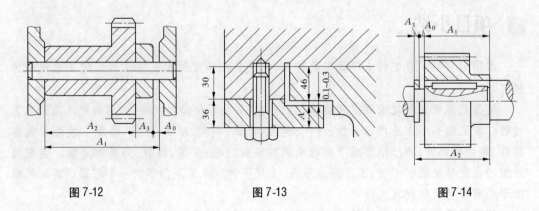

图 7-12　　　　　　　　　图 7-13　　　　　　　　　图 7-14

项目八　先进制造技术

【项目目标】　了解先进制造技术的概念；了解特种加工技术的原理与应用；了解数字化设计与制造技术的应用成果；了解现代制造系统技术的发展方向。

【项目要求】　了解先进制造技术的内涵、各种先进制造技术及其应用。

任务一　认识先进制造技术

学习目标：

初步了解制造业的概念、作用，了解先进制造技术的体系结构、特点及发展趋势。

一、先进制造技术的概念

先进制造技术(advanced manufacturing technology,AMT)是传统制造技术、信息技术、计算机技术、自动化技术与管理学等多学科先进技术的综合，应用于制造工程之中所形成的一个学科体系。

先进制造技术是以提高综合效益为目标，以人为主体，以计算机技术为支柱，综合利用信息、材料、能源、环保等高新技术以及现代系统管理技术，对传统制造过程中与产品在整个寿命周期中的有关环节(如使用、维护、回收利用等)进行研究并改造的所有适用技术的总称。

(一)体系结构

制造业是整个工业生产的核心，它带动着国家的经济向前发展。制造技术是发展制造业并且提高相应产品竞争力的重要因素，它是生产资料、生产工具、现代生产装备及技术的依托。经过长期的发展，形成了一个相对完整的高新技术群，我们称之为体系结构。其具体是由三个大的技术群组成：主体技术群、支撑技术群、制造管理技术群，如图8-1所示。三个技术群不是相对独立的，而是层层包含，很好地阐述了先进制造技术的体系结构。

1. 主体技术群

主体技术群作为现代制造技术的中心，其包括两个主要部分：产品设计技术和制造加工工艺技术。面向制造的设计技术群通常指生产制造准备阶段的工具群和技术群。

产品和制造工艺的设计往往可以通过一些工具来完成，如计算机辅助设计、工艺过程建模和仿真。在生产过程中，从开始的设计到实际生产及后续试验平台都可以采取先进技术来更加有效地完成。

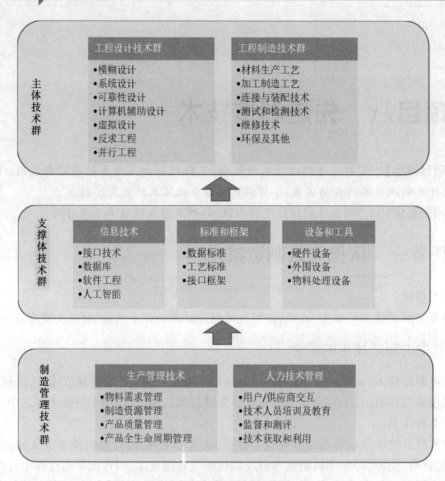

图 8-1 先进制造技术体系

面向工艺的设计技术群通常指实体产品的生产过程和设备。传统的生产方式如注塑成型、铸、锻、焊、车、铣、磨等都是其制造过程中必须考虑的工艺技术。随着高新技术的不断发展及渗入,传统的制造工艺和装备正在发生质变。所以,除了上述传统常规加工工艺及装备,还包括高速、超高速加工工艺及装备、精密与纳米级的加工工艺及装备、特种加工(如激光、电化学、离子束、超声波等)工艺及装备等。

2. 支撑技术群

支撑技术群是保证产品在研发设计、加工制造、生产工艺等方面的核心技术群,它在整个生产过程中提供了一系列的技术支撑。生产的基本环节如试验检测、相关物料及成品的运输、生产计划的控制、包装等都需要支撑技术群提供相应的技术去完成。主体技术群稳定运行的前提是拥有与之对应的支撑技术群。这一技术群是主体技术群不断取得进步的相关技术,如信息技术(计算机技术、数据库技术、多媒体技术、软件工程、人工智能、决策支持等),标准和框架(数据、产品定义、工艺、检测标准、接口框架等),机床和工具技术,传感器和控制技术等。

3. 制造管理技术群

制造管理技术群是使先进制造技术更好地在不同企业中应用,在不同环境下最大限度发挥其作用,使企业更好地管理调度人员配置的一个基本环节。制造管理技术群是先进制造技术中不可或缺的一部分,它是先进制造技术中与企业管理体制和使用技术的人员协调工作的一个系统工程。其具体包括品质管理、用户供应商交互作用、工作人员培训教育、全局检测和基准考评、技术的获取和利用等。

先进制造技术在制造管理的技术之上拥有相应的支撑技术群,以此为主体技术群铺好基石。在三者的融合之下形成一个由传统的制造技术与以信息技术为核心的现代科学技术。

(二)先进制造技术的特点

先进制造技术的主要特征是强调实用性,它以提高企业综合经济效益为目的,所以被认为是提高制造业竞争能力的主要手段,对促进整个国民经济的发展有着不可估量的影响。先进制造技术具有以下特点:

(1)AMT 是面向 21 世纪的动态技术。它不断吸收各种高新技术成果,将其渗透到产品的设计、制造、生产管理及市场营销的所有领域及其全部过程,并且实现优质、高效、低耗、清洁、灵活的生产。

(2)AMT 是面向工业应用的技术。AMT 不仅包括制造过程本身,还涉及市场调研、产品设计、工艺设计、加工制造、售前售后服务等产品寿命周期的所有内容,并将它们结合成一个有机的整体。

(3)AMT 是驾驭生产的系统工程。它强调计算机技术、信息技术和现代管理技术在产品设计、制造和生产组织管理等方面的应用。

(4)AMT 强调环境保护。它既要求产品是对资源的消耗最少、对环境的污染最少、对人体的危害最小、报废后便于回收利用、发生事故的可能性为零、所占空间最小的绿色商品,又要求产品的生产过程是环保型的。

二、机械制造技术的发展

高质量、高水平的制造业必然要以先进的制造技术做后盾。在国家生产力的构成中,制造技术的作用一般占 55% ~ 65%。世界上各个工业化国家经济上的竞争主要是制造技术的竞争。亚洲部分国家(如日本、韩国等)的发展在很大程度上就是因其重视制造技术,通过制造技术形成产品,依靠产品占领世界市场,从而实现经济乃至国力的迅速崛起。因此,在许多国家的科技发展计划中,先进制造技术都被列为优先发展的科技。

(一)先进制造生产模式的转变

纵观先进制造生产模式的进展,其特点主要是体现了以下 5 个转变:

(1)从以技术为中心向以人为中心转变。

(2)从金字塔式的多层次生产结构向扁平的网络结构转变。

(3)从传统的顺序工作方式向并行工作方式转变。

(4)从按功能划分部门的固定组织形式向动态的、自主管理的小组工作组织形式转变。

(5)从质量第一的竞争策略向快速响应市场的竞争策略转变。

(二)先进制造技术的发展趋势

先进制造技术的发展趋势是向系统化、集成化、智能化方向发展。

(1)设计技术不断现代化。

(2)成形制造技术向精密成形或称净成形的方向发展。

(3)加工制造技术向着超精密、超高速以及发展新一代制造装备的方向发展。

(4)制造技术专业、学科的界限逐步淡化、消失,新型制造技术不断得到发展。

(5)工艺由技艺发展为工程科学——工艺模拟技术得到迅速发展。

(6)虚拟现实技术在制造业中获得越来越多的应用。

(7)信息技术、管理技术与工艺技术紧密结合,先进制造生产模式获得不断发展。

任务二 信息化制造技术

学习目标:

1.初步了解快速原型制造技术的概念,理解快速原型工艺的原理特点,了解快速原型制造的应用。

2.了解制造自动化的发展和主要技术。

现代制造技术与信息技术不断融合,出现了以计算机基础制造系统为代表的众多现代制造技术,实现了制造企业的高效益、高柔性和智能化。

一、快速原型制造技术

20 世纪 80 年代后期出现的快速原型制造(rapid prototyping manufacturing,RPM)技术,被认为是制造技术领域的一次重大突破。RPM 可以自动、直接快速精确地将设计思想转化为具有一定功能的原形,有效地缩短了产品的研究开发周期,以便在最短的时间内推出适应市场变化的新产品,在市场竞争中赢得先机。

(一)快速原型制造技术概念

原型(prototype)是指用来建造未来模型或系统基础的一个初始模型或系统。美国麻省理工学院 K. T. Ulrich 认为,原型是产品在我们感兴趣的一维或多维空间中的一种表示。换句话说,产品开发人员认为有意义的产品在某个方面的表示,都可以看作是原型,即包括了从概念设计到具有完整功能制品的有形和无形的表示。

快速原型制造技术是一种借助于计算机辅助设计,或用实体反求方法采集得到有关原型或零件的几何形状、结构和材料的组合信息,从而获得目标原型的概念,并以此建立数字化描述模型,之后将这些信息输出到计算机控制的机电集成制造系统,通过逐点、逐面进行材料的"三维堆砌"成型,再经过必要的处理,使其在外观、强度和性能等方面达到设计要求,达到快速、准确地制造原型或实际零件、部件的现代化方法。

快速原形(rapid prototyping,RP)技术综合机械、电子光学、材料等学科,它涉及 CAD/CAM 技术、数据处理技术、CNC 技术、测试传感技术、激光技术等多种机械电子技术、材料技术和计算机软件技术,是各种高技术的综合应用,已成为先进制造技术群的重要组成部分。而且它必将对制造企业的模型、原形及成形件的制造方式产生更为深远的影响。

(二)快速原型制造技术的特点

快速原型制造技术的出现,开辟了不用刀具、模具而制作原型和各类零部件的新途径。从理论上讲,添加成型可以制造任意复杂形状的 2 部件,原料利用率可达 100%。目前在工业应用中,采用专门的成型设备,最高精度可达到 0.01 mm,层厚 ±(0.05 ~ 10.5) mm,速度为数小时至数十小时/件。快速原型制造技术的出现,创立了产品开发研究的新模式,使设计师以前所未有的直观方式体会设计的感觉并迅速得到验证,检查所设计产品的结构、外形,从而使设计、制造工作进入了一个全新的境界。

快速原型制造技术有以下特点。

1.制造快速

快速原型制造技术是并行工程中进行复杂原型和零件制作的有效手段。从产品 CAD 或从实体反求获得数据到制成原型,一般只需要几小时至几十个小时,速度比传统成型加工方法快得多。这一新技术尤其适合于新产品的开发,适合小批量、复杂(如凹槽、凸肩和空心、嵌套等)、异形产品的直接生产而不受产品形状复杂程度的限制。新技术改善了设计过程中的人机交流,使产品设计和模具生产并行,从而缩短了产品设计、开发的周期,加快了产品更新换代的速度,大大地降低了新产品的开发成本和企业研制新产品的风险。

随着互联网的发展,快速原型制造技术也更加便于远程制造服务。由于互联网便捷的数据传输缩短了用户和制造商之间的距离,利用互联网就可以进行远程设计和远程制造服务,能使有限的资源得到充分的利用,用户的需求也可以得到最快的响应。

2.技术高度集成

落后的计算机辅助工艺规划(computer aided process planning,CAPP)一直是实现设计与制造一体化较难克服的一个障碍。快速原型制造技术是计算机技术、数据采集与处理技术、材料工程和机电加工与控制技术的综合体现。只有在这些高新技术迅速发展的今天才可能使 CAD 和 CAM 很好地结合,实现设计与制造一体化。

3.自由成型制造

自由成型的含义有两个:一是指可以根据原型或零件的形状,无须使用工具、模具,而自由地成型,由此大大缩短新产品的试制时间并节省工具或样件模具费用;二是指不受形状复杂程度限制,能够制造任意复杂形状与结构、不同材料复合的原型或零件。

4.制造过程高柔度

共同的制造原理使快速原型制造系统在软件和硬件的实现上 70% ~ 80% 是相同的,也就是在一个现有的系统上仅增加 20% ~30% 的元器件和软件功能就可进行另一种制造工艺。不同工艺原理的设备容易实现模块化,可相互切换;对于整个制造过程,仅须改变 CAD 模型或反求数据结构模型,重新调整和设置参数即可生产出不同形状的原型或零件,还能借助于电铸、电弧喷涂等技术进一步将塑胶原型制造成金属制品。

5.可选材料的广泛

快速原型制造技术可以采用的材料十分广泛,如可以采用树脂类、塑料类原料,纸类、石蜡类原料,也可采用复合材料、金属材料或陶瓷材料的粉末、箔、丝、小块体等,也可以是涂覆某种黏接剂的颗粒、板、薄膜等材料。

（三）快速原型技术种类

快速成形技术经过 20 年左右的发展，其工艺已经逐步完善，发展了许多成熟的加工工艺及成形系统。RP 系统可分为两大类：基于微光或其他光源的成形技术，如立体光选型等；基叠层实体制造、选择性激光烧结、形状沉积制造（shape deposition manufacturing，SDM）于喷射的成形技术，如熔融沉积制造、三维印刷制造等。

1. 立体印刷成型（stereo lithography apparatus，SLA）

以光敏树脂为原料，采用计算机控制下的紫外激光束以原型各分层截面轮廓为轨迹逐点扫描，使被扫描区内的树脂薄层产生光聚合反应后固化，从而形成制件的一个薄层截面。当一层固化完毕，向上（或下）移动工作台，在刚刚固化的树脂表面布放一层新的液态树脂以便进行循环扫描、固化。新固化的一层牢固地黏结在前一层上，如此重复制出整个原型。

2. 层合实体制造（laminated object manufacturing，LOM）

这项工艺采用激光器和加热辊，按照 CAD/CAM 分层模型所获得的数据，用激光束将单面涂有热熔胶的纸片、塑料带、金属带或其他材料的箔带切割成欲制样品的内外轮廓，再通过加热使刚刚切好的层和下面已切割层黏接在一起。通过逐层反复的切割、黏合，最终叠加成整个原型。

3. 选域激光烧结（selected laser sintering，SLS）

按照计算机输出的原型或零件分层轮廓，采用激光束按指定路径在选择区域内扫描并熔融工作台上很薄（100～200 μm）且均匀铺层的材料粉末。处于扫描区域内的粉末颗粒被激光束熔融后，彼此黏结在一起。当一层扫描完毕，向上（或下）移动工作台，控制完成新一层烧结。全部烧结后去掉多余的粉末，再进行打磨、烘干等处理便获得原型或零件。

4. 熔融沉积制模（fused deposition modeling，FDM）

采用热熔喷头，使半流动状态的材料流体按 CAD/CAM 分层数据控制的路径挤压出来并在指定的位置沉积、凝固成型，逐层沉积、凝固后形成整个原型。

5. 三维喷涂黏结（three dimensional printing and gluing，3DPG）

三维喷涂黏结类似于喷墨打印机，首先铺粉或铺基底薄层（如纸张），利用喷嘴按指定路径将液态黏结剂喷在预先铺好粉层或薄层上的特定区域，逐层黏结后去除多余的材料便得到所需形状制件。也可以直接逐层喷涂陶瓷或其他材料粉浆，硬化得到所需形状的制件。

6. 焊接成型（welding forming）

采用现有的各种成熟的焊接技术、焊接设备及工艺方法，用逐层堆焊的方法制造出全部由焊缝金属组成的零件。也称熔化成型、全焊缝金属零件制造技术。

7. 数码累积造型（digital-brick laying）

数码累积造型也称喷粒堆积，是指用计算机分割三维造型体而得到空间一系列定尺寸的有序点阵，借助于三维制造系统按指定路径在相应的位置喷出可迅速凝固的流体或布置固体单元，逐点、线、面完成黏结并进行处理后完成原型制造。

8.其他工艺

除了立体印刷成型、层合实体制造、选域激光烧结和熔融沉积造型等最为成熟的技术外,还有许多技术已经实用化,如光掩膜法(solid ground curing, SGC,也称立体光刻)、直接壳法(direct shell production casting, DSPC)、直接烧结技术、热致聚合、全息干涉制造、模型熔制、弹道微粒制造、光束干涉固化等。

(四)3D 打印技术

3D 打印技术实际上是一系列增材(与传统材料"去除型"加工方法截然相反的,通过增加材料,基于三维 CAD 模型数据,采用逐层制造方式,直接制造与相应数字模型完全一致的三维物理实体模型的制造方法)快速原型成形技术的统称。

3D 打印技术是一种以数字模型文件为基础,运用粉末状金属或塑料等可粘合材料,通过逐层打印的方式来构造物体的技术。它的基本原理是先离散后堆积的过程。如果把要制造的零件比作一个土豆,3D 打印就是切土豆的逆向过程,见图 8-2。建立好零件的数字模型,选取合适方向作为高度方向进行离散化,即分层(也叫切片),对层片进行信息处理后打印机按照处理信息开始一层层堆积材料,即层片加工,打印结束后通常需要进行打磨、抛光等后处理得到成型的零件或产品。之所以叫"打印机",是因为它与普通打印机工作原理基本相同借鉴了打印机的喷墨技术,只不过普通的打印机是在纸上喷一层墨粉,形成二维(2D)文字或图形,而 3D 打印喷出的不是墨粉,而是融化的树脂、金属或者陶瓷等"打印材料","打印机"内装有液体或粉末等,与计算机连接后,通过计算机控制把"打印材料"一层层叠加起来,则能"打"出三维的立体实物来。

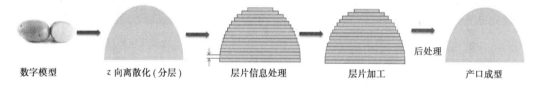

数字模型　　　z 向离散化(分层)　　　层片信息处理　　　层片加工　　　产口成型

图 8-2　3D 打印基本原理

一般情况下,每一层的打印过程分为两步,首先在需要成形的区域喷洒一层特殊胶水,胶水液滴本身很小,且不易扩散。然后是喷洒一层均匀的粉末,粉末遇到胶水会迅速固化黏结,而没有胶水的区域仍保持松散状态。这样在一层胶水一层粉末的交替下,实体模型将会被"打印"成型,打印完毕后只要扫除松散的粉末即可"刨"出模型,而剩余粉末还可循环利用。

打印耗材由传统的墨水、纸张转变为胶水、粉末,当然胶水和粉末都是经过处理的特殊材料,不仅对固化反应速度有要求,对于模型强度以及"打印"分辨率都有直接影响。3D 打印技术能够实现 600 dpi 分辨率,每层厚度只有 0.01 mm,即使模型表面有文字或图片也能够清晰打印。受到打印原理的限制,打印速度势必不会很快,较先进的产品可以实现每小时 25 mm 高度的垂直速率,相比早期产品有 10 倍提升,而且可以利用有色胶水实现彩色打印,色彩深度高达 24 位。

由于打印精度高,打印出的模型,如齿轮、轴承、拉杆等都可以正常活动,而腔体、沟槽等形态特征位置准确,甚至可以满足装配要求,打印出的实体还可通过打磨、钻孔、电镀等方式进一步加工。同时,粉末材料不限于砂型材料,还有弹性伸缩、高性能复合、熔模铸造等其他材料可供选择。

3D 打印在军事领域、航空航天领域、医疗领域、车辆制造领域、建筑领域、珠宝及收藏品领域等都有广泛应用,如图 8-3 所示。

(a) 航空航天领域 – 涡轮叶片

(b) 医疗领域 – 人造耳朵

(c) 建筑装饰领域 – 灯罩

(d) 服饰珠宝领域

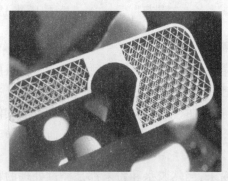

(e) 制造领域

(f) 汽车领域 – 发动机箱

图 8-3　3D 打印的应用

二、机械制造自动化技术

机械制造自动化技术的发展同机械制造技术的发展密切相关、不可分割。其发展经过了 5 个发展阶段,见表 8-1。

表 8-1　制造自动化技术发展阶段

时间	阶段	代表设备	特征
19 世纪 20 年代	刚性发展阶段	自动单机、自动流水线	高生产率,使用大批量,不适于产品的改变
20 世纪 50 年代	数控加工阶段	数控机床、加工中心	加工质量高,适用于多品种、中小批量生产
20 世纪 70 年代末	柔性制造阶段	柔性制造系统	强调制造过程的柔性和高效性,适用于多品种、中小批量生产
20 世纪 80 年代	计算机集成制造阶段	现代集成制造系统	把技术系统、经营生产和人的思想、理念集成在一起
20 世纪 90 年代	智能制造系统阶段	智能制造系统	由高性能自控机器人、数控机床、无人 UN 数车等智能元件组成

（一）数控技术

数字控制技术(numerical control,NC))简称数控,是种用数字化信号对控制对象进行自动控制的技术。相对于模拟控制而言,数字控制系统中的控制信息是数字量而不是模拟量,因此可采用不同的字长表示不同精度的信息,可对数字化信息进行数学运算和逻辑运算等复杂的信息处理,可在不改变机械结构和电路系统的情况下应用软件技术改变信息处理的方法或过程,使机械设备具有很大的"柔性"。实现数字控制技术的设备称为数控系统(numerical control system)。

数控技术最先应用于机床控制,包括用几何信息控制刀具和工件间的相对运动(运动轨迹行程量控制),以及机床完成加工运动所必需的辅助工艺信息控制(机床运动开关量逻辑控制),如主轴转速、主轴转向、刀具选择和切削液开闭等。装备了数控系统的机床称为数控机床(numerical control machine)。

数控加工的基本方法是由编程人员将加工零件的几何信息和工艺信息进行数字化处理,即将加工过程编成数控加工程序并记录在载体上。数控系统首先读入载体上的加工程序,由数控装置将其翻译成机器能够理解的控制指令。再由伺服系统将其变换和放大后驱动机床上的主轴电动机和进给伺服电动机,实现自动加工。其中,数控系统将刀具与工件的相对运动在坐标系中分割成一些最小位移量(最小设定单位),以数字形式给出相应的脉冲指令(脉冲当量,每一个脉冲当量对应一个最小位移量),并在允差范围内用各坐标轴最小设定单位的运动合成来代替任何几何运动,这就是数控插补控制。

1.数控系统

迄今为止,在生产中使用的数控系统大多数都是第五代数控系统,其最大特点就是计算机的专用性。一套数控系统就是一台专用计算机,里面有着十几块甚至几十块专用芯片。这种专用的计算机与标准的计算机不兼容,就是这些专用计算机之间也不能相互兼容。目前,市场上第五代数控系统的代表产品是日本的 FANUC－0 系统和德国的西门子810 系统等。我国普及型的数控系统 97% 以上是进口产品。五轴加工中心如图 8-4所示。

从 20 世纪 90 年代开始,在美国首先出现了在 PC 上开发的数控系统,即 PC 数控系

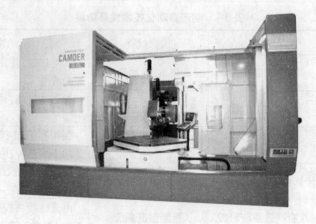

图8-4 五轴加工中心

统,其特点是计算机的开放性与兼容性。

随着数控系统的不断发展和深入应用,人们发现有些过程控制不能用单纯的数学方法来建模,相反,采用非数值方式的经验知识却能有效地进行控制。因此,研究者将人工智能技术引入数控系统,形成了所谓的智能数控系统。它是计算机技术发展到一定阶段的产物,也是计算机技术在数控系统中广泛应用的结果。目前,应用较成熟的人工智能技术有专家系统、人工神经网络和计算机视觉技术等。

2.数控机床

国际信息处理联盟(international federation of information processing IFIP)第五技术委员会对数控机床所作的定义是:数控机床是一个装有程序控制系统的机床,该系统能够逻辑地处理具有使用号码或其他符号编码指令规定的程序。

数控机床通常由信息载体、输入输出装置、数控系统、强电控制装置、伺服驱动系统、位置反馈装置、机床等部分组成,其基本结构框图如图8-5所示。

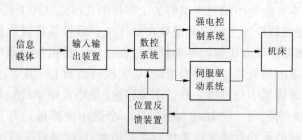

图8-5 数控机床的组成结构

数控机床不仅在加工多品种小批量零件、结构形状复杂的零件、需要频繁改型的零件、价值昂贵不允许报废的零件及需要最短生产周期的急需零件方面发挥越来越重要的作用,而且在加工大批量以及结构形状不太复杂的零件方面也取得了很好的效益,广泛应用于航空航天、电子、船舶、机械制造及模具等领域。图8-6所示为各种数控机床。

数控技术是机械制造业实现数字化、自动化、柔性化、集成化生产的基础。数控技术水平高低和数控设备拥有量,是体现国家综合国力、衡量国家工业现代化的重要标志之一。数控系统发展的目标是:进一步降低价格,增加可靠性,拓宽功能,提高操作舒适性,

(a) 小型高速雕刻机

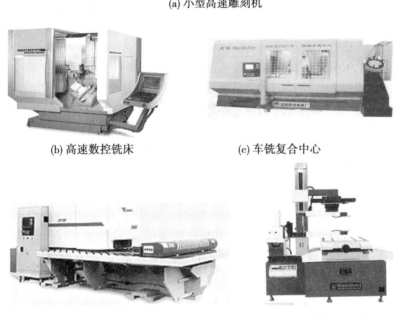

(b) 高速数控铣床　　　　(c) 车铣复合中心

(d) 数控冲模回转头压力机　　　(e) 数控线切割机

图 8-6　数控机床

提高集成度,提高系统的柔性和开放性,减小体积,使数控机床具有更高速度、更高精度、更高可靠性、更强功能。

（二）计算机辅助设计与制造

计算机辅助设计(computer aided design,CAD),是指工程技术人员以计算机为辅助工具,通过计算机和 CAD 软件对设计产品进行分析、计算、仿真优化与绘图。CAD 包括建立几何模型、工程分析、产品分析(包括方案设计、总体设计、零部件设计)、动态模拟和自动绘图等。

计算机辅助工艺规划(computer aided process planning,CAPP),指借助于计算机对制造加工工艺过程进行设计或规划,以期对工艺过程实现自动控制。

计算机辅助制造(computer aided manufacturing,CAM),是指应用计算机来进行产品制造的统称。CAM包括数字化控制、工艺过程设计、机器人、柔性制造系统(FMS)和工厂管理等。

CAD/CAM集成技术(简称CAD/CAM)是把计算机辅助制造和计算机辅助设计集成在一起的技术。CAD/CAM是随着计算机技术、制造工程技术的发展和需求,从早期的CAD、CAPP、CAM和计算机辅助工程(CAE)技术发展演变而来的。传统的设计与制造彼此相对分离,而CAD/CAM是将设计与制造集成,作为一个整体任务来规划和开发,实现了信息处理的高度一体化。

1. 计算机集成制造系统(computer integrated manufacturing system,CIMS)

CIMS是将产品生产全过程的各子系统,通过计算机网络有机地集合成一个整体,以实现生产的高度柔性化、自动化和集成化,达到高效率、高质量、低成本的生产目的。

CIMS由管理信息系统(management information system,MIS)和CAD/CAPP/CAM一体化系统组成。

1)CAD/CAPP/CAM系统

CAD为工艺设计和生产计划的制订提供了产品的原始数据。由于CAD功能的日益完善,并逐步延伸到工艺装备过程中去,亦即由CAPP与CAM相衔接;另外,现代CAM将产品的设计信息转换成加工制造信息,并控制产品的加工、装配、检验、包装、储存等全过程,以及与这些过程有关的全部物料流系统的运行和简单的生产调度。

2)管理信息系统(MIS)

采用计算机对最高层的经营决策子系统,第二层的财务、人事管理、订货管理、市场调研、生产计划、物料需求、生产技术数据管理、数据采集、生产控制、质量管理与办公系统等的所有事务和信息进行综合和自动处理,并提供决策依据,就构成管理信息系统(MIS)。

近年来,我国在汽车制造、民用飞机及机床生产等行业,已经开始建立CIMS系统,由此系统即将启用。这标志着我国的机械制造水平已发展到了一个新的阶段。

2. 柔性制造系统(flexible manufacturing system,FMS)

FMS是适应多品种、中小批量机械生产方式的、由计算机控制的、以数控机床设备为基础和以物料储运系统连成的自动加工系统,由CNC机床系统、物料运输存储系统及计算机控制系统三大部分组成。图8-7所示为FMS的各个组成部分及其相互关系。

FMS的硬件功能已趋完备,有一个CNC机床群,能够完成多种工序、多种工艺方法的自动加工,并在自动换刀、自动装卸工件、自动输送工件、自动装配、自动检验、仓库存取等方面已完成自动化,但在软件功能上除能满足信息流的自动化和实时调度外,尚缺乏自动编制作业计划和工艺规程等功能。柔性制造系统是一种具有高度柔性的计算机直接控制的自动化可变加工系统。它的出现使多品种、中小批量生产达到了高度自动化,在系统中每台机床上工件的生产时间可以不同,由于计算机控制工件的输送与储存,可使每台机床保持最佳负荷的平衡状态。由于这样的特点,系统可对大中型零件甚至单台产品采用成套投产的方式组织生产。而成套生产则可大大削减零件成品仓库的库存,大幅度减少流

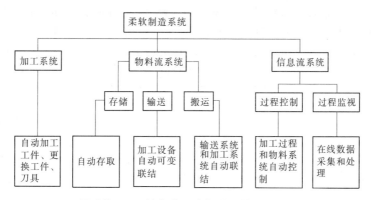

图 8-7　FMS 的各个组成部分及其相互关系

动资金,并缩短产品制造周期,可取得很高的经济效益。

任务三　特种加工技术

学习目标:

了解电火花加工、电解加工、高能束加工、超声加工的概念、原理、特点及应用。

随着科学技术、工业生产的发展及各种新兴产业的涌现,工业产品内涵和外延都在扩大,向着高精度、高速度、高温、高压、大功率、小型化、环保(绿色)化及人本化方向发展,制造技术本身也应适应这些新的要求而发展,传统机械制造技术和工艺方法面临着更多、更新、更难的问题。体现在:

(1)新型材料及传统的难加工材料,如碳素纤维增强复合材料、工业陶瓷、硬质合金、钛合金、耐热钢、镍合金、钨钼合金、不锈钢、金刚石、宝石、石英,以及锗、硅等各种高硬度、高强度、高韧性、高脆性、耐高温的金属或非金属材料的加工。

(2)各种特殊复杂表面,如喷气涡轮机叶片、整体涡轮、发动机机匣和锻压模的立体成型表面,各种冲模冷拔模上特殊断面的异型孔,炮管内膛线,喷油嘴、棚网、喷丝头上的小孔、窄缝、特殊用途的弯孔等的加工。

(3)各种超精、光整或具有特殊要求的零件,如对表面质量和精度要求很高的航天、航空陀螺仪,伺服阀,以及细长轴、薄壁零件、弹性组件等低刚度零件的加工。

上述工艺问题仅仅依靠传统的切削加工方法很难、甚至根本无法解决。特种加工就是在这种前提条件下产生和发展起来的。特种加工与传统切削加工的不同点是:

(1)主要依靠机械能以外的能量(如电、化学、光、声、热等)去除材料;多数属于"熔溶加工"的范畴。

(2)工具硬度可以低于被加工材料的硬度,即能做到"以柔克刚"。

(3)加工过程中工具和工件之间不存在显著的机械切削力。

(4)主运动的速度一般都较低;理论上,某些方法可能成为"纳米加工"的重要手段。

(5)加工后的表面边缘无毛刺残留。微观形貌"圆滑"。

特种加工又被称为非传统或非常规加工(non – traditional(conventional) machining, NTM 或 NCM)。特种加工方法种类很多,而且还在继续研究和发展。目前在生产中应用的特种加工方法很多,它们的基本原理、特性及适用范围见表8-2。

表8-2 常用特种加工方法

特种加工方法	加工所用能量	可加工的材料	工具损耗率(%)	金属去除率(mm³/min)	尺寸精度(mm)	表面粗糙度 Ra(μm)	特殊要求	主要适用范围
			最低/平均	平均/最高	平均/最高	平均/最高		
电火花加工	电热能	任何导电的金属材,如硬质合金、耐热钢、不锈钢、淬火钢等	1/50	30/3 000	0.05/0.005	10/0.16		各种冲、压、锻模及三维成型曲面的加工
电火花线切割	电热能		极小(可补偿)	5/20	0.02/0.005	5/0.63		各种冲模及二维曲面的成型截割
电化学加工	电、化学能		无	100/10 000	0.1/0.03	2.5/0.16	机床、夹具、工件需采取防锈防蚀措施	锻模及各种二维、三维成型表面加工
电化学机械	电、化、机械能		1/50	1/100	0.02/0.001	1.25/0.04		硬质合金等难加工材料的磨削
超声加工	声、机械能	任何脆硬的金属及非金属材料	0.1/10	1/50	0.03/0.005	0.63/0.16		石英、玻璃、锗、硅、硬质合金等脆硬材料的加工、研磨
激光加工	光、热能	任何材料	不损耗	瞬时去除率很高,受功率限制,平均去除率不高	0.01/0.001	10/1.25	需在真空中加工	加工精密小孔、小缝及薄板材成型切割、刻蚀
电子束加工	电、热能							
离子束加工	电、热能			很低	0.01 μm	0.01		表面超精、超微量加工、抛光、刻蚀、材料改性、镀覆

一、电火花加工

电火花加工又称放电加工、电蚀加工(electro‐discharge machining,简称 EDM),是一种利用脉冲放电产生的热能进行加工的方法。其加工过程为:使工具和工件之间不断产生脉冲性的火花放电,靠放电时局部、瞬时产生的高温把金属熔解、汽化而蚀除材料。放电过程可见到火花,故称之为电火花加工,日本、英、美称之为放电加工,其发明国家原苏联称之为电蚀加工。

(一)电火花加工基本原理

电火花加工的原理是基于工具和工件(正、负电极)之间脉冲性火花放电时的电腐蚀现象来蚀除多余的金属,以达到对零件的尺寸、形状及表面质量的加工要求。图 8-8 所示是电火花加工系统图。工件 1 与工具 4 分别与脉冲电源 2 的两输出端相连接。自动进给调节装置 3(此处为液压缸及活塞)使工具和工件间经常保持一很小的放电间隙。若脉冲电压加到两极之间,便在当时条件下某一间隙最小处或绝缘强度最低处击穿介质,产生火花放电,瞬时高温使工具和工件表面都蚀除掉一小部分金属,形成一个小凹坑,如图 8-9 所示。其中,图 8-9(a)表示单个脉冲放电后的电蚀坑,图 8-9(b)表示多次脉冲放电后的电极表面。脉冲放电结束后,经过一段间隔时间(脉冲间隔 t_0),工作液恢复绝缘,第二个脉冲电压加到两极上,又会在当时极间距离相对最近或绝缘强度最弱处击穿放电,又电蚀出一个小凹坑。这样连续不断地重复放电,工具电极不断地向工件进给,就可将工具的形状复制在工件上,加工出所需要的零件。整个加工表面是由无数个小凹坑组成的。

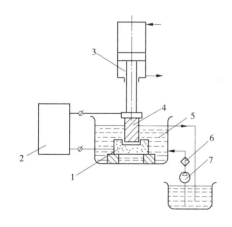
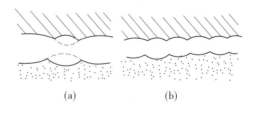

1—工件;2—脉冲电源;3—自动进给调节装置;
4—工具;5—工作液;6—过滤器;7—工作液泵

图 8-8　电火花加工系统图　　　　图 8-9　电火花加工表面局部放大图

(二)电火花加工的特点

1.电火花加工的优点

(1)适合于难切削材料的加工。可以突破传统切削加工对刀具的限制,实现用软的工具加工硬韧的工件,甚至可以加工像聚晶金刚石、立方氮化硼一类超硬材料。目前,电极材料多采用紫铜或石墨,因此工具电极较容易加工。

(2)可以加工特殊及复杂形状的零件。由于加工中工具电极和工件不直接接触，没有机械加工的切削力，因此适宜加工低刚度工件及微细加工。由于可以简单地将工具电极的形状复制到工件上，因此特别适用于复杂表面形状工件的加工，如复杂型腔模具加工等。数控技术电火花加工可以简单形状的电极加工复杂形状零件。

(3)主要用于加工金属等导电材料，一定条件下也可以加工半导体和非导体材料。

(4)加工表面微观形貌圆滑，工件的棱边、尖角处无毛刺、塌边。

(5)工艺灵活性大，本身有正极性加工(工件接电源正极)和负极性加工(工件接电源负极)之分;还可与其他工艺结合，形成复合加工，如与电解加工复合。

2.电火花加工的局限性

(1)一般加工速度较慢。安排工艺时可采用机械加工去除大部分余量，再进行电火花加工以求提高生产率。最近新的研究成果表明，采用特殊水基不燃性工作液进行电火花加工，其生产率甚至高于切削加工。

(2)存在电极损耗和二次放电。电极损耗多集中在尖角或底面，最近的机床产品已能将电极相对损耗比降至 0.1% ，甚至更小;电蚀产物在排除过程中与工具电极距离太小时会引起二次放电，形成加工斜度，影响成型精度。二次放电甚至会使得加工无法继续。

(3)最小角部半径有限制。一般电火花加工能得到的最小角部半径等于加工间隙(通常为 0.02 ~ 0.3 mm)，若电极有损耗或采用平动、摇动加工，则角部半径还要增大。

3.电火花加工的工艺方法分类及其应用

按工具电极和工件相对运动的方式和用途的不同，电火花加工大致可分为电火花穿孔成型加工、电火花线切割、电火花磨削和镗磨、电火花同步共轭回转加工、电火花高速小孔加工、电火花表面强化与刻字六大类，它们的特点及用途如表 8-3 所示。

二、电解加工

电解加工是继电火花加工之后发展较快、应用较广泛的一项新工艺，目前已用于枪炮的腔线，航空发动机的叶片，汽车、拖拉机等机械制造业中的模具加工。

(一)电解加工原理

电解加工是利用金属在电解液中可以发生阳极溶解的原理，将零件加工成形。如图 8-10 所示，加工时，工件接在直流电源的正极，工具接负极，两极间保持 0.02 ~ 1 mm 的间隙，两极之间的直流电压通常为 5 ~ 25 V，采用 10% ~ 20% 的 NaCl 水溶液为电解液。电解液由泵输送，保持一定的压力，从两极间隙快速流过。此时，阳极工件的金属逐渐溶解，电解的产物被电解液冲走，脏的电解液集中后，经分离过滤后再使用。

电解加工成形原理，如图 8-11 所示。图中的细竖线表示通过阴极(工具)与阳极(工件)间的电流，竖线的疏密程度表示电流密度的大小。在加工刚开始时，阴极与阳极距离较近的地方通过的电流密度较大，电解液的流速也常较高，阳极溶解速度也就较快，见图 8-11(a)。由于工具相对工件不断进给，工件表面便不断被电解，电解产物不断被电解液冲走，直至工件表面形成与阴极工作面基本相似的形状，如图 8-11(b)所示。

表 8-3 电火花加工工艺方法分类

类别	工艺	特点	用途
I	电火花穿孔成型加工	1. 工具和工件间主要只有一个相对的伺服进给运动; 2. 工具为成型电极,与被加工表面有相同的截面或形状	1. 型腔加工:加工各类型腔模及各种复杂的型腔零件; 2. 穿孔加工:加工各种冲模,挤压模、粉末冶金模、各种异形孔及微孔等。约占电火花机床总数的30%,典型机床有 D7125、D7140 等电火花穿孔成型机床
II	电火花线切割加工	1. 工具电极为顺电极丝轴线移动着的线状电极; 2. 工具与工件在两个水平方向同时有相对伺服进给运动	1. 切割各种冲模和具有直纹面的零件; 2. 下料、截割和窄缝加工。约占电火花机床总数的60%,典型机床有 DK7725、DK7732 数控电火花线切割机床
III	电火花磨削和镗磨	1. 工具与工件有相对的旋转运动; 2. 工具与工件间有径向和轴向的进给运动;	1. 加工高精度、良好表面粗糙度的小孔如拉丝模、挤压模、微型轴承内环、钻套等; 2. 加工外圆、小模数滚刀等。约占电火花机床总数的3%,典型机床有 D6310 电火花小孔内圆磨床等
IV	电火花同步共轭回转加工	1. 成型工具与工件均做旋转运动,但二者角速度相等或成整倍数,相对应接近的放电点可有切向相对运动速度; 2. 工具相对工件可做纵、横进给运动	以同步回转、展成回转、倍角速度回转等不同方式,加工各种复杂型面的零件,如高精度的异形齿轮,精密螺纹环规,高精度、高对称度、良好表面粗糙度的内、外回转体表面,约占电火花机床总数的1%,典型机床有 JN－2、JN－8 内外螺纹加工机床等
V	电火花高速小孔加工	1. 采用细管(＞Φ0.3 mm)电极,管内冲入高压水基工作液; 2. 细管电极旋转; 3. 穿孔速度极高(60 mm/min)	1. 线切割预穿丝孔; 2. 深径比很大的小孔,如喷嘴等。占电火花机床1%,典型机床有 D7003A 电火花高速小孔加工机床
VI	电火花表面强化、刻字	1. 工具在工件表面上振动; 2. 工具相对工件移动	1. 模具、刀、量具刃口表面强化和镀覆; 2. 电火花刻字、打印记。占电火花机床总数的2%～3%,典型机床有 D9105 电火花强化机等

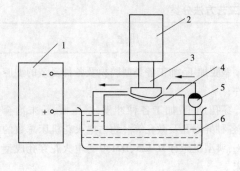

1—直流电源;2—进给机构;3—工具;
4—工件;5—电解液泵;6—电解液

图 8-10 电解加工原理图

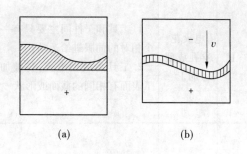

(a)   (b)

图 8-11 电解加工成形原理

(二)电解加工特点

电解加工与其他加工方法相比较,具有下述特点:①加工范围广,不受金属材料本身硬度和强度的限制,可以加工硬质合金、淬火钢、不锈钢、耐热合金等高硬度、高强度及韧性的金属材料,并可以加工叶片、锻模等各种复杂的型面;②电解加工的生产率较高,为电火花加工的 5~10 倍,在某些情况下,比切削加工的生产率还高,且加工生产率不直接受加工精度和表面粗糙度的限制;③加工表面粗糙度较低($Ra1.25~0.2~\mu m$),平均加工精度可达 ±0.1 mm;④由于加工过程中不存在机械切削力,所以不会产生切削力所引起的残余应力和变形,没有飞边毛刺;⑤加工过程中阴极工具在理论上不会损耗,可以长期使用。

电解加工的主要弱点和局限性是:①不易达到较高的加工精度和加工稳定性。这一方面是由于阴极的设计、制造和修正都比较困难,阴极本身的精度难以保证。另一方面是影响电解加工间隙稳定性的因素很多,控制比较困难。②电解加工的附属设备比较多,占地面积较大,机床需要有足够的刚性和防腐蚀性能,造价较高,因此单件小批生产时的成本较高。③电解产物需要进行妥善处理,否则将污染环境。

(三)电解加工应用

电解加工主要用于切削加工困难的领域,如硬质合金、淬火钢等硬度、韧性大的材料和形状复杂的表面,以及刚性极差的薄板与套筒表面的异形孔加工。目前,广泛应用以下几个方面:

(1)叶片加工:如喷气发动机叶片、汽轮机叶片等是形状复杂、精度要求较高的零件。采用机械加工难度较大,而电解加工,则不受叶片材料硬度和韧性的限制,在一次行程中(单面加工或双面加工)就可加工出复杂的叶片型面,生产率高、表面粗糙度值小。

(2)型孔和型腔加工:某些尺寸较小的四方、六方、半圆、椭圆等形状的通孔和不同孔以及各类腔膜的复杂成型表面的加工大都采用电解加工。采用机械加工很困难,而电火花加工生产率较低。

(3)深孔扩孔加工:如枪炮的膛线、花键孔表面加工。

(4)电解抛光:利用金属在电解液中的电化学样机溶解对工件表面进行腐蚀抛光,用于改善工件的表面粗糙度和表面物理力学性能。是一种表面光整加工方法。

三、高能束加工

现代先进加工中,激光束(laser beam machining,LBM)、电子束(electron beam machining,EBM)、离子束(Ion beam machining,IBM)统称为"三束",由于其能量集中程度较高,又被称为"高能束",目前它们主要应用于各种精密、细微加工场合,特别是在微电子领域有着广泛的应用。

(一)激光加工

激光也是一种光,它具有一般光的共性(如光的反射、折射、绕射以及光的干涉等),也有它的特性。激光的光发射以受激辐射为主,发出的光波具有相同的频率、方向、偏振态和严格的位相关系,因而激光具有亮度、强度高、单色性好、相干性好和方向性好等特性。

激光加工工作原理就是利用聚焦的激光能量密度极高,被照射工件加工区域温度达数千度,甚至上万度的高温将材料瞬时熔化、蒸发,并在热冲击波作用下,将熔融材料爆破式喷射去除,达到相应加工目的。

激光加工具有以下特点:

(1)不需要加工工具,不存在磨损问题。

(2)激光束的功率密度高,几乎对任何难加工材料都可加工。

(3)激光加工是非接触加工,热影响小。

(4)通用性强,同一台激光加工装置可用于多种加工。

当前激光加工存在的主要问题是:设备价格高,一次性投资大;更大功率的激光器尚在试验研究阶段,不论是激光器本身的性能质量,还是使用者的操作技术水平,都有待于进一步的提高。

主要应用有激光打孔、激光焊接、激光切割。

(二)电子束加工

真空条件下,电磁透镜聚焦后的高能量密度和高速度的电子束射击到工件微小的表面上,动能迅速转化为热能,使冲击部分的工件材料达到数千度的高温,从而引起相应部位工件材料熔化、气化,并被抽走。

电子束加工具有以下特点:

(1)细微聚焦:最细聚焦直径达到 $0.1~\mu m$,是一种精细工艺。

(2)能量密度高:蒸发去除材料,非接触加工,无机械力;适合各种材料——脆性、韧性、导体、非导体加工。

(3)生产率高:对于 2.5 mm 厚度的钢板加工直径 0.4 mm 的孔,可达每秒 50 个。

(4)控制容易:磁场/电场控制可对聚焦、强度、位置等实现自动化控制。

(5)真空中加工使得工件和环境无污染,适于纯度要求高的半导体加工。

(6)真空系统及本体系统设备比较复杂,设备成本高。

电子束加工主要应用在高速打孔、型面和特殊面加工、电子元件的蚀刻、焊接、光刻、热处理等。

（三）离子束加工

离子束的加工原理类似于电子束的加工原理。离子质量是电子的数千倍或数万倍，一旦获得加速，则动能较大。真空下，离子束经加速、聚焦后，高速撞击到工件表面靠机械动能将材料去除，不像电子束那样须将动能转化为热能才能去除材料。

离子束加工具有以下特点：

（1）高精度。逐层去除原子，控制离子密度和能量加工可达纳米级，镀膜可达亚微米，离子注入的深度、浓度可以精确控制。离子加工是纳米加工工艺的基础。

（2）高纯度、无污染。适用于易氧化材料和高纯度半导体加工。

（3）宏观压力小。无应力、热变形，适于低刚度工件。

（4）设备费用、成本高、加工效率低。

目前离子束加工的应用主要有：

（1）刻蚀加工。离子以入射角 40°～60°轰击工件，使原子逐个剥离。离子刻蚀效率低，目前已应用于蚀刻陀螺仪空气轴承和动压马达沟槽，高精度非球面透镜加工，高精度图形蚀刻，如集成电路、光电器件、光集成器件等微电子学器件的亚微米图形，集成光路制造，致薄材料纳米蚀刻。

（2）镀膜加工。镀膜加工分为溅射沉积和离子镀。离子镀的优点主要体现在：附着力强，膜层不易脱落；绕射性好，镀得全面、彻底。离子镀主要应用于各种润滑膜、耐热膜、耐蚀膜、耐磨膜、装饰膜、电气膜的镀膜；离子镀氮化钛代替镀硬铬可以减少公害；还可用于涂层刀具的制造，包括碳化钛、氮化钛刀片及滚刀、铣刀等复杂刀具。

（3）离子注入。离子以较大的能量垂直轰击工件，离子直接注入工件后固溶，成为工件基体材料的一部分，达到改变材料性质的目的。该工艺可使离子数目得到精确控制，可注入任何材料，其应用还在进一步研究，目前得到应用的主要有：半导体改变或制造 P－N 结；金属表面改性，提高润滑性、耐热性、耐蚀性、耐磨性；制造光波导等。

四、超声加工

利用产生超声振动的工具，带动工件和工具间的磨料悬浮液，冲击和抛磨工件的被加工部位，使其局部材料破坏而成粉末，以进行穿孔、切割和研磨等称为超声加工。其加工原理示意图如图 8-12 所示。超声波发生器将工频交流电能转变为有一定功率输出的超声频电振荡，通过换能器将超声频电振荡转变为超声机械振动。其振幅很小，一般只有 0.005～0.01 mm，再通过一个上粗下细的振幅扩大棒，使振幅增大，振幅扩大棒端头的工具即产生超声振动（频率在 16 000～25 000 Hz）。

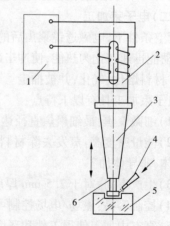

1—超声波发生器；2—换能器；3—振幅扩大棒；
4—工作液；5—工件；6—工具

图 8-12　超声加工原理示意图

超声加工的特点：①适合于加工各种硬脆材料，特别是不导电的非金属材料，如玻璃、陶瓷、石英、锗、硅、宝石、金刚石等工件的切割、打孔和型面加工。对于导电的硬质合金、淬火钢等硬质金属材料电能进行加工,但加工生产率较低。②由于工具可用较软的材料,做成较复杂的形状,故不需要使工具和工件做比较复杂的相对运动,因此超声加工机床的结构比较简单、操作和维修方便。③由于去除加工材料是靠极小磨料瞬时局部的撞击作用,故工件表面的切削力很小,切削应力和切削热也很小,不会引起变形及烧伤,表面粗糙度也较低($Ra1 \sim 0.1\ \mu m$),加工精度达 $0.01 \sim 0.02\ mm$,而且可加工薄壁、窄缝、低刚度零件。

近年来超声加工和其他加工方法结合进行的复合加工发展迅速,如超声电火花加工、超声电解加工、超声调制激光打孔、超声振动切削加工等。这些复合加工方法,由于将两种以至多种加工方法的工作原理结合在一起,起到取长补短的作用,使加工效率、加工精度及加工表面质量都有显著提高,因此愈来愈受到人们的重视。

项目小结

本项目主要介绍了先进制造技术的概念及发展、信息化制造技术和特种加工技术。

先进制造技术是以提高综合效益为目标,以人为主体,以计算机技术为支柱,综合利用信息、材料、能源、环保等高新技术以及现代系统管理技术,对传统制造过程中与产品在整个寿命周期中的使用、维护、回收利用等有关环节进行研究并改造的所有适用技术的总称。先进制造体系结构由三个大的技术群组成:主体技术群、支撑技术群、制造基础设施技术群。

现代制造技术与信息技术不断融合,出现了以计算机基础制造系统为代表的众多现代制造技术,实现了制造企业的高效益、高柔性和智能化。快速原型制造技术是一种借助于计算机辅助设计,经过材料成型和必要的处理,达到快速、准确地制造原型或实际零件、部件的现代化方法。机械制造自动化技术的发展同机械制造技术的发展密切相关、不可分割。其发展经过了 5 个发展阶段,各个发展阶段有其代表设备和特征。

特种加工又被称为非传统或非常规加工。本项目主要介绍了电火花加工、电解加工、高能束加工和超声加工。

思考与练习

1.什么是先进制造技术? 特点有哪些?

2.RP 是什么? RPM 的特点有哪些?

3.何谓 3D 打印? 3D 打印的应用有哪些?

4.简述 CAD/CAM 系统在 CIMS 中的地位。

5.数控技术的发展趋势有哪些?

6.电火花加工有什么特点? 应用范围有哪些?

7.简述电子束、离子束加工的原理、特点和应用。

8.简述超声加工的特点。

参 考 文 献

[1] 李华. 机械制造技术[M]. 北京:高等教育出版社,2015.

[2] 张本升. 机械制造技术[M]. 北京:北京邮电大学出版社,2012.

[3] 孙学强. 机械制造基础[M]. 北京:机械工业出版社,2011.

[4] 周文超. 机械制造基础[M]. 北京:机械工业出版社,2015.

[5] 林艳华. 机械制造技术基础[M]. 北京:化学工业出版社,2010.

[6] 于骏一,邹青. 机械制造技术基础[M]. 北京:机械工业出版社,2007.

[7] 袁军堂. 机械制造技术基础[M]. 北京:清华大学出版社, 2013.

[8] 任小中. 机械制造技术基础[M]. 北京:科学出版社,2012.

[9] 赵中华,刘燕. 制造技术基础[M]. 北京:清华大学出版社,2013.

[10] 方子良. 机械制造技术基础[M]. 上海:上海交通大学出版社,2009.

[11] 唐火红,丁志,杨沁. 机械制造技术基础[M]. 合肥:合肥工业大学出版社,2015.

[12] 覃玲,冯建雨. 机械制造技术基础[M]. 北京:化学工业出版社,2015.

[13] 刘守勇. 机械制造工艺与机床夹具[M]. 北京:机械工业出版社,2011.

[14] 吴拓. 机械制造工程[M]. 北京:机械工业出版社,2005.

[15] 汤健鑫. 机械制造与工艺编制[M]. 北京:航空工业出版社,2012.